城市生态修复中的园艺技术系列
Urban Horticulture for Eco-restoration in Cities

建筑立面绿化技术

The Solutions to the Green Facades of Buildings

秦俊　胡永红　著

中国建筑工业出版社

图书在版编目（CIP）数据

建筑立面绿化技术 /秦俊，胡永红著. — 北京：中国建筑工业出版社，2018.6
　（城市生态修复中的园艺技术系列）
　ISBN 978-7-112-21989-6

　Ⅰ．①建…　Ⅱ．①秦…②胡…　Ⅲ．①建筑物 — 垂直绿化
Ⅳ.①TU985.1

　中国版本图书馆CIP数据核字（2018）第051544号

　　建筑立面绿化利用现有建筑立面空间资源进行绿化，效率较高，在解决人地矛盾、维护城市生态平衡和改善环境方面起着重要作用。本书详细介绍了现代城市新型绿化形式——建筑立面绿化的定义、发展历程、特征及其分类等概述，分析了该绿化形式的生境特征、植物筛选、介质配制等核心技术，评价了其综合生态效应，最终将技术整体地、系统地转化应用到实际工程案例中。本书将课题项目研究的成果与成果支撑的工程案例进行统筹、整合，可供从事城镇环境建设、园林绿化的技术和管理人员参考应用，也适用于大专院校的相关专业师生参阅、教学。

责任编辑：杜　洁　孙书妍
责任校对：芦欣甜

城市生态修复中的园艺技术系列
建筑立面绿化技术
秦俊　胡永红　著

＊

中国建筑工业出版社出版、发行（北京海淀三里河路9号）
各地新华书店、建筑书店经销
北京点击世代文化传媒有限公司制版
北京中科印刷有限公司印刷

＊

开本：787×1092毫米　1/16　印张：16　字数：323千字
2018年6月第一版　2018年6月第一次印刷
定价：**118.00**元
ISBN 978-7-112-21989-6
　　　（31883）

序

　　秦俊和胡永红博士合著、永红博士团队的"城市生态修复中的园艺技术系列"丛书中的第三本《建筑立面绿化技术》初稿于昨晚送到案前，第一感受是惊讶，仔细思考后是满满的欣慰。值得惊讶的是 2017 年 6 月份我刚写完《屋顶花园与绿化技术》的序，时隔不到一年，新的专著又摆在了眼前；值得欣慰的是胡博士团队在历经长达数十年的积累后，终于将理论和实践的成果融合，系统地呈现给绿化、建筑等科研、专业人员和科普教育工作者，回馈社会。

　　当今，我们正在面临并将长期经历中国快速的城市化过程，而城市化地区是人类主宰的高度人工化环境，其改变了生物栖息环境、生物物种组成和微气候等。尽管一个个独立城市的发展只影响着局部环境，但整体城市化行为却在不断潜移默化地改变着更大范围的环境变化，诸如城市区域的水、大气、土壤等污染已经直接或间接地影响了人类的健康和幸福。

　　因此，当城市化区域面临着迅速的环境变化，甚至已经对生态系统造成破坏的时候，既要维持城市人口和改善他们的福利，同时要维持生态系统功能，而且这些方法和措施还要符合当地政府在经济上切实可行的需求，给城市管理者们提出了精细化管理的挑战。在《建筑立面绿化技术》这本书中找到了答案，绪论中"在城市用地紧张与城市绿化需求量增大的矛盾下，最有效的方式是充分利用现有建筑立面空间资源进行绿化，既能弥补地面绿化的不足，丰富绿化层次，更有助于恢复城市生态系统平衡，增加城市及建筑的园林艺术景观效果"。

　　仔细阅读后，我觉得本书作为城市生态修复大框架下的一个部分，在改善城市生态环境功能、编写技术路线等方面与整体系列丛书同步、协调，但在形式和核心内容上大大区别于前两本书。本书讲述的是立体绿化中的建筑立面绿化，核心内容更加注重长期积累的应用科研项目数据、知识产权转化成果，以及已建成绿墙的植物、建造技术、成本控制上的分析总结，将数据运用于工程实践案例中，真正做到了科研成果转化成实际生产力。

　　最后，我希望城市区域能成为一个以大的乔木为框架、为链接，在当中填充许许多多的公园绿地、家庭花园、建筑立面绿墙、屋顶花园等的绿化网络，提升每个市民的幸福感和生活质量，也希望永红博士及其团队再接再厉，为类似北京、上海、广州这样的超大城市生态环境提供整体的、系统的、协调的修复方案，为城市化发展贡献一份参考和力量。

前　言

　　城市生态修复系列的专著相继出版，建筑立面绿化以一种立体的、直观的形式区别于一般绿地绿化和屋顶平面绿化，建筑立面绿化具有占地少、见效快、绿量大等优点，可以快速提高城市绿化效率、维护城市生态平衡和改善城市环境，特别是在降低城市空气污染的滞尘上，植物通过叶表面结构和特性及植物叶片空间布置形式，使植物对空气中的尘埃有很强的吸附和过滤作用。在像上海这样用地紧张与城市绿化需求量矛盾显著的国际超大城市，最有效的方式是充分利用现有建筑物或构筑物立面空间资源进行绿化，对城市景观提升、生态修复等有显著效果，符合国家倡导的可持续发展理念。

　　建筑立面绿化一般被理解为传统的应用藤蔓类植物进行攀爬形成的垂直绿化，成景时间长。本书重点从建筑立面的发展定义、分类、特征等入手，主要阐述了新型模块式建筑立面绿化技术。在城市建筑物和构筑物上利用构架依附于建筑立面，在种植模块内种植适应性强、景观效应好和生态功能强的植物，利用植物种植模块层层叠垒于建筑立面上，短期内可使植物布满建筑立面，并形成良好的景观和产生较好的生态效益。

　　本书第 1 章详细介绍了建筑立面绿化的定义、分类、特征，并重点对传统建筑立面绿化、新型建筑立面绿化进行了对比，并剖析其应用现状和存在的问题，总结归纳出模块式立面绿化是建筑立面绿化的发展方向；第 2 章介绍建筑立面的生境特征，基于在调查、分析建筑自身因素以及由建筑因素引起的小气候差异基础上，着重探讨了影响建筑立面绿化的建筑和微气候因素，为其立面绿化植物选择及配套技术提供理论依据；第 3 章重点阐述了建筑立面绿化的植物筛选，首先对已有建筑立面绿化不同时期所使用植物进行系统的调查与分析，在此基础上通过试验对植物的生态适应性、观赏性及生态功能作用等方面做出定量分析和评价，从而综合筛选出适合华东地区的建筑立面绿化的植物种类；栽培介质是栽培模块的重要组成部分，也是墙面绿化长效可持续利用的瓶颈之一，第 4 章主要对配制的基本原则、介质的类型、介质的理化性质、近年使用的新材料进行了总结，探讨了建筑绿化栽培介质的配制、研发及应用；第 5 章是介绍模块设施，其是可移动绿化的基本单元，本章节对常用模块类型尺寸、样式、材质进行了文献和实地调查，并总结归纳，重点阐述了模块设施中常用的浇灌系统类型、浇灌配套策略及其系统的使用与维护，并与雨水资源化利用相结合，阐述了系统配套的雨水收集与利用功能；第6章是建筑立面绿化工程技术，重点展现了新的建筑立面一体化绿化技术，并根据本团队一线经验对新型立面绿化设计、施工、维护及项目安全和管理进行了详细的分解和梳理，探索了建筑立面景观营造、养护技术以及安全保障等方面的关键环节，旨在为建筑立面绿化技术的推广提供接地气的使用方法和参考；第7章简述了建筑立面绿化的综合效益，围绕建筑立面绿化的生态效益、心理生理效益、景观效应、经济效应、社会效益方面进行效益分析和评价，总结建筑立面绿化的应用价值；第8章为建筑立面绿化案例赏析，列举了7个不同场景的应用案例，基于对不同案例的立地特点、建筑绿化要求，对建筑立面绿化方案设计和植物、栽培介质、种植容器、系统结构、灌溉系统、施工和维护等方面的关键技术进行了详细剖析，并从其成本和社会评价进行综合评估，得出每个案例对应的不同立面绿化形式和系统的优、劣势，为广大绿化公司提供较为全面的选择模式。

本书最大的特点是对多年研究的相关课题项目、形成的专利及施工技法进行了集成，将本团队大量积累的数据和国内外优秀文献相结合，系统分析了建筑立面绿化的理论研究进展和技术成果，在生境分析、植物筛选、介质配制、工程技术及综合生态效益方面作了系统的研究总结。然而，建筑立面绿化受地理气候条件的影响较大，表现出地域差异性，比如空间四面方位置光照水平不一，对植物光适应性要求不同。本书侧重研究以华东为中心的亚热带气候地区，对植物的耐热性、耐寒性、抗旱性都有一定的要求，沿海地区还有防台风的植物、设施安全要求。这是读者在参考本书时需要注意的地方。本书除注重新技术和成果的介绍外，还实现了理论与技术的统一，特别适合高校相关专业师生和科研人员作为学术性著作使用。

本书是上海辰山植物园园艺技术中心团队共同努力的成果。在研究和撰写过程中，得到来自各方面的帮助和支持。从2003年至今得到上海市科委多个项目的支持，科学技术部在"十五"、"十一五"和"十二五"期间也给予了相应课题支持。上海国际主题乐园有限公司薛建总经理，上海世源屋顶绿化有限公司薛伟成、潘建农总经理，上海一山景观工程有限公司赵展总经理，上海沃施绿化工程有限公司吴海林、郭桂飞总经理，江苏绿朗生态园艺科技有限公司郭烨总经理、杭州市园林绿化股份有限公司研发中心高凯主任等在案例的分析上，给予了热情的配合；上海师范大学王红兵博士、上海农林职业技术学院成文竞博士等在书稿的修改过程中给予了很多宝贵的意见；感谢上海辰山植物园园艺技术中心团队成员邢强、叶康、商侃侃、虞莉霞、田娅玲、吴治瑾和研究生张萌、朱苗青、吴永河等为本书做出的贡献。书中绝大部分图片为著者和团队所有，其他图片已经获得授权或进行了适当的引用来源说明。本书所有文献都已进行了适当的引用说明，符合我国著作权法的要求。如果发生引用不周的问题，请作者直接与著者联系，协商解决。最后，特别感谢恩师、北京林业大学张启翔教授在百忙之中欣然为本书作序。

由于著者水平有限，虽经努力，书中缺点错误仍在所难免，欢迎读者批评指正。

特别致谢：本书及相关研究获资助的课题来源是上海市科委项目"城市低光照区域立体绿化技术集成"（16DZ1204900）及其子课题"超强低光抗性植物筛选及养管模式创新研究"（16DZ1204901）。

目　录

01

第1章

绪 论

随着城市现代化进程的加快及城市人口骤增，建筑密度越来越高，可用于绿化的土地资源越来越少，城市发展运行产生的超额废弃物使城市系统自我修复功能锐减，热岛效应、空气污染、噪声污染及水污染等一系列环境问题相继出现。1980 年提出了"可持续发展"的概念，其核心内容就是"社会、经济、环境保护必须保持协调发展"，为了缓解人地矛盾对生态环境造成的压力，主要有两方面解决办法：一方面尽量减少污染源，另一方面在高密度的城市中尽可能引入绿色植物，满足对绿化的迫切需求。

常规地面绿化空间日益不足，而建筑立面绿化具有占地少、见效快、绿量大等优点，建筑立面绿化成为提高城市绿化效率、维护城市生态平衡和改善城市环境的新方法。[1] 特别在城市空气污染的防治上，植物通过叶表面结构或代谢分泌出的液体，使植物对尘埃有很强的吸附和过滤作用，建筑立面绿化中的植物叶片在建筑物表面呈鱼鳞状与层层叠加的布置方式，既能将尘埃滞留在叶子上，又能减少尘埃中携带的细菌、病毒，一些植物本身还可分泌杀菌物质，杀死或抑制多种有害病菌。降雨时雨水可冲刷叶面尘埃，使叶面恢复滞尘的功能。因此，在城市用地紧张与城市绿化需求量增大矛盾下，最有效方式是充分利用现有建筑立面空间资源进行绿化，既能弥补地面绿化的不足，丰富绿化层次，更有助于恢复城市生态系统平衡，增加城市及建筑的园林艺术景观效果 [2-10]，建筑立面绿化符合国家倡导的可持续发展理念。

建筑立面绿化中传统的藤蔓类建筑立面绿化发展较早，主要指攀缘植物借助其攀援器官沿着墙体向上生长所表现的绿化效果。新型设施建筑立面绿化对建筑立面绿化形式进一步改善和创新，在城市高楼利用构架、栽培模块等设施依附于墙体，在栽植体内种植既有一定抗性，又有较强观赏性的植物；或者利用植物种植模块层层叠垒于高楼建筑立面上，短期内可使植物布满建筑立面。经过人们长时间的摸索和实践，建筑立面绿化在绿化形式、植物选材等方面都呈现出了多样化的发展模式，并且与其配套的设施、技术也得到不断改进与创新。

1.1　建筑立面绿化的定义

建筑立面绿化属于垂直绿化的一部分，而垂直绿化英译为"vertical planting"或"vertical greening"，最初的概念是从俄文中翻译过来，至今无明确定义。[11] 在不同文献中对垂直绿化的概念有不同的叙述，主要有以下两种观念：狭义概念是将垂直绿化作为立体绿化的一种形式来定义，有学者指出垂直绿化主要是利用藤本植物攀援于墙面或支架上，构成竖向绿荫的一种绿化形式 [12]；也有学者指出垂直绿化是利用攀缘植物绿化墙壁、栏杆、棚架、杆柱及陡直的山石等 [13-15]；还有学者定义为"泛指用攀缘植物装饰建筑外墙或各种围墙的一种立体绿化形式"。[16] 近十几年建筑立面绿化技术快速发展，应用的植物材料不局限于攀缘植物，还包括苔藓、草本植物和小灌木等。广义概念认为垂直绿化也称之为立体绿化。早在 1988 年有学者定义"垂直绿化又称为立体绿化，凡垂直于地面的空中绿化都可以称垂直绿化"[17]。

建筑立面绿化是垂直绿化中平面占地面积最少而绿化面积最大的一种形式，也是建筑节能的重要技术措施之一 [18-23]，在世界各国得到广泛应用。

综上所述，结合本书作者团队多年的研究与工程实践经验，我们认为建筑立面绿化技术是指依附于各类建筑物、构筑物的表面，运用传统的藤本植物或者标准化的种植模块技术、自动控制的微灌溉技术等精确高效的技术手段进行与地面垂直的特殊空间的绿化方式。该技术具有显著的优点：可选择的植物种类多，不受墙面形状、面积和高度的限制，以工厂化生产的标准构件组合而成，装卸简便、快速成景、管理方便。

1.2　建筑立面绿化的发展历史

古埃及、古希腊和古罗马的园林中葡萄、蔷薇和常春藤等被布置成绿廊供人乘凉、观赏 [24-25]。19 世纪藤本植物的应用在欧洲达到了高峰，德国从 20 世纪 50 年代就开始发展建筑立面绿化的新模式，目前在世界上"建筑物大面积植被化"的技术成果中，大约 90% 为德国的专利，许多建筑物都实现了墙面的植被化。日本 20 世纪 80 年代初开始了建筑立面绿化的研究，栽植绿化植物的装置系统被安装在了围墙、广告支架等上面，使混凝土变成了绿色森林，目前已经拥有先进的灌溉系统及人工土壤培育技术 [26]，2005 年日本的爱知世博会汇聚了当时先进的建筑立面绿化技术，创造了高 12m、长 150m 的"会呼吸"的生命墙，引起了巨大的轰动。[27-28]

在美国的许多大城市，建筑立面绿化随处可见；澳大利亚发明了壁挂式花盆，用作室内墙面绿化美化；巴西开发了"绿草墙"技术；新加坡号召全民参与绿化，广泛推行立体绿化模式 [29]；法国也是建筑立面绿化较为发达的国家，著名的墙面绿化专家帕特里克·布兰克（Patrick Blanc）作品遍及世界各地，开创了建筑立面绿化发展的新篇章。[30]

中国早在春秋时期吴王夫差建造苏州城墙时，藤本植物就被选作绿化的材料。我国古典园林造景中也常常将一些攀缘植物附着在云墙上、漏窗旁等，如扬州何园、南京瞻园等，给园林增添了不少景致。在现代绿化建设中，重庆、成都、广州、北京等地是应用攀缘植物于建筑立面绿化较早的城市，石墙、墙柱均被藤本植物所装饰。[31-35] 20 世纪 90 年代，上海等地出现了在建筑墙体、围墙、桥柱、阳台种植绿化植物形成绿化建筑立面。进入 21 世纪以后，国务院颁布了《国务院关于加强城市绿化建设的通知》（国发［2001］20 号），强调大力发展垂直绿化，各地绿化部门纷纷响应，对其进行了大量相关的技术研究和实践尝试，如植物种类的收集、引种和筛选，建筑立面绿化和建筑立面贴植技术的研究以及高架路立柱绿化技术等，建筑立面绿化成为园林绿化发展的新热点，特别是在上海、北京、广东等地都相继提上议程，而且取得了较大的发展。[36]

深圳较早开展建筑立面绿化的是华侨城，主要是建筑物的屋顶绿化和阳台绿化；北京的建筑立面绿化主要体现在城市高架上，大多采取垂吊、攀缘、附壁等多种形式在高架的外立面、拉槽进行绿化。2010 年《上海市绿化技术规范》中颁布了详细的绿化施工规范，同年上海世博会创建了高 26m、长 180m 的植物墙，比日本爱知世博会的"生命墙"的面积增加一倍[37-38]。

目前在国家大力号召积极推进生态文明建设的背景下，建筑立面绿化技术进入了全新发展时期，特别是政府部门加强了对相关绿化技术研究和应用的重视和支持，鼓励从事绿化工作的科研人员从节能、低碳、环保的角度出发，选育更多适合建筑立面绿化的植物品种，尝试更加多样化的配置模式，力求建成具有多样性、低维护、覆盖广等特点兼备的建筑立面景观。

1.3　建筑立面绿化的分类

建筑立面绿化的形式丰富多样，根据绿化对象，建筑立面绿化可划分为墙体绿化、立交桥绿化、围墙绿化、柱体绿化、护坡绿化、驳岸绿化和阳台绿化等形式[39]；根据绿化布局可划分为附壁式、悬蔓式、篱栏式、附柱式和贴植式等形式；根据植物生长环境分为阳性、中性和阴性三种环境；根据绿化形状分为圆柱形、方形、三角形、不规则形等；根据绿化效果，分为柔化式、隔离式、防护式和景观式等；根据建筑立面绿化的时代性，可分为传统建筑立面绿化和新型建筑立面绿化，传统建筑立面绿化又包括自然攀爬式、辅助攀爬式和容器悬挂式等，新型建筑立面绿化包括模块式、铺贴式和布袋式等形式。

1.3.1　绿化对象

（1）墙体绿化

墙体绿化主要是对建筑物墙面及各种实体围墙的表面进行绿化。[40-42] 可利用攀缘植物直接附壁外，墙体绿化还可在墙面安装条状或网状支架供攀缘植物攀爬，或采用容器模块栽植一、二年生草本，小灌木及藤本植物等通过附着在墙面上的辅助构架，形成图案各异的绿墙（图1-1）。另外还可通过在墙体的中上部设置花槽、花斗等容器，种植悬垂型植物，让其枝条沿墙面垂悬下来；或在墙体一侧种植攀缘植物，使之越过墙顶后披垂于墙的另一侧，采用墙面贴植的方式，通过不断修剪使植物贴墙生长。

（2）阳台绿化

阳台绿化通常是在阳台上摆设或悬挂一些盆栽，或用攀缘类植物攀附于绳索、竹竿、金属线材等构成网棚、支架上所形成的绿屏或绿棚。如图1-1所示，既可丰富阳台、窗台的空间，美化建筑立面，同时又增加了建筑室内外过渡空间的绿量，起到改善小环境的作用。

（3）立交桥绿化

由于城市交通的迅速发展，形成了各种过街天桥及立交桥。立交桥绿化对改善交通环境和提升城市形象具有重要意义，它既能有效柔和立交桥呆板、生硬的外形，赋予其生命力与色彩，而且能够改善局部小环境（图1-1）。对于立交桥的立柱、灯柱等柱形构筑物，可通过攀缘植物对其进行盘绕和包裹，从而形成绿柱。[43-47]桥体表面可利用攀缘植物攀爬覆盖，还可采用各种固定措施或设置人工种植槽，种植垂吊植物、小灌木和草本花卉，从而达到美化桥体的效果。

图1-1　按绿化对象分类

（4）棚架绿化

棚架绿化在建筑的入口、庭院中应用较多。一般以生长茂盛、枝叶繁茂、花果色彩鲜艳的攀缘植物为主要材料，常用的植物种类有木香（*Rosa banksiae*）、紫藤

（*Wisteria sinensis*）、茑萝松（*Quamoclit pennata*）、使君子（Quisqualis indica）、牵牛（*pharbitis. nil*）、中华猕猴桃（*Actinidia chinensis*）、葡萄（*Vitis vinifera*）、凌霄（*Campsis grandiflora*）等。在进行棚架绿化时，需根据缠绕、攀援、吸附等不同类型的植物习性，以及棚架的大小、形状、构成材料等方面的因素进行综合考虑[48-49]。

（5）篱笆绿化

篱笆绿化是植物借助篱笆、栏杆等构件攀援生长，用以维护和划分空间区域的绿化形式[50]（图1-1）。可利用该绿化形式来分隔道路或庭园，创造幽静的环境。篱笆具有围墙或屏障功能，结构上又具有开放性和通透性。城市中篱笆与栏杆的类型、材质都较多，主要有传统的竹篱笆、木栅栏，现代的钢管、铸铁制成的铁艺栅栏，水泥栅栏及仿木、仿竹形式的栅栏等。篱笆主要是利用植物攀援、披垂形成的绿墙、花墙、绿栏进行绿化，这类绿化不仅能发挥生态效益，还可使景观隔而不断，更具生机活力。

（6）护坡绿化

护坡绿化是用各种植物材料，对有一定落差的坡面进行保护性绿化。在建筑外环境中，主要表现在对一些微地形、斜坡进行绿化（图1-1）。护坡绿化要注意色彩与高度适当，呈现丰富的季相变化，同时水岸护坡绿化还要选择耐湿、抗风的植物。

1.3.2　绿化布局

（1）附壁式

这种形式是以吸附类攀缘植物为主，是常见经济实用的墙面绿化方式（图1-2）。主要应用地锦（*Parthenocissus tricuspidata*）、络石（*Trachelospermum jasminoides*）、薜荔（*Ficus pumila*）等具有吸盘或气生根、枝叶较粗大的藤本植物，沿较粗糙的墙面、石壁攀爬，不需要任何攀援构架和牵引材料，栽培管理简单，建造维护成本低，其绿化高度可达5~6层楼房以上。对于表面光滑、细密的墙面，则宜选用枝叶细小、吸附能力强的种类，如络石、小叶扶芳藤（*Euonymus fortunei var.radicans*）、常春藤（*Hedera nepalensis var. sinensis*）、绿萝（*Epipremnum aureum*）等。除此之外，可在墙面安装条状或网状支架供植物攀附，使许多卷攀型、棘刺型、缠绕型的植物都可借支架绿化墙面。

（2）篱垣式

篱垣式是利用缠绕性或蔓性藤本在矮墙、篱架、栏杆、铁丝网、围栏等上缠绕攀附[51]，这种形式既分隔了空间，美化了环境，又有防护功能。常用植物材料有带刺的蔓性蔷薇类（Rosa）、忍冬（*Lonicera japonica*）、扶芳藤（*Euonymus fortunei*）等，其茎蔓缠绕或盘附在篱栏上（图1-2），繁花满篱或枝繁叶茂。矮栏杆、铁丝网等还可用茎柔、叶小的草质藤本如牵牛、香豌豆（*Lathyrus odoratus*）、茑萝等。篱垣式绿化可在墙脚下栽培，用支架牵引向上；或用花箱栽植物放于墙顶，使植物下垂绿化；有阳光照射的地方，可采用藤本月季 [Rosa ANGELA（'Korday'）]、木香等花木。

（3）悬垂式

这种形式是将藤本、枝条柔软容易下垂的灌木以及各种色彩艳丽的草本花卉，预先种植于一定规格的标准容器槽中，沿建筑物墙面或其他构筑物向下垂吊或悬挂组合以形成景观的一种绿化形式（图1-2）。垂吊植物常用常春藤、'花叶'蔓长春花（*Vinca major* 'Variegata'）、野迎春（*Jasminum mesnyi*）等，悬挂草本花卉植物常用彩叶草（*Coleus blumei*）、牵牛、凤仙花（*Impatiens balsamina*）等，通过在不同造型的花槽、花盆、花斗内装入介质，以单种或组合栽培垂吊或草本花卉，形成别具风格的景观效果。目前市场上较为常见的悬挂容器，其材质有塑料、木质、植物纤维等，在进行悬挂绿化时，可根据围栏的材质、结构、色彩等各种因素，选择合适的植物材料，以形成赏心悦目的墙体景观。

（4）立柱式

主要是指绿化植物依附于高架路立柱、电线杆、庭柱、管道、路灯柱等物体上而进行的绿化形式[52-53]（图1-2）。这类绿化形式可选择有吸附根、吸盘或缠绕类的植物攀援，一般常用忍冬、地锦、凌霄、紫藤、络石、薜荔等。忍冬缠绕柱干，扶摇直上，成形较快；地锦、常春藤、薜荔等吸附柱干，颇富林中野趣。在部分高架路下，由于生长环境不良，绿化植物多选用适应性较强、抗污染并耐阴的藤本并进行合理配置，如地锦、木通（*Akebia quinata*）、南蛇藤（*Celastrus orbiculatus*）、络石、小叶扶芳藤等，必要时提供附加的攀援构架。如选用地锦和薜荔混栽，同时配植凌霄等花卉植物，达到良好的绿化、美化效果。电线杆、路灯柱选择的植物范围较大，如蔓性藤本'花叶'蔓长春花、野迎春等，及草本花卉植物彩叶草、何氏凤仙（*Impatiens wallerana*）等。

（5）贴植式

是指选择可塑性较强、易造型的乔灌木通过墙面固定、修剪、整形等方法让其枝叶紧贴墙面生长的一种绿化形式（图1-2），常见于建筑实墙使用，一般高度在1.6m以上。[54] 在国外也将其称为"树墙"或"树棚"。由于乔灌木在经过修剪整形后，平展地覆盖在墙面上，其独特的造型方法及展示方式往往具有非同寻常的观赏效果。目前使用的植物材料主要有银杏（*Ginkgo biloba*）、火棘（*Pyracantha fortuneana*）、海棠花（*Malus spectabilis*）、冬青（*Ilex chinensis*）、山茶（*Camellia japonica*）、肉花卫矛（*Euonymus carnosus*）、珊瑚树（*Viburnum odoratissimum*）等。乔灌木的运用丰富了墙面绿化的植物种类，增加了多样的景观效果。但墙面贴植所需人工较多，植物成型的速度较慢。

附壁式绿

篱垣式绿

悬垂式绿

立柱式绿

贴植式绿

图1-2　按绿化布局分类

1.3.3　绿化时代性

（1）传统建筑立面绿化

1）自然攀爬式

自然攀爬式是指植物种植于地面，可以不依赖任何辅助设施而沿着建筑物或构筑物立面向上攀爬生长，从而对其立面进行绿化的形式。这种绿化形式选用的植物依靠吸盘、吸附根、卷须、钩、刺等特殊器官，通过缠绕、攀援等方式生长在其他物体上，不需要支架或牵引绳就能牢牢贴紧构筑物立面向上生长。如爬山虎、五叶地锦、薜荔等，十分适合城市中其他乔灌木和地被植物所不能良好生存的建筑物墙面、屋顶、阳台、棚架、围墙、廊柱、桥梁和山石等环境的绿化。[57] 被装饰的建筑立面通常较为粗糙，如毛石墙面、水泥砖石混合墙面等。如是低矮的建筑立面时，也可以选择一些枝条具蔓性的藤本植物，如常春藤、扶芳藤、藤本月季等。[55~56] 由于没有辅助设施对植物进行固定和牵引，植物的生长通常不具方向性。因此在对建筑立面进行绿化时，当植物生长到门窗位置时，需要对植物生长方向进行适当干预和控制，以免影响建筑的正常功能。

我国攀缘植物种类极其丰富，约有 1000 多种，隶属 70 余科 200 多属。这类植物绿化成本低，管养方便，但成景时间长。以我国南北普遍种植的地锦为例，它是木质藤本，属于葡萄科（Vitaceae）地锦属（Parthenocissus），地锦生长极为迅速，为墙体绿化的先锋植物，一年可爬至 4 ~ 8m 高，一株地锦 3 年左右即能将 5 层楼高的侧墙面覆满，10 年其覆盖面积可达 200 ~ 400m²。枝叶密密层层，绿化覆盖效果极佳；其扦插繁殖极易生根，对土壤适应性极强，生长期间几乎不用专门管理，适于在我国大部分地区栽植。

2）辅助攀爬式

辅助攀爬式是指在建筑物立面上设置牵引物或支撑物引导攀缘植物向上生长的一种绿化形式。这种形式常用的植物多为卷须类、缠绕类的攀缘植物，需要搭设支架或牵引绳才可以向上攀爬，主要种类有牵牛、忍冬、西番莲（Passiflora caerulea）、紫藤、莺萝、络石、'花叶'蔓长春花、常春油麻藤（Mucuna sempervirens）、铁线莲（Clematis florida）等，还有一些瓜果类植物，如葡萄、中华猕猴桃、丝瓜（Luffa cylindrica）、南瓜（Cucurbita moschata）、葫芦（Lagenaria siceraria）等。常用的辅助攀爬设施有牵引绳、金属网架、花架、棚架、栅栏等。在这种绿化形式中，由于要安装辅助攀爬设施，成本比自然攀爬式略高，但是这种绿化形式中植物的可控性较强，植物种类的选择也更加多样化。[55]

3）悬挂容器式

悬挂容器式是指在建筑物立面上设置辅助支架，支架上悬挂或固定种植槽，再在种植槽内栽植植物进行立面装饰的绿化形式。这种绿化形式较为普遍，由于植物是栽植在种植槽内，生长环境与地面类似，也较符合植物的自然生长方式，因此可供选择的植物种类更加丰富。应用效果较好的有蔓性的观叶植物如常春藤、绿萝、吊竹梅（*Tradescantia zebrina*）、'金叶'甘薯（*Ipomoea batatas* 'Golden Summer'）等，观花植物如盾叶天竺葵（*Pelargonium peltatum*）、矮牵牛（*Petunia hybrida*）等。如果需要保证一年四季都有较好的观赏效果，可根据季节进行植物更换，如选择瓜叶菊（*Pericallis hybrida*）、金盏菊（*Calendula officinalis*）、三色堇（*Viola tricolor*）、孔雀草（*Tagetes patula*）、蓝猪耳（*Torenia fournieri*）、一串红（*Salvia splendens*）等草本花卉。[56] 这种绿化形式可应用于墙面、阳台、立柱、栏杆等多种环境，以及城市公共空间的临时绿化或室内装饰等，主要优点是植物更换方便，缺点是可绿化的面积较小，对建筑物的整体覆盖性较差。

（2）新型建筑立面绿化

1）模块式

模块式是指将植物种植在方块形、菱形等不同几何形状的标准化面板状种植模块内，通过独立构架或依附于建筑物垂直面建造的绿化构架，利用辅助结构将各个绿化模块进行拼接和固定，对墙面进行装饰。[7] 国外也称为"green wall"、"green facades"或"living wall"。模块式绿化系统主要由三部分组成：绿化模块、辅助结构和灌溉系统。绿化模块一般由单个的植物种植容器或穴盘组成，容器内为专用种植土，每个绿化模块都连接有 1 个滴灌头，保证植物灌溉均匀。辅助结构则主要是用来连接和固定各个绿化模块，并将其固定在墙面上。目前常用的模块式绿化系统主要有容器骨架式模块、斜入卡盆式模块、种植盒模块和管道供给模块。[1] 由于绿化模块的种植容器较小，因此植物一般选择体量较小、株型低矮紧凑、覆盖度好、观赏效果佳、管理养护简单的植物种类，如佛甲草（*Sedum lineare*）、垂盆草（*Sedum sarmentosum*）、大花六道木（*Abelia* × *grandiflora*）、四季秋海棠（*Begonia semperflorens*）等植物。在城市中针对多层、高层建筑特点，预先把植物种植于模块中，经过一段时间的养护后，进行现场安装，具有移动灵活、及时成景、更替方便的特点。[57-58] 美国的 Biomembrane、G-sky，日本的东邦株式会社已经开发出成熟的绿化模板产品。

法国植物学家帕特里克·布兰克可谓是墙面绿化轻薄化潮流的领军人物，他采用"无纺布营养液栽培"的方法，以双层无纺布 + 薄层栽培介质取代传统的固态栽培介质，并且使种植层达到了空前超薄的程度，大大降低了种植荷载；只要选择合适的植物品种，在任何地区都可以实施。[59] 目前国内外形式丰富，常见的是以塑料或无纺布等为载体，在其上铺有一定厚度、盖上特殊材料的固定介质，按一定距离打孔栽培植物，再固定在建筑物立面上。

2）铺贴式

铺贴式又叫作草坪毯式或墙面种植式，是指在墙面直接铺贴生长介质和植物组成的平面系统，或是采用喷播技术将植物种子、栽培介质、黏合剂等形成的混合物喷洒在建筑表面，使植物直接生长在建筑立面上的绿化形式。这种绿化形式无需辅助框架，但一般配套有防水层、防根层和灌溉设施。常用的植物为适应性强、便于养护管理的草本植物，如佛甲草、垂盆草、麦冬（*Ophiopogon japonicus*）、黑麦草（*Lolium perenne*）、细叶结缕草（*Zoysia tenuifolia*）、长叶肾蕨（*Nephrolepis biserrata*）、'波士顿'蕨（*Nephrolepis exaltata 'Bostoniensis'*）等。其最大的优点是施工简单，便于养护管理，绿化效果好。除了进行墙面绿化以外，还常用于边坡绿化。

3）布袋式

布袋式是在铺贴式上发展起来的一种新工艺。这种工艺是首先在做好防水处理的墙面上直接铺设软性植物生长载体，比如毛毡、无纺布、椰丝纤维等，然后在这些载体上缝制装填有植物生长介质的布袋，最后在布袋内种植植物，或是在介质中直接混匀花草种子，使其自然萌发生长，实现墙面绿化。其特点是无需龙骨、造价较低、透气性好、便于养护。需要铺设防水、防根层，可选择的植物主要有彩叶草、吊兰（*Chlorophytum comosum*）、虎耳草（*Saxifraga stolonifera*）、矮牵牛、三色堇、常春藤以及一些蕨类植物等。[7、9] 除了应用于墙面绿化以外，也常用于高速公路护坡绿化中。

1.4 建筑立面绿化的特征

1.4.1 可持续性

工业革命以来，社会经济得到了腾飞，人类疯狂地追求着资源、人口、经济增长、城镇率增长，却忽视了背后的环境与能源。20 世纪 60 年代以后，环境、能源的压力使人们开始意识到，增长并不等于发展。到 21 世纪，可持续发展已成为最主要的战略问题，可持续发展是评价一项技术的重要指标，构建可持续发展的建筑立面绿化的技术体系，在满足人类追求高品质居住环境的同时，对社会发展和环境做出了有利的协调，提高了综合效益，实现经济与环境的平衡。

1.4.2 生态性

大气颗粒物不是一种单一的污染物，而是由不同粒径、大小、来源和化学成分组成的混合颗粒物，对自然及人工环境都会造成很大影响。几乎所有地表上的物体表面都附着有尘埃，这些尘埃对建筑物及相关材料会造成一定的腐蚀，同时还降低能见度，加剧"热岛效应"等环境问题。另外 PM2.5 可吸入颗粒物，已被公认为对人体健康危害最大的大气污染物，现已初步证实大气尘浓度的短期变化与死亡率、呼吸系统和心血管系统发病率等健康效应密切相关，引发哮喘病、心脏病、肺病等众多疾病。

植物可以使地表粗糙度增加、风速降低，大气颗粒物易于沉降；叶表面纹理、绒毛、油脂以及湿润等特性，利于大气颗粒物附着；复杂的枝茎结构，使其能够滞留大量的大气颗粒物；雨水冲刷和落叶，使得植物能够再次获得滞尘能力。与其他绿化方式相比，建筑立面绿化具有独特的竖向结构，有着更明显的滞尘效应。同时，建筑立面绿化能使夏季墙面的温度大大降低，周围环境的空气湿度增加 10% ~ 20%，降低噪声，有效地吸收二氧化硫、氯气、二氧化氮等有害气体。

1.4.3　节地性

城市的迅速发展，导致绿化用地不足。建筑立面绿化不需增加城市绿化用地，使用三维空间的立面，依附建筑物向高处生长，因此可以有效地缓解增绿用地矛盾。据计算，如果把一幢高楼的墙面进行绿化，其绿化面积大约为楼层占地面积的两倍以上。只需在建筑设计中预留少许空间和预埋相关辅助设施，为植物生长提供设施，便可以扩大城市绿化范围，增加城市绿量，是拓宽城市绿化空间的有效途径。

1.4.4　景观性

植物对生活在高密度"混凝土建筑森林"中的人们来说，作用尤为重要。建筑立面绿化通过植物的形状、质感、色彩，不仅可以让建筑空间环境更有层次感，为建筑增加了独特的景观效果，还可以在一定程度上缓解人们紧张的情绪和工作疲劳，满足人们接触及回归自然的心理需求，使生硬的城市空间环境变得富有亲和力和生命感，改善人们的生活环境。

1.5　建筑立面绿化的应用现状

1.5.1　应用现状

（1）国外研究现状

美国从 20 世纪末就开始研究垂直绿化形式及其技术的改进。[60] 其中塑料或非纺织材料为载体的可移动垂直绿化,主要组成部分是由一片非纺织材料如聚酯、尼龙等做成的袋状包囊,具有一定的弹性和不透水性的特点。根据需要将袋状包囊并列分成多个单元,每个单元开若干缝隙,将轻质栽培介质填充于其中,进行植物栽培后,直接将袋状包囊挂于墙体或固定于墙体进行绿化。近年来,这种绿化形式有所发展,由构架支撑袋状包囊固定于外墙体,与墙体紧密接触面是由防水层构成。主要优点是操作简单灵活,适应范围广,可随季节变化、观赏需求及时更换植物。这种绿化形式在美国较为流行,而且也是我国近十年来短期绿化工程、花展中常见的一种垂直绿化形式。但是这种绿化形式有其使用的局限性,密集的打孔式嵌入植物栽种方式限制了大面积使用;用人工浇灌方式,容易造成水资源的浪费;更换植物不方便,限制了在高层建筑立面绿化上的应用。

构架式垂直绿化是近年伴随着城市农业和城市园艺发展而新兴的一种绿化形式,国外称之为"green wall"[61],最先流行于欧洲和亚洲,主要有两种具体的绿化形式:green facades 和 living walls。Green facades 包括传统攀缘植物攀爬绿化形式和支撑结构栽培箱绿化形式。Living walls 主要是由更换灵活的栽培体、模板(modular panel)和独立的或固定于墙体的构架构成。

目前城市园艺中 green facades 主要由支撑构架、栽培箱、灌溉系统构成。美国 G-sky 公司在 2007 年 7 月开发出一种新型 green wall 系统。Green facades 新技术是垂直绿化支撑结构体系的创新,并没有改变植物的生长方式和种植方式。这种绿化系统的特点是,支撑构架是垂直系统的主体结构,既避免植物对墙体的损坏,又提供了日常养护管理的空间,适于城市高层建筑的墙面绿化。

Living walls 也被称作 biowalls(生态墙)、mur vegetal(植物墙)或 vertical gardens(垂直花园)。[62]它是由植物栽种模板(pre-vegetated panels)或组装构架体系(integrated fabric systems)构成,安装于墙体之上或独立构成立面绿化景观。每一单位模板包括可回收塑料容器、无纺布、灌溉系统、栽培介质和植物等。Living walls 绿化系统可以栽种多种植物种类,包括地被,蕨类植物,小灌木,藤本,一、二年生花卉和小型蔬菜等。Living walls 组装灵活,可以安装于室内外,应用范围很广。日本东京运用 13 种常绿植物为 Green Screen 的临时垂直绿化形式遮挡市区内建筑工地,赢得了美国 ID Magazine 杂志 2004 年度评选的最佳环境奖。2005 年日本爱知世博会 Bio Lung 的绿墙,应用了 200 多种植物,近 200 000 株,带动了容器模块式相关技术的发展。加拿大 Elevated Landscape Technologies(ELT)公司于 2006 年 7 月推出垂直绿化新技术,在 2007 年广泛应用于欧美园艺市场,2008 年上海春季花展首次将这项技术引进国内。其主要构件为栽植盘(panel)、金属挂板(metal Hanger bracket)、加长板(extension kit)、栽植盘构架(living wall stand)、滴灌盘(drip tray)和水分回收盘(collection tray)。澳大利亚的 Fytogreen 公司于 2007 年推出 vertical turf 形式的垂直绿化系统,其基本构件与加拿大 ELT 公司的 living walls 系统相似，但安装方式和灌溉系统有所差别。

瑞典的 folkwall 是"抽屉式"垂直绿化形式和栽培容器槽组合式垂直绿化形式，即两片混合浇筑物构成垂直绿化支撑结构，其中一面作为抽屉式栽培槽安插面，栽培槽内种植植物，或者由不同规格的栽培槽由低到高、层层组合安装而构成垂直绿化景观。

日本 Shimizu 建筑公司和 Minoru 农业机械生产商于 2006 年 8 月共同研发并命名为 parabienta wall systems 垂直绿化形式，具有轻质、低能耗的特点，广泛应用于当地的学校、政府机构等楼体绿化，2007 年该形式逐渐被新加坡等地处热带的亚洲国家所青睐。整面墙体由植物栽培模块、支撑构架、灌溉系统组成，所用植物种类也很丰富。没有栽培容器，栽培介质是模块主体，栽培模块由横向、纵向各 5 排金属网格状框架直接将其固定于构架之上。栽培模块是由独特的复合物并添加类似海绵状聚酯纤维构成，质量极轻，厚度仅 5cm，具有良好的保水性和排水性能。

（2）国内研究现状

我国的模块式垂直绿化形式研究始于 21 世纪初，起步较晚，国内诸如上海、广州、北京等大城市开展了建筑立面绿化的研究工作。[63-71] 早期应用较多的是卡盆形式和在外包围物内填充栽培介质的形式。经调查，这两种垂直绿化形式在上海地区均有使用，主要用于楼体墙面绿化、围墙绿化和构筑物壁面装饰绿化。上海南京西路电视台附近围墙采用卡盆式垂直绿化形式，主要由支撑结构、卡盆、栽培介质和滴灌系统构成；淮海中路垂直生态墙采用两层无纺布 + 薄层栽培介质形成袋状包囊，按一定距离打孔栽培植物，支撑袋状包囊的构架固定于墙体，与墙体的紧密接触面由防水层构成，灌溉方式为人工喷灌。

本书作者应邀为在超规模、高难度的钢结构的上海世博会主题馆建筑外立面上建设即时成景的植物墙提供技术支撑。本书作者带领科研人员经过近三年的技术攻关，从模块设计、介质配比、植物选择、精准灌溉等各项技术难关上进行研究和突破，形成自有知识产权的壁挂植物种植模块技术，它是以模块为单元，以回收废纸张制作的环保型纸花盆为容器，以枯枝落叶等有机废弃物为"土壤"和肥料，以滴灌系统为主要养护手段，从而使植物在脱离地表的立体层面上良好生长的一种模块式的绿化形式。这种绿化形式既拓展了应用植物的种类，又确保了长期稳定的生态绿墙景观效果。

在 2010 年举办的上海世博会上，各个国家和地区的展馆汇集了大量的墙体绿化技术，堪称墙体绿化技术在国内应用的典范，推动了我国立体绿化技术的发展。此后，迎来了模块式建筑墙面绿化研究与应用的春天，通过知网的检索，1981 ~ 2017 年，国内发表的与立体绿化技术相关的总文献数为 1228 篇，其中世博会后发表论文 797 篇，占总数的 64.9%（图 1-3）；按不同研究层次分，工程技术以及基础与应用基础研究占了绝大多数，相关期刊为 71.4%（图 1-4）。

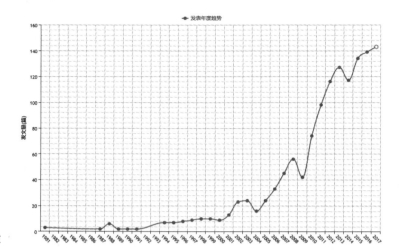

图 1-3　不同年份发表文献数

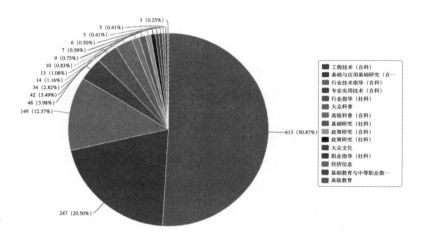

图 1-4　不同研究层次分布

　　在国内，海纳尔立体绿化公司、上海辰山植物园、北京世纪胜景园艺有限公司都是很好的典范。上海海纳尔屋面系统安装工程有限公司研发的海纳尔铺贴式墙面绿化系统，由生长介质、栽培植物以及灌溉系统共同组成。首先将植物的生长介质铺贴在墙上，然后在生长介质上种植植物，这种墙面绿化系统的各部分都可以在工厂实现标准化生产和预先培育。

　　上海辰山植物园和上海世源绿化公司联合开发的垂直绿墙种植箱，其包括固定框架、种植板、种植穴板、种植介质、疏水板和隔温保湿层。排水孔设在固定框架的底板或侧板；种植板由种植槽或种植穴板组成；疏水板、隔温保湿层分别设置于固定框架的后部和前部；疏水板上、下端插设于固定框架顶板、底板的内侧面的插槽；种植板与疏水板之间的空间内放置种植介质。该发明适用范围广，造价低廉，植物可持续生长多年，安装拆卸轻便，无需特定种植模块，浇灌均匀。

北京世纪胜景园艺有限公司研究提出了"用于垂直绿化的可组合壁挂装置"。该壁挂装置由花盆架、花盆、供水系统、接水排水系统、内框、外装饰框等7部分组成。该壁挂装置可自由组合，应用非常广泛，可对建筑物室内外墙壁进行绿化美化。花盆架采用后部全封闭插接设计，浇水时不会对墙面造成污染。每一套组合装置的最底部有接水装置，多余的水可直接滴入，再经排水孔排出。大型壁挂装置可安装自动灌溉系统，小型的壁挂装置配备有可移动手提式供水设备，方便省力。

总体而言，我国的模块式建筑立面绿化还是一个比较新的领域，处于刚刚起步阶段，其设施和相应的配套技术还处于不断学习与摸索过程中，技术本土化、降低造价和延长使用期都是未来的重点研究方向。

1.5.2 相关的标准和政策鼓励

为了应对很多城市中的环境、社会以及经济问题，城市建筑立面绿化得到了快速发展，并在全世界范围内都出台了相关鼓励政策。

新加坡一直致力于将城市打造成一个环境上可持续发展的都市，是在绿化政策、绿化建筑和环保能源执行上的国际领导者。新加坡出台了多方面的财政激励，主要由城市重建局（URA）和国家公园局（Nparks）推行实施。在2005年，新加坡建筑建设局启动了绿色建筑标志计划，目的在于促进建筑工业和建筑开发商的可持续环境发展意识。除此之外，2009年新加坡启动了高层建筑绿化激励方案，为植生墙安装提供50%的成本支持。新加坡开展的城市空间和高层建筑景观美化工程项目，旨在刺激针对新老建筑进行绿化的积极性，主要包括四类：针对策略性领域的景观更换政策，景观屋顶区域的室外更新工程，将公共区域空中平台的面积从建筑总面积中去掉，建设景观露台。

澳大利亚墨尔本市正在致力于"种植绿化指南"的开发，旨在通过建造绿化屋顶和植生墙来呈现自然美景并刺激生物的多样性。主要有四项主要原则："例式"、"授权"、"激励"以及"参与"，即在公共建筑上打造绿化范例，简化审批许可和施工流程，提供赠款及退税，增加社区参与性，以及通过媒体、比赛、特殊活动等宣传垂直绿化的相关知识。

在德国柏林市率先提出"生境面积系数"（BAF），用以表示有效生态面积（如垂直绿化、绿化屋顶等）与建筑总面积的比率。柏林、慕尼黑、科隆等已经落实了制度和激励办法，激励在建筑中采用绿化立面以进行雨水管理。

美国西雅图建立了"绿化系数评分系统"，该系统旨在增加城市绿化空间，使人们能够在众多绿化特色中做出选择，如行道树、绿化屋顶以及植生墙等。绿化系数评分系统可应用在新的开发项目上，需要商业建筑的植物覆盖率达到30%，多层住宅区的植物覆盖率要达到50%（西雅图绿化系数评分系统，2013）。其他的美国城市也同样提出了各种针对垂直绿化的激励措施。旧金山和芝加哥为所有的垂直绿化建筑项目简化了审批程序，旧金山的《绿化建筑条例》实行于2008年，为二氧化碳排放量设定了最小标准。

加拿大温哥华已经实行了环保计划政策以及建筑章程，同时也采用了LEED黄金认证的要求，鼓励对建筑进行垂直绿化；多伦多也为垂直绿化和垂直植被的建设提供了一些经济上的鼓励。丹麦哥本哈根实行了可持续环境发展的政策激励以及发展目标，主要集中在可实现碳平衡系统的景观建设上。英国伦敦提出了在2030年之前实现提高伦敦市中心绿化覆盖率5%的目标计划，伦敦市长和城市设计师们共同完成了一本技术指南用以支持实施。日本东京正在实施一些规划政策和经济上的激励，日本政府也开始在全国范围内推行。

我国北京、上海、天津等城市根据自身实际情况制定、推广垂直绿化的相关政策，对绿化设计、选材、施工、养护等方面提出建设性的建议。其中，在1998年上海就曾颁布《上海市垂直绿化技术规程》DBJ08-75-98，对墙面绿化给予大力支持，使其在墙面垂直绿化方面取得了长足的进步与发展。2010年《上海市绿化技术规范》中，对墙体绿化实施的具体情况有了更加明确的规定。天津市在2004年出台了关于屋顶绿化的规程——《天津市屋顶绿化技术规程》DB29-118—2004。与此同时，北京市在2006年发布了《北京屋顶绿化规范》DB11/T281—2005；2011年，北京市政府开始实行"北京市人民政府关于推进城市空间立体绿化建设工作的意见"[京政发（2011）29号]。昆明市在2007年出台了《昆明城市立体技术规范（试行）》。成都市借鉴德国相关经验，2008年利用政府导向，从设计报建开始，紧抓屋顶绿化建设。深圳市在2009年颁布实施《屋顶绿化设计规范》DB440300/T37—2009；福建省住房和城乡建设厅在2010年发布《城市垂直绿化技术规范》DBJ/T13-124—2010；西安市政府也于2011年颁布实施《西安市推进城市屋顶绿化和垂直绿化工作实施意见》[市政办发（2011）197号]。此外，济南、杭州、武汉、长沙等城市也以各种形式开展城市环境的立体绿化。很多其他城市目前也都开始推行各种绿化政策，并着手使用激励措施来鼓励垂直绿化系统的安装，垂直绿化正在稳步发展。

1.5.3　存在的问题

我国开展垂直绿化相关研究较晚，重视程度不够，垂直绿化的效果表现并不能很好地呈现出来，主要存在以下几方面问题：

（1）景观形式单一

当前很多城市的垂直绿化应用存在的问题是垂直绿化应用植物种类、技术形式的单一，主要采用简单的传统藤蔓植物地栽，很少考虑其他绿化手段的实施，忽略了建筑设计和绿化技术的结合。很多垂直绿化是在建筑完工之后将植物种植在建筑的周围，成了建筑物的陪衬，缺乏与建筑外观的融合互动。因此，在很多人意识中，垂直绿化就是爬满爬山虎的绿墙。另外，"重视绿化，忽视美化"是当前城市公共空间垂直绿化普遍存在的问题，设计施工时过分强调植物"绿"，而忽视"美"，让很多城市垂直绿化缺乏与建筑环境融合的美感。垂直绿化景观可以观赏的亮点较少，植物景观多以观叶为主，对于观果、观花以及不同季相配置应用实践不多。

（2）绿化效果难以稳定持久

由于垂直绿化的植物是在立体环境中生长，导致植物的生存环境相对较差，例如植物生长介质有限、灌溉养护有难度、绿化效果不稳定，往往让垂直绿化效果难以持久保持。要保持垂直绿化的可持续效果，一是要加强对植物的维护，让植物能够健康存活；二是要控制植物配置组合后形成的肌理美感，更新和提高其绿化效果。在整个建筑项目规划设计时，将垂直绿化景观设计、植物规划和养护管理纳入到整个体系中，保证建筑垂直绿化效果能够得到长久维持。随着垂直绿化新技术的发展，设计出来的多样化、合理化的植物生长支持系统让植物的成活率得到很大的提升，供养排水技术也比以往更加完善。

（3）成本较高

垂直绿化立体种植的特殊性，决定了其与地面绿化有很大的差别，实施过程较难，建设构成材料成本较高，尤其是建筑完工后加建的垂直绿化成本更高。较高的成本投入、高难度维护管理等制约着垂直绿化应用和普及。现阶段有关部门在审批新项目时，没有对垂直绿化建设过硬地要求，致使新建建筑项目也缺乏垂直绿化。

纵观垂直绿化技术的发展方向，传统的攀爬式垂直绿化受到生长空间和生长速度的制约，不仅形式较为单一，而且可以选择的植物种类少。垂直绿化新技术的发展摆脱了依靠植物攀爬特性形成立面绿化的限制，能让植物脱离地面生长、方便构图以及与建筑结合更紧密，可供选择的植物种类也越来越丰富。通过对已有的实践进行分析和总结，发现对城市公共空间垂直绿化起主导作用的是景观效果、施工成本和养护成本。因此，在研发新的垂直绿化技术时，重点考虑满足不同种类植物的正常生长，以增加景观的丰富度，并降低管理养护成本。只有这样，才能真正地体现垂直绿化新技术的优越性。

1.6　建筑立面绿化的发展前景

建筑立面绿化是随着低碳时代的到来，在世界范围内正在蓬勃兴起的一项高新技术。[72-75] 由于城市土地资源有限，拆迁建绿成本高昂，为此就要充分利用城市的建筑物或构筑物墙体进行绿化，增加绿化面积，从而改善城市生态环境。据统计，令人满意的景观数量和质量的建筑立面绿化，可以使建筑增值 15% ~ 20%。

模块式建筑立面技术具有很强的适应性，可供选择的植物种类繁多，同时又可以适应绝大多数的地区气候。具有批量化生产、系统化种植养护、模块化安装、可移动性强、容易拆装、迅速成景等显著特点，通过模块和植物的变化，可以形成任何规则、不规则的图案。无论是住宅等需要长期绿化的建筑，还是节日庆典等需要临时展示的情况，都有着广泛的应用前景。作为改善城市环境的绿化方式之一，模块式建筑立面绿化技术将在我国有巨大的发展空间，全球化、多样化、规模化、迅速化以及法制化是未来的发展趋势。

参考文献：

[1] 徐家兴 . 建筑立面垂直绿化设计手法初探 [D]. 重庆：重庆大学，2010.

[2] 胡永红 . 城市立体绿化的回顾与展望 [J]. 园林，2008（3）：12-15.

[3] 李莉 . 城市多层住宅第五立面设计研究 [D]. 武汉：华中科技大学，2007.

[4] 申彩霞，王晋新 . 开拓绿色空间的新途径 [J]. 国土绿化，2002（10）：18.

[5] 张宝鑫 . 城市立体绿化 [M]. 北京：中国林业出版社，2004.

[6] 许晓利，苏维 . 城市绿地空间的再创造——垂直绿化 [J]. 河北林果研，2004（03）：266-270，294.

[7] 朱红霞，王铖 . 垂直绿化——拓宽城市绿化空间的有效途径 [J]. 中国园林，2004（03）：31-34.

[8] 赵选红，王金燕 . 加强垂直绿化建设，改善城市生态环境 [A]. 中国公园协会 2003 年论文集 [C].2003：2.

[9] 刘宝玉，吴广珍 . 简论发展城市立体绿化 [J]. 安徽林业，2000（2）：27.

[10] 武新，张立新，尤长军 . 增加城市绿量的好方法——垂直绿化 [J]. 辽宁农业职业技术学院学报，2002（03）：37-38.

[11] 陈施 . 昆明市垂直绿化调研及四种主要藤蔓植物生态效益的研究 [D]. 昆明：西南林学院，2008.

[12] 车风义 . 城市公共空间垂直绿化应用设计研究 [D]. 济南：齐鲁工业大学，2013.

[13] 赵世伟，张佐双 . 园林植物景观设计与营造 [M]. 北京：中国城市经济社会出版社，2001.

[14] 王仙民 . 上海世博立体绿化 [M]. 武汉：华中科技大学出版社，2010.

[15] 王仙民 . 日本典型立体绿化案例赏析 [J]. 中国花卉园艺，2012（11）：29.

[16] 陈子和 . 城市园林绿地规划与立体绿化 [J]. 广东园林，1982（02）：5-7.

[17] 刘光立 . 垂直绿化及其效益研究 [D]. 成都：四川农业大学，2002.

[18] 王欣歆 . 南京城市园林中垂直绿化研究 [D]. 南京：南京农业大学，2010.

[19] 徐筱昌，左丽萍，王百川 . 发展垂直绿化增加城市绿量 [J]. 中国园林，1999（02）：47-48.

[20] 刘双月 . 现代城市立体绿化设计研究 [D]. 咸阳：西北农林科技大学，2011.

[21] 汪文忠 . 国内外若干城市的绿色建筑 [J]. 上海房地，2014（12）：47-48.

[22] 任冬焕 . 城市立体绿化浅析 [J/OL]. 农业开发与装备，2014（03）：71，82.

[23] 车风义 . 城市公共空间垂直绿化应用设计研究 [D]. 济南：齐鲁工业大学，2013.

[24] 蒋春其等 . 国内外攀缘植物应用现状与发展前景探讨 [J]. 绿色科技，2011（11）：40-42.

[25] 韩亚利 . 藤本月季在园林垂直绿化中的造景形式及建议 [J]. 辽宁林业科技，2010（05）：43-44.

[26]（日）近藤三雄著 . 谭琦译 . 城市绿化技术集 [M]. 北京：中国建筑工业出版社，2006.

[27] 林小峰 . 珠玉双辉——中日世博会绿化景观之比较 [J]. 园林，2010（07）：46-49.

[28] 高亚利 . 城市立体绿化形式与技术 [J]. 现代农业科技，2012（16）：226-227.

[29] Yvonne Ress David Palliserr. Container Gardening[M]. Singapore，1990.

[30] 高杰 . Patrick Blanc 和他的绿色世界 [J]. 山西建筑，2011，37（26）：7-8.

[31] 任刘阳 . 攀缘植物在城市绿化中的应用研究 [D]. 郑州：河南农业大学，2009.

[32] 臧德奎，周树军 . 攀缘植物与垂直绿化 [J]. 中国园林，2000（05）：79-81.

[33] 周厚高 . 藤蔓植物景观 [M]. 贵阳：贵州科技出版社，2006.

[34] 范洪伟，李海英 . 藤蔓植物与墙体绿化的结合技术 [J]. 建筑科学，2011，27（10）：19-24.

[35] 杨庆仙，刘芳 . 浅谈藤蔓植物在城市垂直绿化中的应用 [J]. 河北林业科技，2005（04）：158-159.

[36] 贺晓波 . 垂直绿化技术演变研究及植物幕墙设计实践 [D]. 杭州：浙江农林大学，2013.

[37] 戴耕 . 绿色律动——建筑垂直绿化在上海世博会场馆设计中的运用 [J]. 安徽建筑，2011，18（02）：42-44.

[38] 乔国栋，丁学军，庞炳根 . 上海世博主题馆生态墙垂直绿化 [J]. 建设科技，2010（19）：49-51.

[39] 谢敏 . 城市垂直绿化的途径与意义 [J]. 河北林业，2009（01）：38.

[40] 何礼平 . 建筑与绿色元素的共构 [D]. 杭州：浙江大学，2005.

[41] 张更新 . 铺贴式墙体绿化技术研究 [D]. 北京：北方工业大学，2015.

[42] 李金 . 绿色建筑不可忽视"第五立面" [J]. 城市住宅，2013（09）：118-119.

[43] 丁少江，黎国健，雷江丽 . 立交桥垂直绿化中常绿、花色植物种类配置的研究 [J]. 中国园林，2006（02）：85-91.

[44] 刘婷艳 . 探析旧城区立交桥的垂直绿化设计——以郴州市同心立交桥为例 [J]. 现代装饰（理论），2016（03）：271.

[45] 韩红 . 立交桥及立交桥底和垂直绿化设计的新思路——以南宁市立交桥为例 [J]. 技术与市场，2011，18（08）：302-303.

[46] 李莎 . 长沙市立交桥绿化现状及植物配置模式分析 [D]. 长沙：湖南农业大学，2009.

[47] 黎国健 . 如何为城市立交桥"着装" [A]. 中国城市规划学会 . 和谐城市规划——2007 中国城市规划年会论文集 [C]. 中国城市规划学会，2007：10.

[48] 绿意 . 一架绿荫满园春——庭院棚架绿化设计 [J]. 园林，1995（05）：8-9.

[49] 朱曼嘉 . 棚架植物栽培与垂直绿化技术 [J]. 科技信息（科学教研），2008（14）：639-640.

[50] 宋亚萍 . 垂直绿化在厦门市园林绿地中的应用研究 [D]. 福州：福建农林大学，2012.

[51] 陈庆，蔡永立 . 藤本植物在城市垂直绿化中的选择与配置 [J]. 城市环境与城市生态，2006，5（19）：26-29.

[52] 王凯 . 攀援植物和垂直绿化在城市绿化中的应用 [J]. 现代园艺，2011（07）：82.

[53] 杨张帆 . 城市建筑中垂直绿化的应用分析 [D]. 福州：福建农林大学，2013.

[54] 徐筱昌 . 树木贴着墙面长——垂直绿化的一种新形式 [J]. 园林，1996（04）：8-9.

[55] 陈庆，蔡永立 . 藤本植物在城市垂直绿化中的选择与配置 [J]. 城市环境与城市生态，2006，5（19）: 26-29.

[56] 武金翠等 . 苏州市立体绿化植物调查及其应用形式比较分析 [J]. 上海农业学报，2014，30（06）: 123-127.

[57] 朱苗青，秦俊，胡永红 . 模块式垂直绿化植物在上海地区蒸散规律和节水灌溉研究 [J]. 江西农业学报，2011，23（03）: 20-23，26.

[58] 李海英 . 模块式墙体绿化技术 [J]. 华中建筑，2015，33（03）: 54-58..

[59] Patrick Blnc. The Vertical Garden: From Nature to the City[M]. New York: W.W. Norton & Company, 2008.

[60] Willmert, T. The grass is greener on the topside with these innovative roofing systems[J].Architect, Rec, 2000, 188（10）: 182.

[61] Dwyer, J.F, McPherson, E.G, Shroeder, H.W., Rowntree, R.A. Assessing the benefits and costs of the urban forest[J]. Arboricult, 1992（18）: 227-234.

[62] Scholz Barth K.Green roofs: stormwater management from the top down[J]. Environmental Design & Construction Home, retrieved, 2001, 25（11）: 23-32.

[63] 杨雪 . 广州地区 10 种用于垂直绿化的植物绿化效果比较及种植基质筛选 [J]. 广东园林，2015，37（05）: 36-40.

[64] 黄任 . 广州地区立体绿化对建筑热环境及能耗影响研究 [D]. 广州: 广州大学，2013.

[65] 林宁 . 北京地区垂直绿化的野生植物 [J]. 中央民族大学学报（自然科学版），1996（02）: 59-60，62-63.

[66] 孟涛 . 垂直绿化对上海地区既有办公建筑节能改造效果的实测研究 [J]. 上海节能，2016（05）: 252-255.

[67] 胡佳麒 . 上海市垂直绿化工程应用初步研究 [D]. 南京: 南京农业大学，2010.

[68] 乔国栋 . 城市特殊生境下垂直绿化建设施工技术研究——以上海世博会主题馆生态绿墙的建设施工为例 [A]. 住房和城乡建设部、国际风景园林师联合会 . 和谐共荣——传统的继承与可持续发展: 中国风景园林学会 2010 年会论文集（下册）[C]. 住房和城乡建设部、国际风景园林师联合会: 上海，2010: 4.

[69] 张连全，王玉勤 . 垂直绿化是上海建设生态城市的必要措施 [J]. 上海建设科技，1994（05）: 42.

[70] 张宏伟，许荷 . 垂直绿化概述 [J]. 住宅产业，2014（08）: 39-43..

[71] 郄光发 . 北京建成区城市森林结构与空间发展潜力研究 [D]. 北京: 中国林业科学研究院，2006.

[72] 郭斌 . 城市垂直绿化植物的应用现状与发展趋势 [J]. 中国商界（下半月），2010（06）: 392.

[73] 杨麒，朱一 . 垂直绿化发展趋势探析 [J]. 数位时尚（新视觉艺术），2013（05）: 52-57.

[74] 李月 . 我国空间垂直绿化的发展趋势与对策分析 [J]. 安徽农业科学，2014，42（19）: 6302，6308.

[75] 殷金岩等 . 浅议垂直绿化行业的阶段性发展趋势（英文）[J].AgriculturalScience& Technology, 2015, 16（12）: 2863-2865.

02

第2章

建筑立面的生境特征

建筑立面是立面绿化的围护界面，其生境与自然生境不尽相同[1]，对植物生长影响很大，主要有以下几点：①承载面与种植模块的连接方式，建筑立面从受重力的支撑变成了构件的连结固定；②受立面质地和荷载的限制，导致对植物种类和栽培介质具有严格的要求；③建筑立面和自然土壤分离，造成植物生长所需的水分和养料完全由种植模块及浇灌体系提供；④不同界面上气候条件的差异，导致建筑立面生境产生较大差别。

在调查、分析建筑自身因素以及由建筑因素引起的小气候差异的基础上，本书通过对不同建筑立面特点的研究，为其立面绿化植物选择及配套技术提供理论依据，解决建筑立面生境的特殊性，保证植物正常生长。

2.1　建筑因素

绿化可以安装在已建成建筑上，也可以安装在新建建筑上。建筑朝向、面积、建筑外墙材料等立面条件和建筑高度都会影响到立面绿化系统的类型和植物的选择。

2.1.1　立面条件

（1）朝向

在地面或平面进行绿化时，光照强度随着太阳位置的移动而改变，只要不被建筑物遮挡，白天都可以受到阳光的照射。而在建筑立面绿化中，绿化植物模块依附于建筑物某一个立面上，由于朝向不同，建筑物各个立面日照情况、温度、风速等存在着较大差异，选用的植物也各异。[2] 所以在立面绿化设计中针对不同朝向的建筑立面特点，需要选用相应的植物进行绿化。

一般建筑的主要出入口布置在南立面，南立面是建筑物主要的景观面，也是整个建筑物的主要观赏点。优先选用花灌木、常色叶、球宿根花卉、观赏草等观赏价值较高的植物，可以将花卉、常色叶与常绿植物相互搭配，甚至可以常年使用花卉。建筑北立面冬季受西北风影响更为寒冷，不利于一般绿化植物过冬，一般选择耐寒的植物。建筑东立面日间温度变化平稳，可选用的植物种类比较广泛。建筑西立面，由于受到夏季西晒的影响，优先选用耐热、耐旱、喜光的植物。

（2）高度

由于受到建筑高度和绿化系统自重的影响，在不同高度的建筑中，采用的建筑立面绿化系统不同。针对同一建筑、不同高度的立面绿化，选择的植物也不同。一般上部选用易生长、好护理、需水较少的植物，中部选用对排水性要求高的植物，下部则建议用较喜湿的植物。

由于类似小型办公建筑、多层居住区、工业厂房的单层及多层建筑高度较低，建筑立面绿化的安装、灌溉、卸载和后期维护的问题较少。因此，绿化系统的选择非常灵活，大多数建筑立面的绿化系统都可以应用。

高层建筑进行建筑立面绿化时，由于建筑高度高，需要综合考虑安全、风压和水压等问题。现今最常用的是分段绿化的方法，从而实现全面绿化建筑的效果。为解决管护的安全问题，需要为模块装卸和植物维护提供承载系统，承载系统的荷载约为 735N/m²。另外，宜将灌溉用的水箱放置在建筑顶部。但从施工安全角度及施工成本考虑，不建议在高度过高处（30m 以上）使用立面绿化。

在高层建筑的建筑立面绿化中，应选用根系牢固、枝叶不易脱落、株型紧凑的植物种类，避免枝叶从高空吹落伤人。另外，宜分段设置缓冲和承接构件，避免枝叶直接掉落到地面。

（3）面积

对于建筑立面绿化而言，没有所谓的"理想"规模。立面绿化的面积越大，它在景观、生态功能以及其他潜在服务功能上发挥的功效就越大，但对立面的荷载、安全性等方面相应的要求也就越高。

（4）周边环境

为了更好地规划、设计和实施建筑外立面绿化，需要根据建筑所处的微环境及周边建筑的特点进行分析，选择适宜的植物和绿化技术进行建筑立面绿化，使植物在微气候条件下，根据自身的生长习性正常生长，并使建筑立面绿化与环境在色彩、形态、空间大小上协调融合。另外还要结合城市规定，只能在某个给定的建筑立面范围进行安装，尤其避免出入门户、车辆通道、铺设管线等地方。

2.1.2 外墙材料

建筑外墙所使用的材料是建筑外立面设计最基本的构成要素，对立面绿化类型和植物的选择具有一定的影响。建筑外立面材料一般按其物质构成分为金属、混凝土、砖材、玻璃、石材等。面料表面、材料颜色及自身的耐久性，会影响植物的生长，如辐射性能强的建筑立面材料容易导致周围环境恶化且温度增高，影响植物的生长。

物体的辐射能力是指物体在一定的温度下，单位表面积在单位时间内所发射的全部波长的总能量，它表征物体发射辐射能的本领，其单位为 W/m²。太阳辐射吸收系数 ρ 表征建筑材料表面对太阳辐射热吸收的能力指标，是一个小于 1 的系数。吸收系数越小，则反射的太阳光越多，接收的热辐射就越小，对墙面的增温能力也就越小。表 2-1 列举了不同建筑围护结构外表面的太阳辐射吸收系

数 ρ 值。表 2-2 列举了混凝土、砖结构、玻璃、石材、金属等建筑墙面材料的辐射系数。

建筑围护结构外表面太阳辐射吸收系数 ρ 值[3]　　　　　　　　　　表 2-1

面层类型	表面性质	表面颜色	ρ 值
黑色漆	光滑	深黑色	0.92
灰色漆	光滑	深灰色	0.91
褐色漆	光滑	淡褐色	0.89
绿色漆	光滑	深绿色	0.89
棕色漆	光滑	深棕色	0.88
蓝色漆、天蓝色漆	光滑	深蓝色	0.88
中棕色漆	光滑	中棕色	0.84
浅棕色漆	光滑	浅棕色	0.8
绿化植物		绿色	0.8
棕色、绿色喷泉漆	光亮	中棕、中绿色	0.79
红砖墙面	旧	红色	0.77
红油漆	光亮	大红	0.74
混凝土墙	平滑	深灰色	0.73
水刷石墙面	粗糙、旧	浅灰色	0.68
水泥拉毛墙	粗糙、旧	米黄色	0.65
混凝土砌块	粗糙	灰色	0.65
砂石粉刷墙面	粗糙	深色	0.57
水泥粉刷墙面	光滑、新	浅黄色	0.56
浅色涂料	光平	浅黄、浅红色	0.5
浅色饰面砖	光滑	浅黄、浅绿色	0.5
硅酸盐砖墙面	不光滑	黄灰色	0.5
石灰粉刷墙面	光滑、新	白色	0.48
白水泥粉刷墙面	光滑、新	白色	0.48
银色漆	光亮	银色	0.25
抛光铝反射板	光滑	浅色	0.12

	常见墙面材料辐射系数表[4]		表 2-2
材料名称	材料表面状况	温度（℃）	温度辐射系数
油漆	本色黑	100	0.97
玻璃	抛光平面	20	0.94
砖	表面	20	0.93
混凝土	表面	20	0.92
油漆	白色	100	0.92
泥土	干燥	20	0.92
石头	一般	20	0.92
沙土	表面	20	0.9
不锈钢	氧化	60	0.85
石材	一般	20	0.78
铁	铸铁氧化	100	0.64
铝	氧化	100	0.55
铁	铸铁抛光	40	0.21
不锈钢	擦亮	20	0.16
钢	抛光	100	0.07
铝	抛光	100	0.05

建筑立面绿化系统除了不能与玻璃幕墙结合外，可以与其他材质的建筑外墙相结合。以玻璃幕墙为主的建筑外墙，可选用与建筑外墙保持一定距离的丝网和线材系统。金属材料墙面也不建议使用立体绿化，因为种植植物与建筑某些材料相互作用，植物的生长会对材料带来一定的负面影响，比如植物的水分可能造成金属材料生锈。同时建筑外立面材料的脱落也会造成植物的脱落。选择合适的立面绿化类型和植物，对建筑至关重要。

2.2 微气候因素

气候环境的特点是众多影响建筑立面绿化质量因素中最重要的因素，温度、光照、风速及月平均降雨量等都会影响到建筑立面绿化的类型和植物种类选择。

2.2.1 光照

辐射体单位时间内以电磁辐射的形式向外辐射的能量称为辐射功率或辐射通量（W）。[5] 光源的辐射通量中被人眼感觉为光的能量（波长 380 ~ 780nm）称为光通量（lm）。照度 E 是指落在单位面积被照面上的光通量的数值，用于指示光照的强弱，单位是勒克斯（lx）。夏季中午在阳光直射下的光照强度，室外可达 60000 ~ 100000lx，阴天的光照强度也有 8000 ~ 12000lx。

光合有效辐射 PAR（photosynthetically active radiation）是指太阳辐射中植物能用于光合作用的部分。上海夏季不同朝向建筑立面有效光合辐射的比较见图 2-1，建筑物不同朝向接受的光合有效辐射不同。图 2-1 显示，夏季 18：00 时建筑立面不同朝向的光合有效辐射均最低。一般南向光照十分充足，是理想的植物栽培场所；北向仅下午 14：00 ~ 16：00 有较高的光合有效辐射，其余时间光合有效辐射较低，适宜阴生、耐寒植物的生长；西向中午以后长时间受到强烈的西晒阳光照射，正需要垂直绿化来隔热降温，为此需要选用耐热、喜强阳的植物进行绿化；东向上午接受晨曦，12：00 以后则只有散射光，对喜阳和耐阴植物生长都有利。

（1）南立面

建筑南立面日间日照充足，几乎全天有日光直射，其光合有效辐射最大，日均值 971.0μmol/（m²·s），在 9：00 ~ 13：00 维持较高的光合有效辐射，变幅在 1766 ~ 1985μmol/（m²·s）（图 2-1），有利于植物进行光合作用。墙面受到的热辐射量大，尤其是酷热的夏季，加之南向背风，空气流动不顺畅，使得南立面

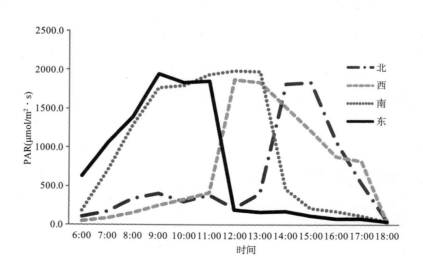

图 2-1　上海某地不同朝向墙面的光合有效辐射比较

温度高于周边环境温度,从而形成了特殊的小气候。建筑的南立面进行垂直绿化时,应选用喜阳、耐旱、耐高温的植物,同时还要选择观赏价值较高、色彩丰富且生态效益高的植物。

（2）北立面

建筑北立面的光照受建筑物遮挡,处在建筑物形成的阴影中,阴影的范围随建筑所在的纬度、太阳高度而变化。漫射光是北立面日间接受的主要光线,少量直射光照出现在夏日午后与傍晚。北立面光合有效辐射的日均值为 586.6μmol/（m² · s）,在 4 个朝向中最低,光合有效辐射最高值出现在 15：00,为 1834μmol/（m² · s）。北立面周边环境温度和相对湿度相对较低,寒冷的冬季影响更大,不利于植物过冬。植物选择时应考虑适合耐寒、耐阴环境的植物。

（3）东立面

建筑东立面日照量比较均衡,直射光可以持续整个上午,长三角区域约 15：00 后没入建筑阴影中。上海夏季日均光合有效辐射为 733.5μmol/（m² · s）,9：00 ~ 11：00 的光合有效辐射最高,为 1838 ~ 1952μmol/（m² · s）,高光合有效辐射持续时间次于南墙。11：00 光合有效辐射就显著降低,12：00 后光合有效辐射维持在 200μmol/（m² · s）以下。东立面的风速较柔和,空气相对湿度为 20% 左右,与周边环境基本持平。绿化可选用的植物种类以强阳性植物为主,也可选择中性植物。

（4）西立面

建筑西立面与东立面的日照情况相反,仅在日落前受到直射光线,其他时间都没入到建筑阴影中。建筑西立面全天出现高光合有效辐射的时间在中午 12：00 以后,并且一直持续较高的光合有效辐射至下午 17：00,日均光合有效辐射为 728.1μmol/（m² · s）。建筑西立面西晒,夏季尤为严重,持续时间较长。西立面剧烈的温度日变化,严重影响建筑立面绿化植物的生长,适合选用喜强光、不怕日光灼烧、耐热的植物,重点选用以防止西晒为主的绿化植物。

2.2.2 温度

温度是制约建筑立面绿化植物生长的重要因子之一,温度过高或过低都会严重影响植物的生长,尤其是炎热夏季和寒冷冬季对植物生长构成很大的威胁。在夏季建筑立面绿化环境最明显的特点是受热辐射影响较大,热辐射使得墙表面温度显著高于地面温度,如正午南侧裸露墙表面温度高出约 4 ~ 7℃。[6] 夏季植物大部分时间内受高温笼罩,酷热异常,可能出现植物生长停滞甚至受高温导致植物被灼伤或胁迫致死。

热辐射是一种以电磁波形式传递热量的方式。只要物体的温度高于 0K,就会不停地把热能变为辐射能，向周围空间发出热辐射；同时物体也不断地吸收周围环境投射到它上面的热辐射，并把吸收的辐射能重新转变为热能。由表 2-3 可知，低纬度地区较高纬地区，中午比早晚的太阳辐射强。在春、秋、冬三季，不同纬度平均总辐射量随纬度增加而减小。

同一建筑物，不同朝向墙面的亮度温度有差异，且这种差异随观测时间而改变。上午，东墙的亮度温度最高，南墙、西墙次之，北墙最低，但南、西、北三墙温差不显著。下午观测时西墙温度最高，北墙最低，东墙和南墙居中。

不同维度平均总辐射量　（W/m²）　　　　　　　　　　　　表 2-3

总辐射照度　　　　维度（°） 日期	0～10	0～20	20～30	30～40	40～50	50～60	60～90
3.21	236	267	243	203	320	181	65
6.21	250	256	286	293	252	247	257
9.23	256	238	245	221	173	127	76
12.21	229	202	162	224	59	24	14

资料来源：林其标等.住宅人居环境设计[M].广州：华南理工大学出版社，2000：38。

建筑南立面几乎全天接收直射光，墙面受到的热辐射量大，加之背风，空气流动不顺畅，空气温度高于周边环境，延长了植物生长季。漫射光是建筑北立面日间接收的主要光线，所以北立面温度低于周边环境温度，冬季受冬季风影响更为寒冷，不利于一般绿化植物过冬。建筑东立面温度比较柔和，与周边环境温度基本持平，可选用的植物种类广泛。建筑西立面，夏季西晒尤为严重，使得西立面在短时间内发生剧烈的温度变化，不利于一般绿化植物越夏。

2.2.3　水

建筑外立面，尤其是高层建筑，空气对流快，受热辐射的影响，温度升高而使相对湿度比地面低。建筑立面不同方位、不同时段的空气相对湿度差异也较大。不同方位建筑对植物生长和品种的选择有不同的要求。本书夏季期间测定了上海迪士尼旅游度假区绿墙不同方位建筑立面微环境的空气相对湿度，测试结果如图 2-2。东面和北面的空气相对湿度的日变化相似，变幅为 18.8%～27.9%，整体偏小，不适合植物的生长。南面和西面的空气相对湿度日变幅在

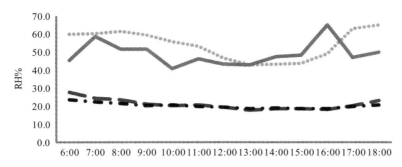

图 2-2　不同朝向墙面的微环境空气相对湿度比较

42.7% ~ 65.9%，利于植物生长。

综上所述，不同方位的建筑立面，同一方位不同高度的建筑立面，对栽培介质具有不同的保水性要求。西墙面受日照和风的影响，温度高、水分流失比较严重，要求栽培介质保水性强以及灌溉频率高。

建筑立面是竖向界面，不是良好的降雨承水面。降水只有在风的吹动下，才会部分飘落到建筑立面上，但雨水受重力影响，不在建筑立面上停留，不利于雨水的收集。因此在立面绿化维护时，需要设置灌溉系统，才能从根本上解决界面上的水分供给问题，减少水分对于植物生长的影响。

2.2.4　风

风碰到建筑时，因气流的收缩产生负压随之出现涡流，尤其是高层建筑。风除大部分向下和两侧穿行外，还有部分带到地面，再强行分向左右两侧穿过建筑。如果是高层建筑与低层建筑混合的区域，这种高层建筑周围的地面气流除影响到附近的低层建筑外，还会使大楼出入口产生强大的气流。建筑之间的建筑立面，风速会增大，建筑越高，这种现象越明显。超高层建筑甚至在相对静风的气候环境下，也能围绕它们本身产生剧烈的空气流动，产生涡流、气流和阵风，超高层建筑越密集，这种情况也越剧烈。在涡流区内如有其他建筑，也会受到风力环境的影响。

因此建筑立面生境的风状况，主要受两个因素影响：一是场地风环境，具有不稳定性，根据场地具体情况而定；二是建筑高度及体量，建筑越高、体量越大，其风载也大。研究发现在 5 层楼面处风速比地面处高出 20%；在 16 层楼面处风速增加 50%；在 35 层楼面处风速增加 120%。[7]

在建筑四个方位中，北立面空气流动速度快，冬季风来临时风速较大，为避免枝条被风吹落造成危险，不宜选择枝条较大或外形过于伸展的植物，并且需要用辅助框架将植物固定在墙面上，减少安全隐患。

一般通风条件良好，无疑有利于很多植物的生长，但必须注意涡流、强风、寒风吹袭对植物的影响。台风来临时，对一些冠幅大、根系浅的植物可能造成伤害，甚至引起安全隐患。室外建筑立面绿化植物，更要注意防风系数。与此同时风速的增大会增加立面绿化系统构件体系的受力，也会加快栽培介质和植物表面的水分蒸发，从而增大绿化体系建造和维护难度。

研究建筑朝向、面积、建筑外墙材料、建筑高度等自身因素以及其近距离的小气候，目的是根据建筑立面生境的特殊性，为所使用植物及配套技术提供理论依据，保证植物绿墙的可持续利用。

参考文献：

[1] 代璐 . 从"共构"到"生境营造" [D]. 重庆：重庆大学，2010.

[2] 车风义 . 城市公共空间垂直绿化应用设计研究 [D]. 济南：齐鲁工业大学，2013.

[3] 许锦峰等 . 《江苏省居住建筑热环境和节能设计标准》修订解读 [J]. 建设科技，2014（24）：36-39，43.

[4] GB 50176—1993，民用建筑热工设计规范 [S].

[5] 杨晚生 . 太阳辐射对围护结构热流密度的现场检测误差分析 [J]. 建筑节能，2009,37（07）：70-71，80.

[6] 吴冲 . 垂直绿化的配置方式及应用探讨 [J]. 现代园艺，2012（13）：51-53.

[7] T.A. 马克斯，E.N. 莫里斯 . 建筑物·气候·能量 [M]. 北京：中国建筑工业出版社，1990.

03

第3章

建筑立面绿化的植物筛选

植物是建筑立面模块式绿化可持续地发挥景观功能和生态功能的关键。在进行建筑立面绿化前，应充分考虑建筑立面的环境特点和使用功能，按照一定的规律和原则进行植物的配置运用，形成或色彩鲜明的图案花墙，或飘逸自如的流动墙，或亭亭玉立的呼吸壁等形式多样的建筑立面绿化。

通过对上海市建筑立面模块式绿化植物应用现状的调查与分析，揭示建筑立面绿化植物应用方面存在的问题，构建适生植物的筛选原则和依据，制定不同逆境体条件下的植物生长和生理生化反应筛选的方法和策略，形成适生植物推荐名录，供城市建筑立面绿化和美化参考。

3.1 植物应用现状

3.1.1 植物种类调查

2011年朱苗青等对上海23个室外建筑立面模块式绿化样本进行调查，发现共使用植物41种[1]，详见表3-1，均为被子植物，隶属于23科30属，草本植物占总数的59.5%，其中多年生草本占42.9%。使用最多的5种草本植物依次为佛甲草、四季秋海棠、沿阶草（*Ophiopogon bodinieri*）、'胭脂红'假景天（*Sedum spurium* 'Coccineum'）和矮牵牛，佛甲草使用频率最高，达39.1%（表3-2）。而传统绿化中常用的藤本植物仅占23.8%。灌木占总数的21.4%，主要有[金森]女贞（*Ligustrum japonicum* 'Howardii'）、红叶石楠（*Photinia × fraseri*）和红花檵木（*Loropetalum chinense* var. *rubrum*）等常色叶植物，由于他们的观赏期长，易于组成图案或者色块，因此应用广泛。

上海市建筑立面常用绿化植物 表 3-1

序号	名称	拉丁学名	科属	分类
1	佛甲草	*Sedum lineare*	景天科景天属	草本
2	垂盆草	*Sedum sarmentosum*	景天科景天属	草本
3	'胭脂红'假景天	*Sedum spurium* 'Coccineum'	景天科景天属	草本
4	八宝	*Hylotelephium erythrostictum*	景天科八宝属	草本
5	薄雪万年草	*Sedum hispanicum*	景天科景天属	草本
6	五色苋	*Alternanthera bettzickiana*	苋科莲子草属	草本
7	红草五色苋	*Alternanthera amoena*	苋科莲子草属	草本

序号	名称	拉丁学名	科属	分类
8	四季秋海棠	*Begonia semperflorens*	秋海棠科秋海棠属	草本
9	三色堇	*Viola tricolor*	堇菜科堇菜属	草本
10	角堇	*Viola cornuta*	堇菜科堇菜属	草本
11	羽衣甘蓝	*Brassica oleracea* var. *acephala* f. *tricolor*	十字花科芸薹属	草本
12	何氏凤仙	*Impatiens walleriana*	凤仙花科凤仙花属	草本
13	矮牵牛	*Petunia hybrida*	茄科碧冬茄属	草本
14	美女樱	*Verbena hybrida*	马鞭草科马鞭草属	草本
15	美兰菊	*Melampodium lemon*	菊科腊菊属	草本
16	大吴风草	*Farfugium japonicum*	菊科大吴风草属	草本
17	狭叶蜡菊	*Helichrysum italicum* subsp. *serotinum*	菊科蜡菊属	草本
18	薄荷	*Mentha haplocalyx*	唇形科薄荷属	草本
19	萼距花	*Cuphea hookeriana*	千屈菜科萼距花属	草本
20	射干	*Belamcanda chinensis*	鸢尾科射干属	草本
21	沿阶草	*Ophiopogon bodinieri*	百合科沿阶草属	草本
22	矮麦冬	*Ophiopogon japonicus* var. *nana*	百合科沿阶草属	草本
23	银边吊兰	*Chlorophytum comosum*	百合科吊兰属	草本
24	酢浆草	*Oxalis corniculata*	酢浆草科酢浆草属	草本
25	'花叶'蔓长春花	*Vinca major* 'Variegata'	夹竹桃科蔓长春花属	藤本
26	'花叶'络石	*Trachelospermum jasminoides* 'Flame'	夹竹桃科络石属	藤本
27	络石	*Trachelospermum jasminoides*	夹竹桃科络石属	藤本
28	亮叶忍冬	*Lonicera ligustrina* var. *yunnanensis*	忍冬科忍冬属	藤本
29	扶芳藤	*Euonymus fortunei*	卫矛科卫矛属	藤本
30	常春藤	*Hedera nepalensis* var. *sinensis*	五加科常春藤属	藤本
31	'花叶'常春藤	*Hedera nepalensis* 'Discolor'	五加科常春藤属	藤本
32	大花六道木	*Abelia* × *grandiflora*	忍冬科六道木属	灌木
33	红叶石楠	*Photinia* × *fraseri*	蔷薇科石楠属	灌木
34	[金森]女贞	*Ligustrum japonicum* 'Howardii'	木犀科女贞属	灌木
35	小叶女贞	*Ligustrum quihoui*	木犀科女贞属	灌木
36	'银边'大叶黄杨	*Euonymus japonicus* 'Albo-marginatus'	卫矛科卫矛属	灌木

序号	名称	拉丁学名	科属	分类
37	红花檵木	*Loropetalum chinense* var. *rubrum*	金缕梅科檵木属	灌木
38	黄杨	*Buxus sinica*	黄杨科黄杨属	灌木
39	海桐	*Pittosporum tobira*	海桐花科海桐花属	灌木
40	鹅掌柴	*Schefflera octophylla*	五加科鹅掌柴属	灌木

室外建筑立面模块式绿化常见植物 　　　　表 3-2

植物种类	运用样点	使用率
佛甲草	9	39.1%
四季秋海棠	6	26.1%
'花叶'蔓长春花	6	26.1%
常春藤	5	21.7%
[金森]女贞	4	17.4%

随着模块式绿化技术的发展，使用植物的种类数量越来越多。吴玲等 2014 年对上海 9 个模块式绿墙的调查发现，使用植物材料 52 种[2]，隶属于 26 科 40 属（表 3-3），包括被子植物 25 科 39 属 49 种，蕨类植物 1 科 1 属 2 种，裸子植物 1 科 1 属 1 种。应用植物种类排名前三的分别为菊科（*Asteraceae*，7 属 8 种）、百合科（*Liliaceae*，4 属 6 种）和五加科（*Araliaceae*，3 属 5 种）。使用最多的仍为草本 29 种，占 55.8%，多年生草本植物占全部草本植物的 82.1%，草本植物的使用种类与 2011 年相近；其次是灌木 15 种，占 28.9%，较 2011 年使用种类增加 7.5%；应用最少的是藤本，为 9 种，与 2011 年的种类保持不变。

2014 年上海市绿墙植物调查 　　　　表 3-3

序号	植物	拉丁学名	科属
1	'金边'吊兰	*Chlorophytum comosum* 'Variegate'	百合科吊兰属
2	吊兰	*Chlorophytum comosum*	百合科吊兰属
3	吉祥草	*Reineckea carnea*	百合科吉祥草属
4	'金边'阔叶麦冬	*Liriope muscari* 'Variegata'	百合科山麦冬属
5	沿阶草	*Ophiopogon bodinieri*	百合科沿阶草属
6	银边麦冬	*Ophiopogon jaburan* var. *argenteivittatus*	百合科沿阶草属

序号	植物	拉丁学名	科属
7	报春花	*Primula malacoides*	报春花科报春花属
8	杜鹃	*Rhododendron simsii*	杜鹃花科杜鹃属
9	虎耳草	*Saxifraga stolonifera*	虎耳草科虎耳草属
10	小叶黄杨	*Buxus sinica* var. *parvifolia*	黄杨科黄杨属
11	'黄金锦'亚洲络石	*Trachelospermum asiaticum* 'Ougonnishiki'	夹竹桃科络石属
12	'花叶'蔓长春花	*Vinca mijor* 'Variegata'	夹竹桃科蔓长春花属
13	角堇	*Viola cornuta*	堇菜科堇菜属
14	三色堇	*Viola tricolor*	堇菜科堇菜属
15	长寿花	*Kalanchoe blossfeldiana*	景天科伽蓝菜属
16	佛甲草	*Sedum lineare*	景天科景天属
17	大吴风草	*Farfugium japonicum*	菊科大吴风草属
18	芙蓉菊	*Crossostephium chinense*	菊科芙蓉菊属
19	金鸡菊	*Coreopsis drummondii*	菊科金鸡菊属
20	黄金菊	*Euryops pectinatus*	菊科梳黄菊属
21	银叶菊	*Senecio cineraria*	菊科千里光属
22	蓍草	*Achillea sibirca*	菊科蓍属
23	白晶菊	*Chrysanthemum paludosum*	菊科茼蒿属
24	茼蒿	*Chrysanthemum coronarium*	菊科茼蒿属
25	翠云草	*Selaginella uncinata*	卷柏科卷柏属
26	千叶兰	*Muehlenbeckia complexa*	蓼科千叶兰属
27	罗汉松	*Podocarpus macrophyllus*	罗汉松科罗汉松属
28	'花叶'假连翘	*Duranta erecta* 'Variegata'	马鞭草科假连翘属
29	美女樱	*Verbena hybrida*	马鞭草科马鞭草属
30	[金森]女贞	*Ligustrum japonicum* 'Howardii'	木犀科女贞属
31	地锦	*Parthenocissus tricuspidata*	葡萄科地锦属
32	萼距花	*Cuphea hookeriana*	千屈菜科萼距花属
33	六月雪	*Serissa japonica*	茜草科六月雪属
34	栀子	*Gardenia jasminoides*	茜草科栀子属

序号	植物	拉丁学名	科属
35	狭叶栀子	*Gardenia stenophylla*	茜草科栀子属
36	红叶石楠	*Photinia × fraseri*	蔷薇科石楠属
37	矮牵牛	*Petunia hybrida*	茄科碧冬茄属
38	四季秋海棠	*Begonia semperflorens*	秋海棠科秋海棠属
39	忍冬	*Lonicera japonica*	忍冬科忍冬属
40	亮叶忍冬	*Lonicera ligustrina* var. *yunnanensis*	忍冬科忍冬属
41	'金叶'薹草	*Carex oshimensis* 'Evergold'	莎草科薹草属
42	'花叶'青木	*Aucuba japonica* 'Variegata'	山茱萸科桃叶珊瑚属
43	巢蕨	*Asplenium nidus*	铁角蕨科铁角蕨属
44	皱叶鸟巢蕨	*Asplenium nidus* 'Plicatum'	铁角蕨科铁角蕨属
45	扶芳藤	*Euonymus fortunei*	卫矛科卫矛属
46	八角金盘	*Fatsia japonica*	五加科八角金盘属
47	常春藤	*Hedera nepalensis* var. *sinensis*	五加科常春藤属
48	'花叶'常春藤	*Hedera nepalensis* 'Discolor'	五加科常春藤属
49	洋常春藤	*Hedera helix*	五加科常春藤属
50	鹅掌柴	*Schefflera octophylla*	五加科鹅掌柴属
51	红花酢浆草	*Oxalis corymbosa*	酢浆草科酢浆草属
52	紫叶酢浆草	*Oxalis triangularis*	酢浆草科酢浆草属

　　秦俊、邢强等 2016～2017 年对上海、杭州、常州等 60 个建筑立面模块式绿墙进行调查，植物材料的应用更丰富，共应用了 75 种，隶属于 37 科 61 属（表3-4），被子植物 36 科 60 属 74 种，裸子植物 1 科 1 属 1 种。使用最多的为灌木46 种，占 59%；其次是草本 32 种，占 41%，多年生草本占 41%；最少的是藤本11 种，与 2011 年相比仅新增 2 种，且使用种类的比例进一步下降，仅占 14.1%。在上海应用的植物大多为常绿植物，占 92.4%，落叶植物占 7.6%。

2017 年华东区绿墙植物调查清单　　　　　　　　　　　　　　　　表 3-4

序号	名称	拉丁文	科	属	类型
1	圆叶景天	*Sedum sieboldii*	景天科	景天属	草本
2	'花叶'络石	*Trachelospermum jasminoides* 'Flame'	夹竹桃科	络石属	草本

序号	名称	拉丁文	科	属	类型
3	细叶针茅	*Stipa lessingiana*	禾本科	针茅属	草本
4	'金边'阔叶麦冬	*Liriope muscari* 'Variegata'	百合科	山麦冬属	草本
5	棕叶薹草	*Carex kucyniakii*	莎草科	薹草属	草本
6	矾根	*Heuchera micrantha*	虎耳草科	矾根属	草本
7	'金叶'金钱蒲	*Acorus gramineus* 'Ogon'	菖蒲科	菖蒲属	草本
8	兰花三七	*Liriope cymbidiomorpha*	百合科	山麦冬属	草本
9	菲白竹	*Sasa fortunei*	禾本科	赤竹属	地被竹
10	'金叶'薹草	*Carex oshimensis* 'Evergold'	莎草科	薹草属	草本
11	吉祥草	*Reineckea carnea*	百合科	吉祥草属	草本
12	虎耳草	*Saxifraga stolonifera*	虎耳草科	虎耳草属	草本
13	白芨	*Bletilla striata*	兰科	白芨属	草本
14	蜘蛛抱蛋	*Aspidistra elatior*	百合科	蜘蛛抱蛋属	草本
15	龟背竹	*Monstera deliciosa*	天南星科	龟背竹属	草本
16	八角金盘	*Fatsia japonica*	五加科	八角金盘属	常绿灌木
17	麦冬	*Ophiopogon japonicus*	百合科	沿阶草属	草本
18	'黄金锦'亚洲络石	*Trachelospermum asiaticum* 'Ougonnishiki'	夹竹桃科	络石属	草本
19	大吴风草	*Farfugium japonicum*	菊科	大吴风草属	草本
20	常夏石竹	*Dianthus plumarius*	石竹科	石竹属	草本
21	美女樱	*Verbena hybrida*	马鞭草科	马鞭草属	草本
22	'冰之舞'莫罗薹草	*Carex morrowii* 'Ice Dance'	莎草科	薹草属	草本
23	银叶菊	*Senecio cineraria*	菊科	千里光属	草本
24	'甜心'玉簪	*Hosta* 'So Sweet'	百合科	玉簪属	草本
25	'橄榄'玉簪	*Hosta* 'Olive Bailey Langdon'	百合科	玉簪属	草本
26	'银纹'沿阶草	*Ophiopogon intermedius* 'Argenteomarginatus'	百合科	沿阶草属	草本
27	黄金菊	*Euryops pectinatus*	菊科	梳黄菊属	草本
28	'黑龙'沿阶草	*Ophiopogon planiscapus* 'Nigrescens'	百合科	沿阶草属	草本
29	佛甲草	*Sedum lineare*	景天科	景天属	草本
30	疏花仙茅	*Curculigo gracilis*	石蒜科	仙茅属	草本
31	'花叶'蔓长春花	*Vinca major* 'Variegata'	夹竹桃科	蔓长春花属	藤本

序号	名称	拉丁文	科	属	类型
32	亮叶忍冬	*Lonicera ligustrina* var. *yunnanensis*	忍冬科	忍冬属	藤本
33	千叶兰	*Muehlenbeckia complexa*	蓼科	千叶兰属	藤本
34	扶芳藤	*Euonymus fortunei*	卫矛科	卫矛属	藤本
35	常春藤	*Hedera nepalensis* var. *sinensis*	五加科	常春藤属	藤本
36	地果	*Ficus tikoua*	桑科	榕属	藤本
37	勾儿茶	*Berchemia sinica*	鼠李科	勾儿茶属	蔓生灌木
38	日本南五味子	*Kadsura japonica*	五味子科	南五味子属	藤本
39	'黄金'蔓长春花	*Vinca minor* 'Aureovariegata'	夹竹桃科	蔓长春花属	藤本
40	忍冬	*Lonicera japonica*	忍冬科	忍冬属	藤本
41	红花檵木	*Loropetalum chinense* var. *rubrum*	金缕梅科	檵木属	灌木
42	小叶栀子	*Gardenia jasminoides*	茜草科	栀子属	灌木
43	海桐	*Pittosporum tobira*	海桐花科	海桐花属	灌木
44	枸骨叶冬青	*Ilex cornuta*	冬青科	冬青属	灌木
45	迷迭香	*Rosmarinus officinalis*	唇形科	迷迭香属	灌木
46	熊掌木	*Fatshedera lizei*	五加科	熊掌木属	灌木
47	'金边'大叶黄杨	*Euonymus japonicus* 'Aureo-marginatus'	卫矛科	卫矛属	灌木
48	红叶石楠	*Photinia* × *fraseri*	蔷薇科	石楠属	灌木
49	锦绣杜鹃	*Rhododendron pulchrum*	杜鹃花科	杜鹃属	灌木
50	'龟甲'齿叶冬青	*Ilex crenata* 'Convexa'	冬青科	冬青属	灌木
51	茶梅	*Camellia sasanqua*	山茶科	山茶属	灌木
52	金丝桃	*Hypericum monogynum*	金丝桃科	金丝桃属	灌木
53	紫金牛	*Ardisia japonica*	紫金牛科	紫金牛属	灌木
54	彩叶杞柳	*Salix integra*	杨柳科	柳属	灌木
55	小叶蚊母树	*Distylium buxifolium*	金缕梅科	蚊母树属	灌木
56	六月雪	*Serissa japonica*	茜草科	六月雪属	灌木
57	小叶女贞	*Ligustrum quihoui*	木犀科	女贞属	灌木
58	'金心'胡颓子	*Elaeagnus pungens*	胡颓子科	胡颓子属	灌木
59	轮叶蒲桃	*Syzygium grijsii*	桃金娘科	蒲桃属	灌木
60	滨柃	*Eurya emarginata*	山茶科	柃木属	灌木

序号	名称	拉丁文	科	属	类型
61	'花叶'香桃木	*Myrtus communis* 'Variegata'	桃金娘科	香桃木属	灌木
62	'火焰'南天竹	*Nandina domestica* 'Firepower'	小檗科	南天竹属	灌木
63	'金边'胡颓子	*Elaeagnus pungens* 'Varlegata'	胡颓子科	胡颓子属	灌木
64	日本女贞	*Ligustrum japonicum*	木犀科	女贞属	灌木
65	'金边'六道木	*Abelia grandiflora* 'Francis Mason'	忍冬科	六道木属	灌木
66	'金焰'粉花绣线菊	*Spiraea japonica* 'Goldflame'	蔷薇科	绣线菊属	灌木
67	银石蚕	*Teucrium fruticans*	唇形科	香科科属	灌木
68	'小丑'火棘	*Pyracantha fortuneana* 'Harlequin'	蔷薇科	火棘属	灌木
69	'银姬'小蜡	*Ligustrum sinense* 'Variegatum'	木犀科	女贞属	灌木
70	小叶黄杨	*Buxus sinica* var. *parvifolia*	黄杨科	黄杨属	灌木
71	含笑花	*Michelia figo*	木兰科	含笑属	灌木
72	迎春花	*Jasminum nudiflorum*	木犀科	素馨属	灌木
73	'银边小叶'冬青卫矛	*Euonymus japonicus* 'Microphyllus Albo-variegatus'	卫矛科	卫矛属	灌木
74	'金线'柏	*Chamaecyparis pisifera* 'Filifera Aurea'	柏科	扁柏属	灌木
75	清香木	*Pistacia weinmannifolia*	漆树科	黄连木属	灌木

3.1.2 存在的问题

通过上述调查分析发现，相比传统的垂直绿化方式，建筑立面模块式绿化的植物材料选择范围更广，既可以选择藤蔓植物，也可应用多年生草本、常绿或常色叶小灌木等。就植物使用的种类来看，从2011年的42种增加到2016年的78种，其中，维护成本低、景观持久的灌木类植物使用种类增加了4倍，从2011年的9种迅速提升到2016年的36种。在调查中仍然发现，相当大一部分建筑立面绿化的景观效果无法持久，主要原因有：

（1）植物种类比较单一

建筑立面绿化要呈现景观丰富、观赏期长的效果，需要使用较多种类的植物。经调查发现，上海的室外绿墙面积较大，但每个立面绿化主要应用的植物种类几乎不超过10种，而国外成功的建筑立面绿墙上应用的植物种类多为几十种，甚至上百种。

（2）植物选用不当

上海模块式植物绿墙上应用的大多数植物材料为直根系（深根系），占82%，须根系（浅根系）只占 18%[2]。由于模块式绿化的荷载和空间的限制，容器的深度有限，一般小于 10cm，不利于直根系植物生长。不合理的植物选择导致植物养护或更换频繁，增加了建筑立面绿化的成本；后期养护不佳，枯死植物不能及时更换，破坏景观。

（3）植物搭配不合理

将水分、光照及温度需求不同的植物种植在一起，导致植物长势不一，影响景观效果。养护管理时如灌溉时间和灌水量相同，则羽衣甘蓝（*Brassica oleracea var. acephala* f. *tricolor*）、佛甲草和紫竹梅（*Setcreasea pallida*）等可能出现徒长，而一些需水量大的种类则枯死，从而影响了整体的景观效果。

（4）景观单调

多以绿色植物为底色，添加少量观花植物或常色叶为主，颜色较为单一，对于曲线式或略微复杂的景观设计缺少灵动感。

因此，筛选生态适应性强、观赏价值高、生态效益好的植物，成为丰富立面绿化景观、长效维持美化效果、简化养护操作的关键因素。

3.2　植物筛选原则

根据建筑立面模块式绿化的环境特点，为保持景观效果和生态效益，同时降低管养成本，主要按以下原则进行筛选：

（1）可持续利用

模块式绿化是用系统来支撑植物重量，除了要考虑施工时的可行性，更要考虑建筑立面绿化完成后的安全性。由于系统栽培介质少，高大的直根系植物固定困难，尤其是刮台风、绿化植物高度大时容易造成安全隐患，所以植物选择要以浅根性的低矮灌木和草本为主。同时，对于生长速度过快的植物，不但增加了绿化系统的荷载，而且不利于保持绿化景观的稳定性，要尽可能少选；但如果植物生长过慢，又很难形成景观效果和生态效益。因此，着重选择生长速度适中和覆盖能力强的轻质、长寿植物，有助于长期保持良好的景观，维持整个建筑立面绿化系统的长效性。

（2）维护成本低

正如本书第 2 章所述，较地面绿化而言，建筑立面绿化环境相对恶劣。上海、杭州等长三角地区具有夏季热、冬季冷的气候特点，选择抗寒、耐热、耐旱、耐贫瘠、抗病虫害等综合抗性强的植物，尤其是重点选择耐旱、耐强光或耐阴的植物品种，减少养护频度；重点选择以根系较浅、侧根发达的植物为主，利于促进根系与栽培介质快速而紧密地结合，提高移栽成活率；选择生长速度适中的植物，可减少更替植物和修剪的次数，利于保持植物长期景观效果，减少维护成本。

（3）观赏价值高

为了长期保持建筑立面绿化的景观效果，可以多选用具有形态美、色彩丰富的多年生常绿植物，尤其是叶片密集、株型低矮整齐、覆盖力强的植物。以观赏期长的观叶植物为主，除了四季常绿植物之外，还可选择常色叶品种或随季节而变色的品种，使建筑立面绿化呈现不同色彩、不同季相的变化。观叶植物对光照、水肥的需求低于观花和观果植物，尤其是光照强度低的建筑立面，尽可能多选用常绿观叶植物。对于观赏要求高、更换方便的建筑立面绿化，可以适当选用一些花期较长、花色艳丽的开花植物或观果植物。

（4）生态效益强

城市园林植物生态功能主要包括对建筑物的降温隔热、防风防尘、净化空气、降低噪声、减少光污染、缓解城市热岛现象、提高生物多样性等方面有显著的生态效应。建筑立面绿化主要从滞尘、固碳释氧、降温增湿等几个方面改善城市环境，尤其是作为竖向空间的绿化，对滞留空气中尘埃的作用非常显著，在下文将重点阐述。建筑立面绿化一般选用生物量越大、单位叶面积净化能力越强的植物，建筑立面绿化的生态效益就越强。

建筑立面模块式绿化的植物筛选技术指标如图 3-1 所示。通过前面分析可知，针对建筑立面特殊生境的植物筛选策略是：重点筛选生长速度适中、枝叶繁密的常绿或常色叶小灌木以及多年生草本，其中需要具备适应性强的特点，尤其筛选出在抗旱性、光适应性和温度适应性等方面强的植物，同时还具有较强的观赏价值和生态效益。

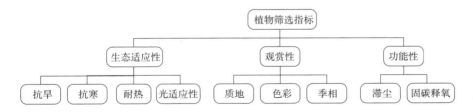

图 3-1　建筑立面模块式绿化的植物筛选技术路线

3.3　筛选方法与指标

依据建筑立面模块式绿化的植物筛选技术路线（图 3-1），通过文献查阅和实地试验，探讨抗旱、耐热、抗寒、光适应性强的植物筛选方法，确定建筑立面绿化植物生态适应性、观赏价值、生态功能的评价依据，为我国华东地区乃至全国选择合适的模块式建筑立面绿化植物提供参考信息和推荐植物名录。

3.3.1 生态适应性

（1）抗旱性

植物在建筑立面绿化有限的栽培介质环境中生存、生长或繁殖，筛选抗旱性较强的植物，是建筑立面绿化景观持久、低维护的重要因素之一。在干旱胁迫下，植物的表观形态、解剖结构和生理代谢都受到影响，引起植物不同器官的生长发育、气孔反应、光合作用、渗透调节等各项过程发生相应变化。有关植物的抗旱性研究主要集中在形态解剖学和生理学上，通常采用根际水分胁迫、大气干旱和高渗透溶液3种处理方法[3]，测定方法可分为田间测定法、人工气候室法、盆栽法和生长恢复法[4-6]等。

1）形态解剖学指标

①叶片结构

叶片是植物进化过程中对环境变化较敏感的器官，在不同环境压力下已经形成各种适应类型，其结构特征可体现环境因子的影响和植物对环境的适应[7]。叶片的内部解剖结构也发生变化，栅栏组织发达，细胞层数增加而体积减小，海绵组织相对减少，细胞间隙减小等变化是植物对缺水的响应，可提高植物对水分的利用率。肉眼观察发现叶片变色、叶片卷曲、叶片小型化、叶片夹角小、叶片厚度较小等外在形态发生显著变化，可作为植物的抗旱适应性判断指标。

燕玲等研究了13种锦鸡儿属（*Caragana*）的植物，随抗旱能力的逐渐增强叶片解剖结构的变化规律[8]，结果表明（表3-5）：①叶面积缩小；②叶肉海绵组织逐渐退化消失，栅栏组织趋向发达；③叶肉细胞间隙呈递减之势；④叶表面被表皮毛，角质化程度加深；⑤叶脉中的输导、机械组织趋于发达。

部分种类叶片解剖结构及主要特征　　　　　　　　　　　　　　　　表3-5

种名	叶肉组织类型	表皮	栅栏组织	海绵组织	栅栏组织/海绵组织
乌苏里锦鸡儿	普通型	表皮细胞一层，被稀疏表皮毛	由1~2层柱形细胞规则排列而成	由不规则细胞疏松排列而成	1:1
短叶锦鸡儿	正常型向双栅型的过渡类型	上表皮细胞一层，下表皮细胞两层，叶缘一层	由3层长柱形细胞规则排列而成	由近乎规则的细胞紧密构成	2.5:1
甘蒙锦鸡儿	环栅型	表皮细胞一层，被短小表皮毛，表皮有气孔	由2层柱形细胞构成，具含晶细胞	由不太规则的细胞构成	1.2:1
中间锦鸡儿	环栅型	表皮细胞一层，被表皮毛	由2层柱形细胞紧密排列而成	海绵组织较明显，有含晶细胞及分泌腔	2:1

种名	叶肉组织类型	表皮	栅栏组织	海绵组织	栅栏组织/海绵组织
矮锦鸡儿	环栅型	表皮细胞一层	由2~3层柱形细胞构成，具含晶细胞	趋于退化	2:1
荒漠锦鸡儿	环栅型	表皮细胞一层，被表皮毛	下表皮栅栏组织由2~3层长柱形细胞构成，上表皮处则排列疏松	基本退化	3:1
藏锦鸡儿	环栅型	上表皮细胞一层，下表皮细胞两层，其复表皮中含有鞣质化合物，被表皮毛，有内陷气孔	有2~3层长柱形细胞紧密排列而成，具含晶细胞	基本退化，细胞中含黏液物质，有分泌腔	3:1
狭叶锦鸡儿	全栅型	上表皮细胞一层，下表皮细胞两层，表皮中含有鞣质化合物	由1~2层柱形细胞构成	无	无

曾艳采用盆栽控水的方法，研究油麻藤（*Mucuna*）、常春藤、红花檵木和法国冬青（*Viburnum odoratissimum* var. *awabuki*）4种常用垂直绿化植物的抗旱性，结果表明4种供试植物出现叶色、叶片卷曲程度的不同变化[9]。在重度干旱胁迫下，红花檵木叶片失红严重，变为黑绿色，枝条出现干枯现象，叶卷曲严重；法国冬青嫩叶卷曲近100%，老叶偶有卷曲，叶片厚度明显变薄，叶片易断落（表3-6）。

不同耐旱处理对植物的外部形态特征的影响　　　　表3-6

种类	正常生长（土壤含水量24%±2%）	轻度干旱胁迫（土壤含水量17%±2%）	中度干旱胁迫（土壤含水量10%±2%）	重度干旱胁迫（土壤含水量3%±2%）
油麻藤	正常	叶形正常，叶片偶有发黄，叶尖偶有发黑	叶形正常，偶有脱叶，黄叶增多，偶有发黑叶片出现	叶形基本正常，脱叶严重，黄叶变薄，发黑叶片增多
常春藤	正常	叶色、叶形基本正常，边缘偶有卷曲	卷叶明显，叶片开始发白，脱绿比较明显	卷叶严重，攀援能力变差，偶有落叶，脱绿较严重
红花檵木	正常	偶有卷叶，叶色基本正常	卷叶明显，叶片失红发白	卷叶严重，叶失红严重，枝条现干枯现象
法国冬青	正常	叶色基本正常，嫩叶边缘偶有卷曲	叶片变薄，嫩叶卷曲严重，叶片开始脱绿	叶片发白，脱叶严重，偶有卷叶，叶片变薄，叶脉易断

②根系

植物根系作为直接吸水的重要器官，从土壤中获取水分，满足植物体内的需要。植物根系的生长变化能够反射出根系的吸收与代谢能力是否正常，干旱会对植物根系产生多重影响，体现在根在水平或垂直方向的伸展、根长、细根（直径）数量、根冠比，也会影响到根叶面积比等。大量研究发现，在干旱地区，具有发达根系的物种有一定的生长优势，根系向下越深，横向分布越广，根/冠比越大，抗旱能力就越强。因此，根系的生长变化是植物非常重要的耐旱性指标之一。

王金印等通过隶属函数法分析了葡萄根系与抗旱性的关系[10]，结果表明：根导管数目越多，根导管直径越大，相应品种根系的抗旱性越强（表3-7）。高建社等[11]研究表明，植物适应干旱的重要标志是在水分胁迫下根系的生物量的大小。周宜君[12]等对沙冬青植物抗旱性和李锦馨[13]对4个地被菊品种抗旱性研究中均发现，根/冠比值大，说明植物的抗旱性相对较强。

因此，叶和根的形态结构特征是筛选抗旱性植物的重要指标之一。

不同葡萄品种根组织解剖结构[10]　　　　　　　　　　　　表3-7

品种	周皮（μm）	次生韧皮部厚度（μm）	形成层厚度（μm）	木质部直径（μm）	根直径（μm）	导管数目（个）	导管直径（μm）
'贝达'	1.67	18.85	9.89	37.21	98.05	31	5.67
'山葡萄'	1.60	15.70	6.54	39.81	87.87	26	4.88
'京秀'	1.94	14.26	7.56	34.93	82.43	19	3.55

2）生理学指标

①水分利用效率与抗旱性

水分利用效率是指水的生理利用效率，它取决于光合速率与蒸腾速率的比值，是植物消耗水分形成干物质的基本效率。徐兴友等[14]对6种花卉抗旱性研究结果表明，抗旱性较强的植物净光合速率与蒸腾速率的比值较高，对水分利用效率较高。刘玉华等研究表明[15]，能反映紫花苜蓿对逆境适应能力强弱的指标是水分利用效率的大小，认为抗旱能力强的植物对水分利用率高。庄艳对8种藤本植物生理生态特性的研究发现，芦花竹（*Shibataea hispida*）是水分利用率较高、抗旱能力较强的植物；红白忍冬（*Lonicera japonica* var. *chinensis*）在秋季具有较高的水分利用率，具有较强的抗旱性能；葱莲（*Zephyranthes candida*）、美女樱（*Verbena hybrida*）、花叶玉簪（*Hosta undulata*）在整个生长季都具有较低的水分利用率，是抗旱性能较差的植物，常用8种植物不同季节水分利用率见表3-8。

常用8种植物不同季节水分利用率[16]　　　　　　　　　　　　表3-8

树种	水分利用率（μmol.mmol⁻¹）
红白忍冬（秋季）*Lonicera japonica* var. *chinensis*	4.8870

树种	水分利用率（μmol.mmol^{-1}）
矮麦冬（秋季）*Ophiopogon japonicus* 'Nanus'	4.4668
'花叶' 蔓长春花（秋季）*Vinca major* 'Variegata'	4.2113
过路黄（秋季）*Lysimachia christiniae*	4.2775
芦花竹（秋季）*Shibataea hispida*	4.1200
玉簪（秋季）*Hosta plantaginea*	3.9433
'金边' 阔叶麦冬（秋季）*Liriope muscari* 'Variegata'	3.7990
'花叶' 蔓长春花（春季）*Vinca major* 'Variegata'	3.7945
美女樱（春季）*Glandularia* × *hybrida*	3.4082
葱莲（秋季）*Zephyranthes candide*	3.3363
红金银花（春季）*Lonicera japonica* var. *chinensis*	3.1870
矮麦冬（春季）*Ophiopogon japonicus* 'Nanus'	3.1558
'金边' 阔叶麦冬（春季）*Liriope muscari* 'Variegata'	2.7036
美女樱（秋季）*Glandularia* × *hybrida*	2.6671
葱莲（春季）*Zephyranthes candide*	2.4528
葱莲（夏季）*Zephyranthes candide*	2.4087
过路黄（春季）*Lysimachia christiniae*	2.1866
'花叶' 蔓长春花（夏季）*Vinca major* 'Variegata'	2.1247
矮麦冬（夏季）*Ophiopogon japonicus* 'Nanus'	1.9328
美女樱（夏季）*Glandularia* × *hybrida*	1.9273
过路黄（夏季）*Lysimachia christiniae*	1.6517
菲白竹（秋季）*Pleioblastus fortunei*	1.5651
玉簪（夏季）*Hosta plantaginea*	1.4758
红金银花（夏季）*Lonicera japonica* var. *chinensis*	1.3540
菲白竹（夏季）*Pleioblastus fortunei*	1.2062
'金边' 阔叶麦冬（夏季）*Liriope muscari* 'Variegata'	0.9250
玉簪（春季）*Hosta plantaginea*	0.5947
菲白竹（春季）*Pleioblastus fortunei*	0.0035

本书作者对植物水分利用效率日进程变化的研究发现，植物水分利用率最高出现在上午 9 点至 11 点，正午时水分利用率出现急剧降低现象，下午 3 点降到最低，此后又有所回升。表 3-9 列出了部分植物的水分利用效率及其分级。

植物的水分利用效率及其分级 表 3-9

植物名称	水分利用效率	分级
常春藤、日本小檗、小叶女贞、八仙花、'花叶'青木	<3	弱
大花萱草、黄杨、玉簪、络石、粉花绣线菊、大吴风草、金丝桃、结香、蔓长春花、金钟花、大叶黄杨、瓶兰花	3~6	中
十大功劳、野迎春、赤胫散、冬青、八角金盘、阔叶十大功劳、栀子	>6	强

②叶绿素与抗旱性

叶绿素是光合作用中最重要、最有效的色素。常用实验方法是通过测定叶绿素含量、叶绿素 a/叶绿素 b 比值来判断植物的抗旱性。林树燕等[17]研究表明，在干旱胁迫下，平安竹叶片的叶绿素含量呈现先升后降的趋势。张文婷等[18]研究发现，干旱条件会促进一些园林植物叶绿素的合成，使叶绿素维持在一个较高水平，达到抵御不良因子的伤害。

③酶活性与抗旱性

植物体内活性氧对许多生物分子产生膜脂过氧化作用。干旱胁迫下，细胞内酶系统总的变化趋势为合成酶类活性下降，水解酶类及某些氧化还原酶类活性增高。除酶保护系统（SOD、POD 和 CAT 酶等）外，植物体内酶调控保护系统有另一种：非酶保护系统（ASA-抗坏血酸、GSH-谷胱甘肽、Cytf-细胞色素 f、维生素 E 和类胡萝卜素等）。生物体内的保护性酶主要是超氧化物歧化酶（SOD 酶）、过氧化物酶（POD 酶）、过氧化氢酶（CAT 酶），这 3 个酶清除生物自由基，从而避免植物受到干旱胁迫的伤害。一般，SOD、POD 和 CAT 酶活性较高的植物抗旱性较强。洪剑明和刘宁等验证了[19-20]植物叶片的 SOD、POD 和 CAT 酶活性与膜脂过氧化水平和膜透性之间存在负相关，可用于植物抗旱性评价指标。

④丙二醛与抗旱性

环境胁迫下细胞内膜脂过氧化的程度被丙二醛含量的变化所影响，而植物细胞受损伤的程度受到膜脂过氧化程度的影响。包卓等[21]研究发现，随干旱胁迫处理时间的延长，植物叶片中丙二醛含量均呈现上升趋势。王国富研究表明，轻度和中度干旱胁迫条件下，干沙棘叶片丙二醛含量增加幅度均不大；而重度干旱条件下干沙棘叶片丙二醛含量具有持续、快速累加的现象[22]。因此，丙二醛含量的变化常作为抗旱能力的判定指标。

⑤脯氨酸与抗旱性

脯氨酸（Pro）是游离氨基酸中最重要的渗透调节物质。脯氨酸积累对环境胁迫的响应十分迅速，仅需要 10 分钟便开始累积。在干旱逆境下，可比原始含量增加几十甚至几百倍。大部分的研究表明，植物体内的脯氨酸含量随干旱胁迫时间的延长而增加，且脯氨酸的积累与植物的生育期有关。

⑥细胞的质膜特性与抗旱性

植物干旱失水时，膜结构系统首先受到破坏。由于细胞膜的透性增加，使胞内的重要离子如 K^+、Mg^{2+}、Ca^{2+}、SO_3^{2-} 等外渗，营养物质如糖类等也会随之渗漏到胞外或体外，这对维持水分代谢及物质代谢不利。细胞膜透性发生改变，使组织浸泡液电导率增大，配合 Logistic 方程，可作为植物耐干旱的判断指标。

⑦光合生理生态指标

气孔运动对叶片缺水非常敏感，轻度缺水就会引起气孔导度下降，导致进入叶内的 CO_2 减少，从而降低植物净光合速率。抗旱性强的植物，在处于严重水分逆境时，常通过关闭气孔等调节功能降低蒸腾速率，保持细胞所必需的最低膨压，保持较强的抗旱功能。任丽花等 [23] 研究表明，随着土壤干旱胁迫强度的增加，抗旱性较强的品种可保持较高的净光合速率。杨学军 [24] 对 4 种用于垂直绿化的地锦属植物抗旱性的研究发现，在水分胁迫下 4 种植物净光合速率、蒸腾速度、气孔导度下降均极显著；在轻、中度水分胁迫下，胞间浓度变化不显著，在重度水分胁迫下，植物胞间浓度均显著增加。

3）综合评价方法

综上所述，植物的抗旱性是形态解剖特征、生理生态特征、生理生化特性、组织细胞光合器官、原生质结构特点以及基因表达调控等特征的综合反映。因此，评价植物的抗旱性时，最为理想的是采用模糊数学中的隶属函数法、灰色关联度分析法等进行综合评价，这才能更加科学性地评价植物的抗旱性能。

植物内部生理生化、组织结构等指标变化，可用于植物早期抗旱性筛选指标。然而，植物内部生理生化、组织结构等指标变化，最终都会通过外观形态的变化来体现，外观形态变化更有利于实际应用。干旱胁迫后，叶片发生变色、卷曲、缩小、变薄的变化程度越小，根 / 冠比越大，植物的抗旱能力就越强。可用于植物的抗旱适应性外观判断指标。

（2）耐热、抗寒性

绿化植物的温度胁迫研究方法主要有以形态学为主的直接鉴定法和人工模拟极端条件鉴定法。人工环境鉴定法是指按设计方法在田间或建筑立面作不同处理，根据植物的不同表现来鉴定温度适应性强弱。如植物在 35℃时就会对高温产生抗性，而一些热敏感植物在 35 ~ 40℃时或者到 45℃时植物会受到高温损害 [25]。

1）外观形态

温度是影响植物生长的主要气候因子之一，植物受到高温或低温影响时，其地上部分外观特征发生变化，尤其是叶、枝、花尤为明显。南京中山植物园、上海辰山植物园等制定了植物外观形态耐热性、抗寒性评价标准，并进行了综合评价[26]，具体方法如表3-10。耐热（寒）性平均指数按不同耐热或耐寒等级赋值，具体见表3-11。计算不同植物的耐热、抗寒性平均指数（表3-11），以反映植物耐热、抗寒性的强弱，其公式为：$I=(1x+2x+3x+4x+5x)/X$，公式中的 I 代表耐热、抗寒性平均指数；1、2、3、4、5代表不同的受害等级；x 代表不同受害等级的株数；X 为调查总株数。

植物耐热性、抗寒性评价标准　　　　　　表3-10

级别	单株植物耐热性评价标准	单株植物抗寒性评价标准		
	枝、叶状态特征	叶片	枝干	叶芽
1级	植株完全不受害，发育良好	无冻害症状	无冻害症状	无冻害症状
2级	植株10%叶片焦黄、卷缩或脱落	25%叶片受冻或脱落	秋梢受冻害	无冻害症状
3级	植株50%叶片焦黄、卷曲或脱落，少数新梢受干枯	25%～50%叶片受冻或脱落	部分一年生枝条受冻	部分顶芽受损
4级	植株90%叶片焦黄、卷曲或脱落，但能重新萌发，50%新梢干枯	50%～75%叶片受冻或脱落	侧枝受冻，上部主枝受冻	一年生枝条芽受损
5级	植株地上部分枯死，但能从根茎处重新萌发生长	叶片全部受冻	脱落枝条干枯，从根茎处重新萌发	全部芽不能萌发

植物耐热、抗寒性总评价标准　　　　　　表3-11

耐热性平均指数	1.00～1.50	1.51～2.50	2.51～3.50	3.51～4.50	4.51～5.00
分值	5	4	3	2	1

徐江宇在福州市墙面绿化植物的选择和适应性研究中，对植物在不同温度下外观表现进行记录[27]，如表3-12。

不同温度下植物外部形态　　　　　　表3-12

	植物	25℃	35℃	40℃	45℃
1	巴西野牡丹	生长良好，有新叶萌发	全株大部分叶片卷曲枯死，部分叶片脱落	第10天，植株全部枯死	第3天，植物全部枯死

	植物	25℃	35℃	40℃	45℃
2	'金叶'假连翘	生长良好，有新叶萌发	生长良好，萌发少量新叶，但新叶扭曲	部分叶片枯黄、枯萎现象，但有新叶萌发	第10天，植株全部枯死
3	'银边'山菅兰	生长良好，有新叶萌发	少部分叶片边缘卷曲，叶片尾尖枯萎	叶片尾尖枯萎，叶片卷曲，部分叶片枯死	第6天，植株全部枯死
4	肾蕨	生长良好，有新叶萌发	少部分叶片边缘卷曲，叶片尾尖枯萎	叶片颜色出现缺水性加深，部分叶片枯死	第8天，植株全部枯死
5	'花叶'蔓长春花	生长良好，有新叶萌发	少量老叶枯死	大部分叶片出现枯死，并有部分叶片脱落	第7天，植株全部枯死

针对上海及长三角等亚热带区域夏热冬冷的气候特点，本书作者分别于12月至翌年2月、7月至8月，对上海、杭州等地的60个模块式建筑立面绿化使用频率较高植物的耐热性和抗寒性进行了调研，部分结果如表3-13。

①耐热性植物种类

在7、8月份的酷暑中可以正常生长，不影响景观效果，耐热性强的植物主要有亮叶忍冬（*Lonicera ligustrina* var. *yunnanensis*）、大花六道木、红叶石楠、[金森]女贞、小叶女贞（*Ligustrum quihoui*）、'银边'大叶黄杨（*Euonymus japonicus* 'Albo-marginatus'）、黄杨（*Buxus sinica*）、海桐（*Pittosporum tobira*）、佛甲草、垂盆草、'胭脂红'假景天、'金叶'金钱蒲（*Acorus gramineus* 'Ogon'）、八宝（*Hylotelephium erythrostictum*）、紫竹梅等；耐热性较强的植物有细叶萼距花（*Cuphea hyssopifolia*）、红花檵木、扶芳藤、常春藤、'花叶'络石（*Trachelospermum jasminoides* 'Flame'）、'花叶'常春藤（*Hedera nepalensis* 'Discolor'）、'花叶'蔓长春花、小叶蚊母树（*Distylium buxifolium*）等。

②抗寒性植物

灌木类和景天科草本类植物抗寒性强，越冬率高。抗寒性强的植物主要有佛甲草、垂盆草、八宝、'胭脂红'假景天、黄杨、'银边'大叶黄杨、大花六道木、红叶石楠、[金森]女贞、小叶女贞、亮叶忍冬、海桐、红花檵木、小叶蚊母树、羽衣甘蓝、角堇、三色堇；抗寒性较强的植物有常春藤、'花叶'常春藤、扶芳藤、锦绣杜鹃（Rhododendron *pulchrum*）、小叶栀子（*Gardenia jasminoides*）、紫罗兰（*Matthiola incana*）、银叶菊（*Senecio cineraria*）、沿阶草、'金叶'金钱蒲、矮麦冬（*Ophiopogon japonicus* var. *nana*）等。

综合考虑后，室外植物选出成活率高且生长良好的络石、常春藤、小叶蚊母树、'花叶'蔓长春花、海桐、黄杨、熊掌木（*Fatshedera lizei*）、红叶石楠、锦绣杜鹃、蜘蛛抱蛋（*Aspidistra elatior*）、大吴风草（*Farfugium japonicum*）和'金叶'

金钱蒲等。'花叶'络石和红花檵木的成活率虽高，但生长缓慢，景观覆盖效果差。细叶萼距花、'花叶'假连翘（*Duranta erecta* 'Variegata'）和胡椒木（*Zanthoxylum beecheyanum* 'Odorum'）成活率低，故均舍弃。

常见建筑立面绿墙植物温度适应性观察 （℃） 表3-13

植物种类	12月 （2.7～10.7）	1月 （0.3～7.6）	2月 （1.1～8.7）	抗寒性	7月 （24.7～31.8）	8月 （24.7～31.6）	耐热性
红花檵木	叶色变深，叶片少量脱落	部分叶片边缘变褐色	局部叶片萎缩	强	长势健壮，新枝萌发多	新叶干枯变黄	强
海桐	老叶深绿	老叶深绿褪色	老叶深绿褪色，叶缘卷曲	强	老叶深绿色，新枝叶长势快	长势旺盛	强
黄杨	老叶发红	嫩梢受冻，干枯	部分枝条受冻	强	新叶黄绿色，新枝叶长势快	长势旺盛	强
'花叶'络石	大部分叶片变暗，无光泽	大部分叶片边缘变灰白	局部叶片脱落	较强	新叶黄绿、粉红色，新枝叶长势快	长势旺盛	较强
熊掌木	无明显冻害	部分叶片边缘干枯变黄	少部分枝条受冻	较强	绿色、深绿色	叶缘叶尖枯梢	中
红叶石楠	叶色变暗，无冻害	叶色变暗，无冻害	部分叶片萎缩，干枯	强	新叶变绿，生长旺盛	长势旺盛	强
锦绣杜鹃	绿，老叶黄绿色	绿，老叶黄绿色	绿，老叶黄绿色	较强	绿，老叶发黄	叶缘叶尖枯梢	中
胡椒木	叶片鲜绿茂盛	叶片鲜绿，但有冻伤	黄，部分枝条受冻	弱	叶片鲜绿茂盛	长势旺盛	中
'金叶'金钱蒲	叶色变浅，无冻害	局部叶片边缘变浅	叶片边缘不规则，逐渐干枯	较强	萌芽很多，长势很快	长势旺盛	中
'花叶'蔓长春花	有部分叶片脱落	叶片被冻伤，水渍状	叶片严重脱落	较强	叶片有灼伤，有部分叶片脱落	长势旺盛	中
常春藤	老叶深绿色	老叶深绿色，无明显冻害	叶片边缘变褐色	较强	老叶深绿色	长势一般	中
小叶蚊母树	老叶深绿色	老叶深绿色	老叶深绿色	强	新叶发红，老叶深绿色	长势一般	中
蜘蛛抱蛋	老叶深绿色	老叶深绿色，叶尖、叶缘部分枯黄	老叶整片发黄	较强	老叶深绿色	长势一般	中
大吴风草	老叶叶缘斑点、发黄	老叶叶缘斑点、发黄	老叶发黄	中	绿，老叶叶缘斑点、发黄	长势旺盛	中

2）生理指标

①细胞的质膜特性

生物膜是低温伤害作用于植物细胞的原初部位。杨家骃等、刘祖祺等发现电导法对抗寒性具有相当程度的灵敏度和精确度[28]。张德舜与徐晓薇等结果都认为电导法比较适合植物的抗寒性鉴定[29-30]。杨家骃等与朱月林分别证实半致死温度（简称 LT_{50}）在多种植物上应用可取得比较准确的结果[28, 31]。由于电导法使用的设备简单、方法简便，而且温度处理后即可测得实验结果，因此，电导法成为目前常用的研究植物抗寒耐热性的最有效手段之一。

本书作者运用电导率法研究了植物的耐热、抗寒性。上海夏季极端最高气温可达 40℃以上，靠近墙面的温度甚至可达 60℃。夏季高温一直是限制植物在建筑立面上正常生长的重要环境因素。选择已定植两年且生长表现良好的 8 种植物：南五味子（*Kadsura longipedunculata*）、三叶木通（*Akebia trifoliata*）、绿叶地锦（*Parthenocissus laetevirens*）、西番莲、短柱络石（*Trachelospermun brevistylum*）、紫花络石（*Trachelospermun axillare*）、花叶地锦（*Parthenocissus henryana*）、铁箍散（*Schisandra propinqua* var. *sinensis*），采用 DDS-11A 电导率仪测定临界点温度、崩溃点温度和半致死温度。

其结果如表 3-14 所示：8 种植物材料在高温胁迫下，半致死温度均在 50.9℃以上，临界点温度最低也达 48℃。生理指标检测结果与实地观察情况相一致，在正常情况下 8 种植物均能在上海安全越夏。

西番莲、'花叶'蔓长春花、网络鸡血藤（*Callerya reticuiata*）、红素馨（*Jasminum beesianum*）的抗寒性结果见表 3-15，所选植物在低温胁迫下半致死温度均在 -3℃

8 种植物耐高温测定情况表 表 3-14

种名	半致死温度（℃）	临界点温度（℃）	崩溃点温度（℃）
南五味子	53.8	52.9	56.3
三叶木通	50.9	48	53.8
绿叶地锦	57	56	58
西番莲	53	52	54
短柱络石	56.5	54	58
紫花络石	56.6	53.2	58
花叶地锦	53.9	52	56.6
铁箍散	55.2	54	56.5

以下，最低为 -5℃；临界点温度均在 -2℃以下，最低为 -4℃。研究表明，在正常情况下这 4 种植物在上海能安全越冬，这与实地观察的结果一致。

4 种藤本植物耐低温测定情况 表 3-15

种名	半致死温度（℃）	临界点温度（℃）	崩溃点温度（℃）
西番莲	-3	-2	-4
'花叶' 蔓长春花	-5	-4	-6
网络鸡血藤	-3.1	-2.2	-4
红素馨	-3.5	-2	-5

②叶片含水量

一般叶片含水量降低，固形物浓度相对提高，胞液浓度增加，降低结冰的可能性，抗寒能力增强。孙存华发现女贞的相对含水量从 5 月份到 12 月份呈现出逐渐下降的趋势[32]。随着高温胁迫处理的时间延长，植物的相对含水量逐渐降低。

③叶绿素含量

在高温胁迫下，植物体内的叶绿素合成受到阻碍，叶绿素含量的降幅与植物耐热性相关。高温胁迫下，耐热性强的品种叶绿素含量高，叶绿素降解的速度慢；耐热性弱的品种叶绿素含量低，叶绿素降解的速度快。

④脯氨酸、丙二醛等指标

一般情况下，经温度胁迫后，植物体内游离脯氨酸含量迅速增加。目前关于游离脯氨酸含量增加与抗寒耐热性的关系已有许多报道，但观点尚不统一。Sagisaka 发现多年生植物，如银杏、瑞香（Daphne odora）等在越冬条件下，体内有大量脯氨酸积累[33]。高温胁迫后，游离脯氨酸含量越高，说明品种耐热性越强。丙二醛含量与脯氨酸含量正好负相关。这些指标变化趋势，温度适应性与植物抗旱性相似。

3）综合评价方法

同前述抗旱性。实践中，主要是以叶片外形结构的变化来筛选耐热抗寒性植物。

（3）耐阴性

光是影响植物生长发育、繁殖分布的最重要的环境因子之一，植物外观形态和体内许多生理过程都受到光的影响[34-35]。耐阴植物是指既能在光照条件好的地方生长，也能耐受适当的荫蔽或者在生长期间需要较轻度遮阳的植物。夏季强光下，有很多彩叶植物常发生叶片焦灼或漂白现象，严重影响其观赏性；但遮阳可能会使彩叶植物叶片转绿进而丧失其彩色效果。王雁等[36]和王小德等[37]分别综合论述了植物耐阴性和园林地被植物耐阴性及其研究进展。张庆费建立了以叶片下表皮厚度、栅栏组织、海绵组织、叶绿素、叶片含水量和光补偿点等指标组成的城市绿化植物耐阴性诊断指标体系[38]。

1）外观形态

植物枝条生长量、叶片颜色、叶片厚度、叶面积和比叶面积是判断植物光适应性的重要指标。与喜阳植物相比，耐阴植物具有叶片薄、叶面积大和比叶面积高等特点。夏宜平发现不同遮阴条件对'金叶'过路黄（Lysimachia nummularia 'Aurea'）、多花筋骨草（Ajuga multiflora）、紫金牛（Ardisia japonica）和射干（Belamcanda chinensis）等 4 种植物的形态解剖结构有影响[39]。张亚杰、冯玉龙等发现耐阴植物叶肉中没有栅栏细胞和海绵细胞的分化，其叶片具有发达的海绵组织，极少或根本没有典型的栅栏薄壁细胞[40]。

本书作者实地调查发现，观叶类植物是华东地区建筑立面模块式绿化应用最为广泛的种类。耐阴观叶植物可用于除建筑立面南面外的其他立面，其观赏期通常较长，其中的部分种类甚至四季均能有较好的景观效果，具有很高的园林应用价值。通过对上海及周边地区的调查，常见的耐阴观叶植物种类主要有：

常绿植物：熊掌木、八角金盘（Fatsia japonica）、小叶冬青卫矛（Euonymus japonicus 'Microphyllus'）、卫矛（Euonymus alatus）、十大功劳（Mahonia fortunei）、阔叶十大功劳（Mahonia bealei）、湖北十大功劳（Mahonia confusa）、小叶蚊母树、南天竹（Nandina domestica）、海桐、大叶黄杨（Euonymus japonicus）、黄杨、红叶石楠、吉祥草（Reineckea carnea）、大吴风草、玉簪（Hosta plantaginea）、虎耳草、'匍枝'亮绿忍冬（Lonicera nitida 'Maigrun'）、滨柃（Eurya emarginata）、麦冬、矮麦冬、蜘蛛抱蛋、扶芳藤等。

花叶植物：'花叶'女贞（Ligustrum ovalisolium）、'密枝'卫矛（Euonymus alatus 'Compactus'）、'火焰'南天竹（Nandina domestica 'Firepower'）、'花叶'青木（Aucuba japonica 'Variegata'）、[金森]女贞、'银霜'女贞（Ligustrum japonicum 'Jack Frost'）、'小丑'火棘（Pyracantha fortuneana 'Harlequin'）、胡颓子（Elaeagnus pungens）、'金心'胡颓子（Elaeagnus pungens）、'金边'胡颓子（Elaeagnus pungens var. varlegata）、'洒金'蜘蛛抱蛋（Aspidistra elatior 'Punctata'）、'花叶'大吴风草（Farfugium japonicum 'Aureo-maculata'）、'金叶'金钱蒲、洋常春藤（Hedera helix）、'花叶'络石等。

2）生理指标

①叶绿素含量

叶绿素是植物进行光合作用的主要色素，其总的含量、叶绿素 a、叶绿素 b 以及叶绿素a/叶绿素b 的比值常是衡量植物光合作用能力的重要生理指标。一般来说，叶绿素含量高、叶绿素 a/叶绿素 b 比值小的植物，具有较强的耐阴性。阳性植物的叶绿素 a/叶绿素 b 的比值为 3，阴生植物的叶绿素 a/叶绿素 b 的比值小于 3。

②电导率

不同光照强度造成原生质膜损伤的程度不一样。过强的光照处理，使植物质膜的透性增大，电导率升高。伍世平等通过测定 11 种地被植物的电导率等生理生化指标，对其进行了耐阴性的定性和定量分析 [41]。光照越强，植物的耐阴性越强，电导率值则越大。

③光合指标

植物光合作用曲线变化的程度不同，是不同植物所具有的特性。最大净光合速率、最大表观量子效率、光饱和点和光补偿点等的变化，都具有一定的植物物种遗传稳定性。许多研究者将光合曲线的光饱和点、光补偿点、量子效率作为植物耐阴性评价的重要指标。研究证明，耐阴植物较喜阳植物具有较低的光补偿点、光饱和点和净光合速率，大部分耐阴植物的最大表观量子效率较喜阳植物大，但也有不变或减小的情况存在。

植物光饱和点和光补偿点反映了植物对光的要求，一般认为光补偿点和光饱和点均较低的植物是典型的耐阴植物，而光补偿点低、光饱和点高的植物对环境适应性很强。蒋高明 [42] 认为阴性植物的光补偿点小于 20μmol/（m² · s），光饱和点为 500 ~ 1000μmol/（m² · s）或更低；阳性植物的光补偿点在 50 ~ 100μmol/（m² · s）之间，光饱和点在 1600 ~ 2000μmol/（m² · s）之间或更高（表 3-16）。

不同季节八种植物的光响应参数　　　　　　　　　　　　　表 3-16

种类	季节	光补偿点（μmol/（m² · s））	光饱和点（μmol/（m² · s））
葱莲 *Zephyranthes candide*	春季	41.98	800
	夏季	47.13	800
	秋季	38.64	700
美女樱 *Verbena hybrida*	春季	61.58	800
	夏季	51.82	1000
	秋季	45.47	1800
玉簪 *Hosta plantaginea*	春季	64.17	800
	夏季	26.42	600
	秋季	27.66	600
菲白竹 *Sasa fortunei*	春季	16.37	800
	夏季	26.61	1000
	秋季	20.67	700

种类	季节	光补偿点（μmol/（m² · s））	光饱和点（μmol/（m² · s））
过路黄 *Lysimachia christinae*	春季	31.57	1000
	夏季	44.88	1100
	秋季	13.56	1100
'金边'阔叶麦冬 *Liriope muscari* 'Variegata'	春季	24.00	1000
	夏季	33.20	800
	秋季	18.85	1000
矮麦冬 *Ophiopogon japonicus* 'Nana'	春季	51.63	1000
	夏季	46.98	1200
	秋季	69.89	1500
'花叶'蔓长春花 *Vinca major* 'Variegata'	春季	22.92	1000
	夏季	41.57	800
	秋季	42.79	800

管新新等展开对 8 种植物不同季节光合特性的研究发现，8 种植物的光饱和点、补偿点因季节不同而呈现一定程度的差异[43]。从光补偿点（LCP）数值来看，葱莲、美女樱、过路黄（*Lysimachia christiniae*）和'金边'阔叶麦冬（*Liriope muscari* 'Variegata'）秋季 LCP 最低，具有较好的耐阴性，可用于北墙绿化。从光饱和点（LSP）来看，葱莲春季和夏季 LSP 最高，菲白竹夏季 LSP 最高，过路黄夏季和秋季 LSP 最高，具有较好的喜光性，可用于西墙绿化。

本书作者团队采用 Li-6400 型便携式光合作用测定系统研究了 64 种植物的净光合速率、蒸腾速率、气孔导度及细胞间浓度等参数。由图 3-2、图 3-3 可知，

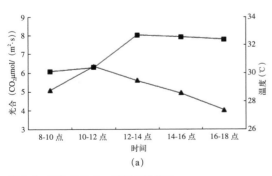

(a)

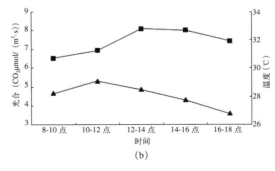

(b)

图 3-2 植物的光合一时间关系曲线

（a）阴性灌木；（b）中性灌木

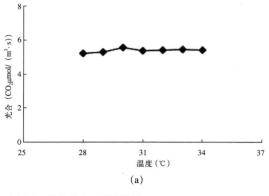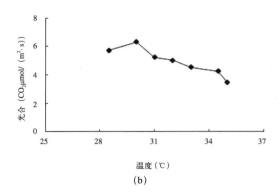

图 3-3　植物光合－温度曲线
(a) 阴性灌木；(b) 中性灌木

所研究的 64 种植物的光合－时间曲线的峰值均在 10~12 点，午后一般渐趋下降；而相应的测试温度为 12~14 点时段最高，此后温度有所下降。与阳性灌木的光合速率相比，中性灌木有所下降，阳性灌木的平均光合速率分布在 4~6.5μmol/ $(m^2 \cdot s)$，而中性灌木则为 3~5.5μmol/ $(m^2 \cdot s)$。

对常见模块式绿化植物重点研究，结合查阅资料，共获得的 64 种常见植物光合特征参数[44]，如表 3-17 中所示：LCP<20μmol/$(m^2 \cdot s)$，LSP<1000μmol/$(m^2 \cdot s)$，

植物光合参数　（单位：μmol/ $(m^2 \cdot s)$ ）　　　　　　　表 3-17

编号	名称	表观量子效率	最大净光合速率	光补偿点（LCP）	光饱和点（LSP）	光适应性评价
1	吉祥草	0.05	3.85	2.1	79.77	阴生
2	龟背竹	0.07	8.14	3.03	120.96	阴生
3	八角金盘	0.06	6.43	7.09	107.59	阴生
4	袖珍椰子	0.13	4.93	8.62	48.08	阴生
5	吊兰	0.036	3.21	5.22	94.44	阴生
6	蜘蛛抱蛋	0.12	7.35	9.76	71.52	阴生
7	麦冬	0.1	6.9	10.76	77.08	阴生
8	大吴风草	0.05	5.85	8.32	131.25	阴生
9	'金叶'薹草	0.026	3.44	15.35	147.77	阴生
10	南天竹	0.04	0.24	5.96	106.4	阴生
11	月季	0.044	15.65	30.67	1038	适应性强
12	大叶黄杨	0.052	4	28	234	较强的耐阴性

编号	名称	表观量子效率	最大净光合速率	光补偿点（LCP）	光饱和点（LSP）	光适应性评价
13	阔叶麦冬	0.01	3	26	210	较强的耐阴性
14	萱草	0.012	3.5	17	290	较强的耐阴性
15	玉簪	0.017	4.5	45	410	较强的耐阴性
16	白车轴草	0.014	6.5	76	530	阳性
17	地被菊	0.031	6	95	710	阳性
18	小叶蚊母树	0.031	\	25.8	1600	适应性强
19	海桐	0.057	10.87	21.6	828	较强的耐阴性
20	山茶	0.217	7.69	10.8	766.8	较强的耐阴性
21	鹅掌柴	0.059	9.15	32.4	687.6	较强的耐阴性
22	'花叶'鹅掌藤	\	7.95	7.95	176	阴生
23	'花叶'假连翘	\	14.45	2.69	215	较强的耐阴性
24	锦绣杜鹃	\	9.18	10.23	195	阴生
25	二形鳞薹草	\	4.85	32	1018	适应性强
26	仲氏薹草	\	5.73	27	626	较强的耐阴性
27	栗褐薹草	\	3.63	18	520	较强的耐阴性
28	红花檵木	\	33.5	19.4	1480.8	适应性强
29	红叶石楠	\	25	20.6	1473	适应性强
30	毛果绣线菊	\	4.48	44.2	1535	适应性强
31	华北绣线菊	\	4.37	60.83	1823	阳性
32	绣线菊	\	3.83	49.79	1533	适应性强
33	欧亚绣线菊	\	4.09	50.13	1696	阳性
34	'金山'绣线菊	0.02	6.02	48.7	1334	适应性强
35	'金焰'绣线菊	0.02	8.11	67.8	1678	阳性
36	多枝紫金牛	0.03	2.15	51.68	281.5	适应性强
37	朱砂根	0.021	2.04	11.93	224.06	较强的耐阴性
38	银叶菊	\	8	68	590	阳性
39	洋常春藤	0.04	0.22	4.8	250.38	较强的耐阴性

编号	名称	表观量子效率	最大净光合速率	光补偿点（LCP）	光饱和点（LSP）	光适应性评价
40	矾根	0.04	5.19	8.75	127.84	阴生
41	枸骨	0.03	0.37	12.47	110.88	阴生
42	小叶黄杨	0.03	0.12	4.18	120.45	阴生
43	胡椒木	0.03	0.39	12.41	167.9	阴生
44	金边吊兰	0.04	3.33	5.37	80.78	阴生
45	'金边'阔叶麦冬	0.04	0.15	3.61	80.32	阴生
46	[金森]女贞	0.03	2.24	47.08	248.53	较强的耐阴性
47	金钱蒲	0.04	0.4	11.17	322.83	较强的耐阴性
48	兰花三七	0.02	0.22	11.01	83.61	阴生
49	六月雪	0.04	0.68	16.61	258.93	较强的耐阴性
50	小叶栀子	0.05	0.37	7.55	164.54	阴生
51	熊掌木	0.04	0.67	15.51	156.19	阴生
52	紫金牛	0.04	0.47	11.57	116.48	阴生
53	意大利络石	0.05	0.86	15.98	258.56	较强的耐阴性
54	'花叶'络石	0.06	0.36	6.02	76.43	阴生
55	'花叶'蔓长春花	0.04	8.25	16.16	204.54	较强的耐阴性
56	矮麦冬	\	\	48.9	1200	适应性强
57	过路黄	\	\	31.38	1100	较强的耐阴性
58	菲白竹	\	\	25.2	800	较强的耐阴性
59	花叶玉簪	\	\	35.49	600	较强的耐阴性
60	美女樱	\	\	43.71	1800	适应性强
61	葱莲	\	\	35.44	800	较强的耐阴性
62	'金叶'金钱蒲	0.055	8.701	11.417	168.696	阳性

属于典型的阴生植物，可实际应用在建筑立面绿化北侧；LCP 为 50～100μmol/（m^2·s），LSP 为 1600～2000μmol/（m^2·s），属于典型的阳性植物，可实际应用在建筑立面绿化东侧、南侧；LCP 为 20～50μmol/（m^2·s），属于耐阴性植物，可

实际运用于建筑的北墙；LCP 越低、LSP 越高的光适应性强的植物，可实际应用在建筑立面绿化 4 个墙面。如研究发现阔叶麦冬（*L. palatyphylla*）、玉簪能够充分利用弱光，同时具有低 LCP 和低 LSP，分别为 26μmol/（m² · s）、210μmol/（m² · s）、45μmol/（m² · s）、410μmol/（m² · s），具有较强的耐阴性；白车轴草（*Trifolium repens*）、地被菊（*Chrysanthemum morifolium*）LCP 较高，分别为 76μmol/（m² · s）、95μmol/（m² · s），同时 LSP 也较高，分别为 530μmol/（m² · s）、710μmol/（m² · s），均为喜光植物；小叶蚊母树不同品种的 LCP 和 LSP 分别为 25.8μmol/（m² · s）、1600μmol/（m² · s），具有低的 LCP 和高的 LSP，对光环境具有广泛的适应性，既可以用于光照强度好的南墙，也可以用于光照强度不良的北墙。

　　本书作者等在夏季对 4 种室内植物在东、南、西、北 4 个朝向建筑立面 0 ~ 325μmol/（m² · s）、130 ~ 1400μmol/（m² · s）、100 ~ 600μmol/（m² · s）、50 ~ 250μmol/（m² · s），的不同光照条件植物光合特性的变化进行研究（表 3-18）。结果表明，4 种植物均能适应一定程度的光照强度变化，在光照强度降低时其表观量子效率增大，光照补偿点和暗呼吸速率降低，从而保证植物正常生长，但极度弱光会严重制约其光合作用，进而抑制其生长发育。理论上蜘蛛抱蛋和袖珍椰子（*Chamaedorea elegans*）对光照强度变化适应性较强，具体表现为其表观量子效率、LCP 和 LSP、最大净光合速率和暗呼吸速率受光照影响波动较小，且均处于较高水平；实际条件下蜘蛛抱蛋的适应性较强，而袖珍椰子的适应性较弱，主要体现为光合日进程、日固碳量和存活率均较低，推测是由于冬季夜间低温导致的。

4 种植物不同光照处理下光响应光合特征参数值 （单位：μmol/（m² · s）） 表 3-18

种类	方位	表观量子效率	最大净光合速率	LCP光补偿点	LSP光饱和点
蜘蛛抱蛋	东	0.095	5.587	8.464	67.525
	南	0.115	7.626	11.106	72.027
	西	0.118	7.203	9.424	70.638
	北	0.027	2.658	17.778	141.415
袖珍椰子	东	0.078	4.506	10.133	69.073
	南	0.115	5.798	9.581	55.963
	西	0.115	5.141	9.608	50.736
	北	0.010	1.671	17.958	179.703
吉祥草	东	0.083	6.197	16.624	90.988

种类	方位	表观量子效率	最大净光合速率	LCP光补偿点	LSP光饱和点
吉祥草	南	0.096	3.983	8.12	49.970
	西	0.113	4.014	6.715	39.000
	北	0.060	2.374	13.538	53.322
阔叶麦冬	东	0.118	7.652	8.781	73.704
	南	0.090	4.425	3.308	54.483
	西	0.102	4.790	4.621	53.261
	北	0.020	2.014	6.260	106.913

（3）综合指标评价

除了光合特性外，还有一些指标可以作为植物光适应性的筛选指标。随着耐阴程度的加强，叶绿素总量的降低率越小，叶绿素a／叶绿素b比值降低越少，叶片的相对电导率变幅越小，叶片可溶糖含量和植物蒸腾速率下降越小，这就表明此类植物对低光强环境的适应性就越强。

张庆费等通过植物叶片解剖结构和生理指标的分析（表3-19），认为耐阴植物是厚皮香（*Ternstroemia gymnanthera*）、桃叶珊瑚（*Aucuba chinensis*）；中性植物是紫叶小檗（*Berberis thunbergii* var.*atropurpurea*）、栀子（*Gardenia jasminoides*）、金丝桃（*Hypericum monogynum*）、红叶石楠和'金边'大叶黄杨（*Euonymus japonicus* 'Aureo-marginatus'）；阳性植物是'金叶'水蜡（*Ligustrum obtusifolium* 'Jinye'）、红花檵木、火棘、'金山'绣线菊（*Spiraea japonica* 'Gold Mound'）和'金焰'绣线菊（*Spiraea japonica* 'Gold Flame'）。

综上所述，各种抗性指标各具特点，往往采用模糊隶属函数法多指标综合评判，可以科学、客观地评价植物的耐阴性。

植物叶片解剖和生理指标值 表 3-19

	'金叶'水蜡树	紫叶小檗	红花檵木	桃叶珊瑚	'金边'大叶黄杨	'金焰'绣线菊	金丝桃	'金山'绣线菊
气孔密度（个/mm）	556.7	256.7	350.2	241	233.3	512.4	280	314.7
叶片厚度（μm）	289	195	178	531	4.1	114	215	105
上表皮厚度（μm）	17	24	17	23	30	13	22	14
叶肉组织（μm）	253	161	150	493	355	92	177	84

	'金叶'水蜡树	紫叶小檗	红花檵木	桃叶珊瑚	'金边'大叶黄杨	'金焰'绣线菊	金丝桃	'金山'绣线菊
中脉厚度（μm）	796.9	285	537.5	2331.3	943.5	455	841.7	485
栅栏组织（μm）	140	46	69	126	130	50	72	38
海绵组织（μm）	113	115	81	367	225	42	105	46
叶绿素a（mg/dm²）	2.992	1.733	1.862	3.011	2.659	1.200	2.261	0.775
叶绿素总量（mg/dm²）	3.737	2.874	2.542	4.574	3.966	1.629	3.447	1.149
花青素（mg/dm²）	1.652	53.266	53.58	3.884	1.248	3.864	2.384	3.724
叶绿素（a/b）	4.01	2.17	1.74	2.025	2.034	2.797	1.906	1.916
可溶性糖（%）	0.234	0.31	0.268	0.761	0.117	0.278	0.129	0.688
淀粉（%）	2.490	2.168	2.368	2.233	2.313	2.888	3.350	2.730
蛋白质（%）	41.419	33.159	53.015	26.011	12.508	65.882	60.005	63.182
光合速率（CO_2μmol/（m²·s））	4.9	10.0	11.1	9.7	11.6	6.8	14.1	7.6
蒸腾速率（H_2Oμmol/（m²·s））	11.7	879.6	601.8	554.0	1174.4	490.7	998.5	944.4
水分利用效率	0.61	1.13	1.85	1.74	0.98	1.39	1.50	0.77
气孔阻抗（s/m）	0.1	1.4	0.9	0.5	0.7	2.1	0.2	0.4
植物生长相对增量（cm）	3.12	6.58	0	11.38	2.46	1.92	6.68	3.65

3.3.2　观赏性

建筑立面绿化以三维立体呈现，植物观赏价值是评价立面绿化的重要标准之一。观赏性一方面包括整体群落景观特征，如形态、质地、色彩等因素；另一方面包括个体植物的花、果、叶做建筑面的覆盖美化。在营造立面绿化之前，根据建筑立面特点、景观要求以及空间的变化等方面来确定所需的植物种类、大小、形状、色彩以及四季变化的规律。

本书基于层次分析法以整体的形态、质地、色彩为复合指标层，叶色、叶形、花期、花色、花大小、果期、果色为单项指标层，建立建筑立面绿化植物观赏价值评价标准，从而对建筑立面绿化植物观赏价值进行评价。

（1）整体群落景观特征

1）形态与质地

质地是指人对自然质地所产生的心理感受，不同的质地给人们不同的心理感受，即质地是否粗糙、叶缘形态、树皮的外形、植物的观赏距离等因素，其对于景观设计的协调性、多样性、视距感、空间感以及设计的情调、观赏情感和气氛有着深远的影响。

根据园林植物的质地在景观中的特性及潜在用途，可分为粗质地、中质地、细质地。粗质地植物通常具有大叶片、疏松粗壮的枝干以及松散的外形，如玉簪等；中质地植物具有中等大小的叶片和枝干；细质地植物具有许多小叶片、整齐密集而紧凑的冠型，模块式绿化选用的大多数植物属于此类型，可用于展示整齐、规则的氛围。在配置中应用不同质地进行搭配，丰富植物层次。

2）色彩

植物的色彩包括植物叶色、花色、果色、枝干色等，在园林应用中起到非常重要的作用。通过合理搭配植物的色彩，可以提升整体景观的观赏效果。叶色主要指植物叶片呈现的色泽，秋色叶、春色叶、常年异色叶的存在为园林增色不少。花色主要指花冠、花被和苞片所呈现的色彩。果色如同花一样，丰富多彩且具季节性，是植物景观中的点睛之笔。枝干的色彩也是植物景观设计的基本要素。

常色叶植物具有色彩鲜艳、观赏期长、易于形成大色块景观的特点，可以弥补建筑立面模块式绿化少花、色彩单调以及缺乏季节性景观变化的缺憾。主要有4类：

春色叶类：对春季发出的嫩叶，有显著不同的叶色，如红叶石楠春色叶为红色等；

秋色叶类：秋色叶呈红色的有地锦、五叶地锦（*Parthenocissus quinquefolia*）等，黄色的有棣棠花（*Kerria japonica*）等；

常年异色叶类：一些植物的变种或变型，其叶常年均呈异色。如紫色的紫叶小檗、紫叶酢浆草（*Oxalis triangularis*）等，红色的红花檵木等，金黄色的［金森］女贞、'金叶'日本小檗（*Berberis thunbergii* 'Aurea'）、'黄金'佛甲草（*Sedum lineare* 'Golden Teardrop'）等，叶有斑驳色彩的'金边'大叶黄杨、变叶木（*Codiaeum variegatum*）、'花叶'青木、彩叶草等。常年异色叶观赏期、观赏效果更甚于秋色叶或春色叶；

双色叶类：其叶背和叶表的颜色显著不同，在微风中就形成特殊闪烁变化的效果，如胡颓子等。

（2）植物形态特征

1）叶

作为观赏植物叶片，需要具备较强的观赏性，如植物叶型优美或奇特，整体观赏效果好，叶色漂亮。

2）花

观花类植物能通过繁多的花色来营造热烈的气氛，用于建筑立面绿化的观花类植物应具有花量大、花色艳、花期长的特征。

3）果

观果植物，一般要求果实丰硕、果实奇特、果期长、果色靓丽（图3-4）。

| 黄色 | 橙色 | 红色 | 棕色 | 绿色 |

图3-4 不同辣椒的果实颜色

（3）观赏性评价方法

20世纪80年代以后人们对植物的观赏性从主观性较强的目测评定法，逐渐进入心理学、物理学、数学等方面进行综合评价，尽可能地使植物的观赏性达到客观、科学的效果。目前我国对植物的观赏性评价方法主要有百分制法、心理物理法、模糊数学法、灰色关联度分析法、层次分析法5种[45]。这些观赏性评价方法并非尽善尽美，各具优缺点。相比而言，层次分析法更具准确性、系统性和综合性，能够较为客观全面地评价植物的观赏特性。

刘晓莉应用层次分析法对供试的14个樱花品种进行观赏性状的综合评价，建立了樱花（Cerasus）品种观赏性状综合评价指标体系[46]。杨学军等将立体绿化植物观赏价值评价模型分解为复合指标层、单项指标层和标准层，以花、果、叶为复合指标层，叶色、叶形、花期、花色、花大小、果期、果色为单项指标层，对地锦属植物观赏价值进行评价（表3-20）。

立体绿化植物观赏价值评价指标层　　　　　　　　　　　　　　　表3-20

复合指标	单项指标	标准层
叶D1	叶色E1 叶形E2	红G1、黄（花）G2、秋叶变红G3、秋叶变黄G4、绿G5 心型G6、线（菱、角）型G7、披针型G8、圆型G9、卵型G10
花D2	花期E3 花色E4 花大小E5	六个月以上G11、四个月G12、两个月G13、一个月G14 红G15、紫G16、蓝（绿）G17、白G18、黄G19 >10cmG20、2～10cmG21、<2cmG22
果D3	果期F6 果色F7	三季G23、二季G24、一季G25 红（紫、橙）G26、黄G27、蓝G28、褐（棕、黑、白）G29、绿G30

（4）常用部分观赏植物简介

主要介绍部分常用观赏期长、观赏特质明显的植物。

1）灌木（图3-5）

红花檵木：金缕梅科檵木属，檵木的变种，常色叶灌木。嫩枝红褐色，密被星状毛；叶暗红色；花紫红色，簇生于小枝端。花期4～5月，约30～40天，国庆节能再次开花。

茶梅（*Camellia sasanqua*）：山茶科山茶属，嫩枝有毛。叶革质、上面发亮、叶形雅致，花色艳丽、花期长（自11月初开至翌年3月），树型娇小、枝条开放、分枝低、易修剪造型。

锦绣杜鹃：杜鹃花科杜鹃属，为世界著名的观赏植物。春季开花，花冠阔漏斗形，红色，2～6朵簇生枝端。花期4～5月，果期6～10月。

金丝桃：金丝桃科金丝桃属植物，常绿灌木。小枝纤细且多分枝，叶纸质，花期6～7月。集合成聚伞花序着生在枝顶，花色金黄，其呈束状纤细的雄蕊花丝也灿若金丝。

香桃木（*Myrtus communis*）：桃金娘科香桃木属，常绿灌木。叶芳香，革质，叶片卵形至披针形；花芳香，花瓣5片，白色或淡红色；浆果圆形或椭圆形，大如豌豆，

图3-5　常用灌木

蓝黑色或白色。

'金边'六道木（*Abelia grandiflora* 'Francis Mason'）：忍冬科六道木属，矮生常绿灌木，既可观花又可赏叶。春季叶呈金黄色，夏季转为绿色。花色白中带粉，花繁亮丽，匍匐生长能力强。

红叶石楠：蔷薇科石楠属，杂交种，为常色叶灌木，叶革质。春季新叶红艳，夏季转绿，秋、冬、春三季呈现红色，霜重色逾浓，低温色更佳。果实红色。

'火焰'南天竹：小檗科南天竹属，其对环境的适应性强，植株优美，自然成球，不需要修剪，果实鲜红色，经冬不落。夏季绿叶，冬季红叶，温度越低叶越红。

[金森]女贞：木犀科女贞属，色叶小灌木。叶对生，金黄色。圆锥花序，夏季为开花期。核果阔椭圆形，紫黑色。叶色金黄，尤其在春秋两季色泽更加璀璨亮丽。

2）藤本（图3-6）

'花叶'络石：夹竹桃科络石属，常绿木质藤蔓植物。属喜光、强耐阴植物，喜空气湿度较大的环境。

'花叶'蔓长春花：夹竹桃科蔓长春花属，蔓长春花的变种。枝条蔓性、匍匐生长。既耐热又耐寒，四季常绿，有着较强的生命力。叶亮绿色，有光泽，叶的边缘白色，有黄白色斑点。且其花色绚丽，叶子形态独特，有着较高的观赏价值。

常春藤：五加科常春藤属，多年生常绿藤本，气生根，花淡黄白色或淡绿白色，果实圆球形，红色或黄色，花期9～11月，果期翌年3～5月。常春藤叶形美丽，四季常青。

图3-6　常用藤本

3）草本（图3-7）

'金叶'薹草（*Carex oshimensis* 'Evergold'）：莎草科薹草属，多年生常绿草本。株高20cm左右，叶片中间为黄色。穗状花序，花期4～5月。

银叶菊：菊科千里光属的多年生草本植物。植株多分枝，正反面均被银白色柔毛，其银白色的叶片远看像一片白云，与其他色彩的纯色花卉配置栽植，效果极佳，较耐寒，在河北南部、长江流域能露地越冬。

吊兰：百合科吊兰属，多年生常绿草本。叶丛生，线形，中间有绿色或黄色条纹。花茎从叶丛中抽出，长成匍匐茎在顶端抽叶成簇。

'金边'阔叶麦冬：百合科山麦冬属，植株高约30cm。叶宽线形，革质，叶片边缘为金黄色，边缘内侧为银白色与翠绿色相间的竖向条纹，基生密集成丛。花茎高出于叶丛，花红紫色，4~5朵簇生于苞腋，排列成细长的总状花序。种子球形，初期绿色，成熟时紫黑色。

图 3-7　常用草本

3.3.3　功能性

建筑立面模块式绿化中，最重要的两项植物生态功能将在此做详细介绍，其他生态功能筛选参照本系列丛书《移动式绿化技术》。

（1）滞尘能力

1）滞尘机理

植物的滞尘能力是指单位面积、单位时间内滞留的粉尘量。影响植物滞尘的主要原因有：植株使风速降低，尘埃易于沉降；叶表面纹理、绒毛等特性，利于尘埃的附着；复杂的枝茎结构以及巨大叶面积，使其能够滞留大量的尘埃；雨水冲刷使得植物能够更新滞留的尘埃。由于叶表面特性、冠型结构、枝叶密度和叶面倾角等不同，植物的滞尘能力存在很大差异。依据滞尘的能力选择并优化植物配置，对降低城市尘埃污染和提高空气质量有着重要意义。

目前国内外学者在城市植物滞尘机理方面进行了一些有益的研究工作。北京等几个北方城市主要园林植物单位面积叶片滞尘能力的量化结果已有少量报道，影响因素也进行了初步探讨。Tomasevic 等利用扫描电镜—能谱分析仪（SEM-EDX）观测发现植物滞留的尘埃有 50% ~ 60% 属于细微颗粒（$D<2\mu m$）[47]。柴一新等对哈尔滨市 28 种植物进行滞尘测定和叶表电镜扫描，发现不同植物滞尘量差异可相差 2 ~ 3 倍以上 [48]。

植物叶片滞尘通过以下 3 种方式之一或同时进行：一是滞留或停着，降尘随机落在叶片的表面，这种降尘很容易被风刮起，易产生二次扬尘；二是附着，因叶面有凹凸不平的结构，能够稳定吸附一定量的降尘，不易被风刮起；三是黏附，靠植物叶表面特殊的分泌物如黏液等沾黏降尘，这种方式滞尘最为稳定。如红花檵木表面粗糙，并有密集的叶表毛被和复杂的表面结构，同时其凹槽、皱槽和蜂窝状结构增加滞尘能力，以停着、附着为主要滞尘方式；常春藤虽然目测叶表面光滑，但通过扫描电镜观察，发现其表面具有蜡质层、沟状结构以及比较复杂的叶下表面结构和凹凸的气孔构造，使其具有较强的滞尘能力；以停着、附着、黏着三种方式共同滞尘的杜鹃，在腺毛的黏性分泌物和一定量的毛被，较为复杂的表面结构如凹槽、深沟等综合作用下，也具有了较强的滞尘能力。

颗粒物附着在叶表之后，不同的微观结构对尘埃表现出停着、附着和黏着 3 种不同的支持和固定作用。通过电镜观察植物叶表面的特征，主要有以下几种：皱褶与突起、表面网格、沟状结构和蜡质。

①叶表面皱褶与突起。皱褶和突起可以极大地增加植物叶表面与尘埃的接触面积，并且其中突起和凹陷部分形成的半封闭空间，可容纳许多的尘埃颗粒，深藏其中的尘埃颗粒较难清除，不易造成二次扬尘，能够形成稳定的滞尘能力。这类结构易获得较大的单位叶面积滞尘能力。

②叶表面网格。不同植物叶表面细胞下陷和突起形成的叶表面网格结构，存在着深度和密度的区别。通过研究发现叶表面网格深度较大、密集且网格形态不规则，具有比较大的滞尘能力。

③叶表面沟状结构。一般来说，具有沟状结构的植物滞尘能力较强。叶表下陷及角质增厚，构成了大小不一的较深的 U 型沟状交错沟壑，有利尘埃的吸附。而具有较浅 V 型沟状结构、密度较小时，滞尘能力也相对较小。

④表面蜡质。不同植物的蜡质形态各异，多数会形成一层光滑表面结构，其滞尘能力也比较高。这是由于空气中的粉尘不仅有尘埃，还有化石燃料燃烧产生的有机物颗粒，他们之间可能与空气中的小颗粒相互作用黏附形成具有疏水性特征的颗粒物，而植物表皮蜡质的成分主要是疏水性的脂肪族化合物等，对一些疏

水性的颗粒物具有更佳的吸附作用。

刘晋熙等发现电镜观察能方便地对植物滞尘能力强弱进行定性，认为叶表面微观结构对滞留空气尘埃的从大到小的顺序为：皱褶与突起 > 沟状结构 > 网格 > 蜡质，并且这些微观结构密度越大、结构越复杂，其滞尘能力越强[49]。植物叶片的着生方式，也影响着植物叶片的滞尘。研究发现红花檵木叶片单位叶面积滞尘量，随着叶片角度的变化而变化，并且正面朝向的叶片滞尘量大于背面。

2）滞尘量

本书作者团队选择大雨过后 10 天无降雨、无大风，采用称量法进行叶片滞尘测定，用 WINFOLIA 叶面积仪测定叶面积。

植物的滞尘能力分级　　表 3-21

滞尘能力 （g/m² · 10d）	强	较强	中等	较弱	弱
	>5	4 ~ 5	3 ~ 4	2 ~ 3	<2
灌木	无刺枸骨、胡颓子、红花檵木、野迎春、八角金盘	日本小檗、南天竹、结香、日本女贞、黄杨、雀舌黄杨	溲疏、金钟花、杜鹃	'花叶'青木、卫矛、茶梅、十大功劳、栀子、阔叶十大功劳、金丝桃、云锦杜鹃	
藤本	木香	络石	'花叶'蔓长春花		常春藤
草本			玉簪	大吴风草	赤胫散、吉祥草

常见到在道路隔离带和高架桥下的一些绿化植物上积尘，确起到滞尘的作用，但影响市容环境。为避免绿化植被的单一强滞尘性所带来的负面效应，建筑立面模块式绿化植物筛选应更加注意滞尘植物的配置，尤应慎用分泌黏液滞留尘埃而不易冲洗清除的植物。本书作者团队共测定了可用作模块式绿化的 45 种植物的单位面积滞尘量，其中灌木类 37 种、藤本 4 种、草本 4 种。从表 3-21 可以看出：单位面积滞尘量 ≥ 5.000g/m² · 10d 的植物中，灌木类有 7 种，占所有灌木的 18.9%，藤本有 1 种，占所有藤本的 25%；单位面积滞尘量为 4.000 ~ 5.000g/m² · 10d 的灌木类有 9 种，占所有灌木的 24.3%，藤本有 1 种，占所有藤本的 25%；单位面积滞尘量为 3.000 ~ 4.000g/m² · 10d 的灌木类有 8 种，占所有灌木的 21.6%，藤本有 1 种，占所有藤本的 25%，草本有 1 种，占所有草本的 25%。总的来看，灌木和藤本的滞尘能力强，滞尘能力中等以上的分别占 64.8%、75%；草本的滞尘能力相对偏弱些，仅有 25% 的草本滞尘能力在中等以上。

刘晋熙研究了最为常见的 6 种建筑立面模块式绿化植物的滞尘量。单位叶面积最大滞尘量的大小顺序为红花檵木 > 忍冬 > 杜鹃（*Rhododendron simsii*）>

常春藤＞冬青＞油麻藤。其中，单位叶面积滞尘量最高的是红花檵木 25.4099 g/m²，最小的为油麻藤 16.7108 g/m²，其他依次是忍冬 24.2219 g/m²、杜鹃 21.8655 g/m²、常春藤 20.5183 g/m²、冬青 16.8786 g/m²。

3）叶片着生角度与叶面滞尘量

以红花檵木为例探讨不同叶片着生角度对叶面滞尘量的影响。刘晋熙对红花檵木研究的实验结果可知，滞尘量最大的和最小的相差了 3 倍多。在叶片着生角度阈值为 0°～30° 时，滞尘量最大，为 5.379g/m²；当叶片着生角度阈值为 90°～120° 时，滞尘量最小，为 1.866g/m²；在叶片着生角度阈值为 30°～60° 时，滞尘量为 4.136g/m²；在叶片着生角度阈值为 60°～90° 时，滞尘量为 2.265g/m²；在叶片着生角度阈值为 120°～150° 时，滞尘量为 3.255g/m²；在叶片着生角度阈值为 150°～180° 时，滞尘量为 4.349g/m²。因此，在筛选用于滞尘的植物时，应尽可能选择与水平面夹角较小的种类。

4）叶表面结构与滞尘能力

颗粒物附着在叶表之后，不同的微观结构对尘埃滞留的方式不同，从而表现出不同滞尘能力的差异（表 3-22）。通过分析发现叶片微观结构和滞尘能力之间的普遍关系。石楠和金叶女贞的表面光滑、较平整、具较浅线状突起，气孔极密集、平整、开口较小，停着、附着为主要的滞尘方式，滞尘能力中等；红花檵木表面粗糙，并有密集的叶表毛被和复杂的表面结构增加其叶表面积，同时其凹槽、皱褶和蜂窝状结构也能截留空气中的尘埃，颗粒物能长时间保留，停着、附着为主要滞尘方式，其滞尘能力非常强；锦绣杜鹃，在腺毛的黏性分泌物、一定量的毛被以及

不同植物表面结构对滞尘能力的影响　　　　　　　表 3-22

植物名称	叶表面结构特征	滞尘方式	滞尘效果	电镜照片	
				正面	背面
红叶石楠	较平整，具较浅线状突起，气孔极密集，平整，开口气孔较少	停着+附着	中等		
[金森]女贞	有明显垂周壁，多边形突起，上具稀疏丝状突起，气孔极密集，平整，开口气孔较少	停着+附着	中等		

植物名称	叶表面结构特征	滞尘方式	滞尘效果	电镜照片	
				正面	背面
红花檵木	叶红色、革质，小枝有星毛	停着+附着	强		
锦绣杜鹃	上下表皮均有具同一方向分布的长针状伏毛、先端断裂的腺毛及细胞间的凹槽，且上表皮细胞壁间形成以毛被为中心的辐射状深沟结构	停着+附着	较强		

较为复杂的表面结构下，以停着、附着、黏着三种方式共同滞尘，具有较强的滞尘能力。

（2）固碳释氧能力

王立等介绍了常用的估算植物固碳释氧能力的方法，包括从光合效率、叶面积指数、生物量和生产力等各个方面进行估算的方法[50]。气体交换技术已经成为量化园林植物固碳释氧能力的重要手段。有很多学者利用这种技术，在测定植物叶片光合速率的基础上，计算单位叶面积吸收 CO_2、释放 O_2 的量，比较不同种类植物的差异。1997 年北京市园林科学研究所利用光合作用测定仪，测定计算了北京常见的 65 种园林植物全年吸收 CO_2、释放 O_2 的量[51]。陈辉等采用 LI-6400 型红外光合作用测定仪，分别在生长初期、盛期、末期测定鹅掌楸（*Liriodendron chinense*）和女贞（*Ligustrum lucidum*）的净光合速率日变化，并测定其叶面积指数。女贞的净光合速率、叶面积指数和同化 CO_2、释放 O_2 的能力均大于鹅掌楸，为绿化植物的选择提供了依据[52]。

1）植物净光合速率测定

植物净光合速率是计算固碳释氧效益的基础。光合作用是一个很复杂的过程，其速率受多种环境因素的影响，为了能够较为准确地研究各种植物光合速率的日变化和季节变化规律，试验安排每个季节进行多次测量。采用 LI-6400 型红外光合作用测定仪，在天气晴朗、无风天气的上午 8：00 ～ 11：30 之间，选取枝条顶端第一片完全展开、大小相似、生长健壮的成熟叶片，每种植物测定 3 株，每株选择 3~5 片叶子，测定时段分别为 7：00、9：00、11：00、13：00、15：00、17：00，每个处理 3 次重复。

2）固碳释氧能力的计算

由实测的光合速率，求得植物单位叶面积每天的固碳放氧量，通常用下式计算，即：

$$W_{CO_2} = \delta \times \frac{44}{1000} \times 10 \times 3600 \times 1000 \times \frac{1}{n}\sum_{i=1}^{n} P_i$$

$$W_{O_2} = \delta \times \frac{32}{1000} \times 10 \times 3600 \times 1000 \times \frac{1}{n}\sum_{i=1}^{n} P_i$$

式中：W_{CO_2}——单位叶面积 CO_2 的日固定量（g/（$m^2 \cdot d$））；W_{O_2}——单位叶面积 O_2 的日固定量（g/（$m^2 \cdot d$））；P_i——实测的瞬时光合速率（$\mu mol/$（$m^2 \cdot s$））；n——实测光合速率的时段数，为 5；δ——取 0.8，植物晚上的暗呼吸消耗量按白天同化量的 20% 计算；44/1000 和 32/1000——CO_2 和 O_2 的摩尔质量；10——白昼光合时间按 10 小时计。

则

$$W_{CO_2} = 1.267P \tag{1}$$

$$W_{O_2} = 0.922P \tag{2}$$

式中 P 为昼平均光合速率，即：

$$P = \frac{1}{n}\sum_{i=1}^{n} P_i \tag{3}$$

通过对上海市气象资料分析，一年中常绿植物进行光合作用的有效日数为 238.6 天。

$$W_y = W_{CO_2} \times 光合天数 \tag{4}$$

式中：W_y——单位叶面积年固碳量（$g \cdot y^{-1}$）。

3）植物单位叶面积固碳释氧能力分级

白昼光合时间按 10 小时计，植物单位叶面积每天的固碳放氧量，通常用下式计算，即：

$$W_{CO_2} = 1.267P$$

$$W_{O_2} = 0.922P$$

式中 P 为昼平均光合速率。

本书作者团队按照植物每天每平方米叶片固定 CO_2 的量把植物的光合能力分为 5 级（表 3-23）：强，≥ 12g/（$m^2 \cdot d$）；较强，10~12g/（$m^2 \cdot d$）；中等，6~10g/（$m^2 \cdot d$）；较弱，4~6g/（$m^2 \cdot d$）；弱，< 4g/（$m^2 \cdot d$）。所测的 32 种植物中，各种类型植物的固碳释氧能力有一定差异，单位叶面积固碳能力，灌木类八仙花（*Hydrangea macrophylla*）、卫矛较强；藤本植物紫藤的固碳能力最强；草本植物中虎耳草和蜘蛛抱蛋的固碳能力属于弱的范畴。各种植物的释氧能力与固碳能力表现趋势一致（表 3-23）。

部分植物单位叶面积日固碳能力分级 表 3-23

程度分级	强	较强	中等	较弱	弱
CO$_2$（g/m^2）	>12	10~12	6~10	4~6	<4
O$_2$（g/m^2）	>8.7	7.3~8.7	4.4~7.3	2.9~4.4	<2.9
灌木		八仙花、卫矛	野迎春、月季、黄杨、大叶黄杨、石楠、金丝桃、女贞、栀子、南天竹、'花叶'青木、杜鹃、八角金盘、栀子	山茶、红花檵木、海仙花、茶梅、十大功劳	
藤本	紫藤		络石、猕猴桃、美国凌霄	常春藤、蔓长春花	
草本			大花萱草、大吴风草	玉簪	虎耳草、蜘蛛抱蛋

4）不同建筑立面固碳能力评价

光通过光质、光强及光照时间来影响植物的生长发育，进而影响植物的固碳能力。不同建筑立面绿化植物的固碳能力主要受两方面因素影响：一是植物本身生长状况，二是光照条件。本书作者研究发现，在室外 4 个方位的墙上，同种植物日固碳量的差异明显，近一半植物的日固碳量是南墙和西墙相近。按植物日固碳能力排序依次为南墙 > 西墙 > 东墙 > 北墙，由于极低的光照强度，北墙植物的固碳量均为负值，即使耐阴能力极强的八角金盘也呈现负值（表 3-24）。

不同光照处理下 4 种植物日固碳量对比 表 3-24

（单位：光照（μmol/（m^2·s））、固碳量 g/（m^2·d））

光照	蜘蛛抱蛋	袖珍椰子	吉祥草	阔叶麦冬	龟背竹	金边吊兰	八角金盘
南600~1200	21.37	20.82	16.99	33.99	7.02	11.74	48.17
西100~600	19.28	16.62	14.83	34.52	5.51	7.88	19.87
东50~250	13.95	6.59	8.02	19.04	2.18	1.03	9.78
北0~100	−19.17	−17.77	−17.97	−25.72	−15.73	−18.11	−11.77

3.4 植物综合评价

建筑立面绿化植物是城市生态修复系统的重要组成部分，具有重要的生态、美化功能，在改善城市生态环境方面发挥着不可替代的作用，植物种类筛选决定了城市生态系统生态效益与综合功能的可持续发挥和利用。因此建立立体绿化植物综合评价模型，使用主要指标，赋予合理的加权值，对植物的综合性能进行模糊评价，为立体绿化植物合理应用提供了较为科学的依据。

3.4.1 评价标准

运用层次分析法对立体绿化植物建立评价模型，先对立体绿化植物评价指标筛选归类，确定生态适应性、观赏价值、生态功能 3 个复合指标层，抗旱、抗寒、叶、花等 9 个单项指标层及标准层，利用层次分析法构建的判断矩阵计算各层的权重，运用绝对选择评定法计算标准层得分如表 3-25。

常见建筑立面绿化植物综合评价模型 表 3-25

指标		方法	评分标准					加权
			5	4	3	2	1	
生态适应性 50%	抗旱性	枝叶	正常	叶形正常，叶片偶有发黄	边缘偶有卷曲，黄叶增多，偶有脱叶	叶形卷曲，脱叶严重，黄叶变薄、发黑，叶片增多	卷叶严重，叶片失红严重，枝条出现干枯现象	35%
	抗寒性	叶片	无冻害症状	25%叶片受冻或脱落	25%~50%叶片受冻或脱落	50%~75%叶片受冻或脱落	叶片全部受冻、脱落	25%
		枝干	无冻害症状	秋梢受冻害	部分一年生枝条受害	侧枝受冻，上部主枝受冻	枝条干枯，从根茎处重新萌发	
		叶芽	无冻害症状	无冻害症状	部分顶芽受损	一年生枝条芽受损	全部芽不能萌发	
	耐热性	枝叶	植株完全不受害，生长发育良好	植株10%叶片焦黄、卷缩或脱落	植株50%叶片焦黄、卷缩或脱落，少数新梢受害干枯	植株90%叶片焦黄、卷缩或脱落，但能重新萌发，50%新梢干枯	植株地上部分枝叶枯死，但能从根茎处重新萌发生长	25%
	光适应性		耐阴性强		阳性		阴生	15%
观赏性 30%	叶	覆盖度（%）	90~100	80~90	70~80	60~70	≤60	35%
		叶色	常色叶		秋色叶		绿色	35%
	花	花色	鲜红、金黄	紫红、桃红	淡紫、蓝色	白色、粉白	暗淡	25%
		观赏期	2个月以上	1~2个月	21~28天	14~21天	短于14天	
	果	观果期	3个月以上	2~3个月	45~60天	30~45天	短于30天	5%
		颜色	红色、金黄色	紫红	紫蓝色	绿、白、淡红色	紫黑、黑褐色	
功能性 20%	滞尘	滞尘量（g/m²·10d）	>5	4~5	3~4	2~3	<2	70%
	固碳释氧	CO_2（g/m²）	6~10		4~6		<4	30%
		O_2（g/m²）	4.4~7.3		2.9~4.4		<2.9	

3.4.2 评价结果

对所调查的华东地区绿墙植物进行分类整理，除去落叶植物及半常绿植物，按照以上方法对所剩的 53 种植物综合特性大小按顺序进行评价，结果如表 3-26。

常见建筑立面绿化植物综合评价　　表 3-26

| | 植物 | 适应性 | | | | | | 观赏性 | | | | | | 功能性 | | 总分 |
| | | 抗旱性 | 抗寒性 | | | 耐热性 | 光适应性 | 覆盖度 | 叶色 | 花色 | 花期 | 果期 | 果色 | 滞尘 | 固碳释氧 | |
			叶片	枝干	叶芽											
1	红叶石楠	1.75	1.25	1.25	1	1.25	0.75	1.75	1.4	0.25	0.25	0.25	0.25	2.1	0.9	5.47
2	'金线'柏	1.75	1.25	1.25	1.25	1	0.6	1.75	1.75	0.25	0.25	0.05	0.05	2.1	1.2	5.44
3	大叶黄杨	1.75	1.25	1.25	1	1.25	0.75	1.75	1.05	0.5	0.25	0.05	0.05	2.1	0.9	5.32
4	红花檵木	1.05	1	1.25	0.75	1	0.75	1.4	1.75	1	0.75	0.05	0.05	3.5	0.6	5.22
5	海桐	1.75	1.25	1.25	1	1	0.75	1.05	1.4	0.5	0.5	0.25	0.25	1.4	0.6	5.085
6	黄金菊	1.4	1.25	1.25	0.75	1.25	0.45	1.4	0.35	1.25	1.25	0.05	0.05	2.1	0.9	5.08
7	矮麦冬	1.4	1.25	1.25	1	0	0.45	1.75	0.25	0.5	0.25	0.05	0.05	2.1	1.2	5.065
8	'金山'绣线菊	1.4	1	1	1	1.25	0.45	1.4	1.05	1	1	0.1	0.1	2.1	0.9	5.045
9	'火焰'南天竹	1.4	1.25	1	1	0.75	0.45	1.75	1.75	0.25	0.25	0.25	0.25	2.1	0.9	4.875
10	茶梅	1.05	1.25	1.25	1.25	0.75		1.75	1.4	1.25	1	0.05	0.05	1.4	0.6	4.825
11	'花叶'香桃木	1.4	1	1	0.75	1	0.45	1.4	1.75	0.75	0.75	0.05	0.05	2.1	0.9	4.825
12	[金森]女贞	1.05	1	1.25	1	1	0.75	1.75	1.05	0.5	0.5	0.05	0.05	2.1	0.9	4.795
13	意大利络石	1.05	1	1	0.75	1	0.75	1.4	1.75	0.5	0.5	0.05	0.05	2.8	0.9	4.79
14	日本南五味子	1.4	1.25	1.25	0.75	1.25	0.6	1.05	1.4	0.5	0.5	0.05	0.05	1.4	0.9	4.775
15	枸骨叶冬青	1.75	1.25	1.25	1	1	0.45	1.4	0.35	0.25	0.25	0.05	0.05	2.1	0.9	4.655
16	小叶蚊母树	1.4	1.25	1.25	1	1	0.75	1.4	0.7	0.25	0.25	0.1	0.15	1.4	0.6	4.58
17	金丝桃	1.4	0.75	1	0.75	1	0.45	1.05	1.05	1.25	1	0.05	0.05	2.1	0.6	4.55
18	'金叶'薹草	1.4	1	1	0.75	1.25	0.45	1.05	1.75	0.25	0.25	0.05	0.05	2.1	0.9	4.545

植物		适应性						观赏性						功能性		总分
		抗旱性	抗寒性			耐热性	光适应性	覆盖度	叶色	花色	花期	果期	果色	滞尘	固碳释氧	
			叶片	枝干	叶芽											
19	轮叶蒲桃	1.75	1	1	1	1.25	0.45	1.4	0.35	0.25	0.25	0.05	0.05	2.1	0.9	4.53
20	齿叶冬青	1.4	1.25	1	1	1	0.75	1.4	0.35	0.25	0.25	0.05	0.05	2.1	0.9	4.505
21	滨柃	1.4	1.25	1	1	1	0.75	1.4	0.35	0.25	0.25	0.05	0.05	2.1	0.9	4.505
22	亮绿忍冬	1.4	1	1	0.75	1	0.75	1.4	0.7	0.25	0.25	0.05	0.05	2.8	0.9	4.5
23	'银姬'小蜡	1.05	1	1	0.75	1	0.45	1.4	1.75	0.5	0.5	0.05	0.05	2.1	0.9	4.5
24	佛甲草	1.4	1	1	1	0.75	0.45	1.05	0.7	1.25	1	0.05	0.05	1.4	0.9	4.49
25	杜鹃	1.05	1	1.25	1	0.75	0.15	1.75	0.7	1	0.75	0.05	0.05	2.1	0.9	4.49
26	扶芳藤	1.4	1	1	1	1	0.15	1.4	1.05	0.5	0.5	0.05	0.05	2.1	0.6	4.38
27	'金叶'石菖蒲	1.4	1	1	0.75	0.75	0.45	1.4	1.75	0.75	0.75	0.05	0.05	0.7	0.6	4.36
28	常春藤	1.05	1.25	1.25	1.25	0.75	0.75	1.75	0.35	0.25	0.25	0.05	0.05	1.4	0.6	4.36
29	玉簪	1.05	0.75	0.75	0.5	0.75	0.75	1.75	1.75	1	0.75	0.05	0.05	2.1	0.3	4.36
30	日本女贞	1.4	1	1	1	1.25	0.45	1.4	0.35	0.25	0.25	0.05	0.05	2.1	0.9	4.355
31	八角金盘	1.4	1	1	0.75	1	0.15	1.4	0.7	0.25	0.25	0.05	0.05	3.5	0.9	4.34
32	银叶卫矛	1.05	0.75	0.75	0.75	0.75	0.45	1.4	1.75	0.5	0.5	0.05	0.05	2.8	1.2	4.325
33	金叶苔草	1.4	1	1	0.75	1	0.15	1.4	1.75	0.5	0.5	0.05	0.05	1.4	0.6	4.325
34	银叶菊	1.05	0.75	0.75	0.25	1	0.45	1.05	1.75	0.5	0.75	0.05	0.05	3.5	1.2	4.31
35	大吴风草	1.4	1	1	0.75	0.75	0.45	1.4	0.7	1.25	0.5	0.05	0.05	2.1	0.9	4.31
36	小叶女贞	1.05	1	1	0.75	1	0.45	1.4	1.05	0.5	0.5	0.05	0.05	2.1	0.9	4.29
37	小叶栀子	1.05	1	1	1	0.75	0.15	1.75	1.05	0.5	0.5	0.05	0.05	2.1	0.9	4.245
38	金钱蒲	1.05	1	1	0.75	0.75	0.75	1.4	1.75	0.5	0.25	0.05	0.05	0.7	0.6	4.11
39	菲白竹	1.4	0.75	0.75	0.5	1	0.75	1.05	1.4	0.25	0.25	0.05	0.05	2.1	0.9	4.09
40	六月雪	1.05	0.75	0.75	0.5	1	0.75	1.4	1.05	0.75	0.75	0.05	0.05	1.4	0.9	4.075
41	紫金牛	1.05	1	1	0.75	1	0.75	1.4	0.7	0.25	0.25	0.2	0.2	1.4	0.6	4.075
42	含笑花	1.05	1	1	0.75	0.75	0.45	1.4	0.35	0.5	0.75	0.05	0.05	2.1	0.9	4.03
43	吉祥草	1.4	1	1	0.75	1	0.15	1.4	0.7	0.75	0.75	0.05	0.05	0.7	0.6	4.02

| 植物 | 适应性 | | | | | | 观赏性 | | | | | | 功能性 | | 总分 |
| | 抗旱性 | 抗寒性 | | | 耐热性 | 光适应性 | 覆盖度 | 叶色 | 花色 | 花期 | 果期 | 果色 | 滞尘 | 固碳释氧 | |
		叶片	枝干	叶芽											
44	熊掌木	1.05	1	1	1	0.75	0.15	1.4	1.05	0.25	0.25	0.05	0.05	2.1	0.9	3.99
45	千叶兰	1.4	0.75	0.75	0.75	1	0.45	1.05	1.05	0.25	0.25	0.05	0.05	2.1	0.9	3.96
46	吊兰	1.4	0.75	0.75	0.75	1.25	0.15	1.4	1.4	0.5	0.5	0.05	0.05	0.7	0.6	3.955
47	地果	1.05	0.75	0.75	0.5	1	0.45	1.05	0.35	0.25	0.25	0.05	0.05	2.8	1.2	3.65
48	花叶络石	0.7	0.75	0.75	0.5	0.75	0.15	1.05	1.75	0.5	0.5	0.05	0.05	2.1	0.9	3.57
49	胡椒木	1.05	0.5	0.5	0.5	1	0.45	1.4	1.4	0.25	0.25	0.05	0.05	1.4	0.9	3.48
50	蜘蛛抱蛋	1.05	1	1	0.75	0.75	0.15	1.4	0.35	0.25	0.25	0.05	0.05	0.7	0.3	3.255
51	'花叶'蔓长春花	0.7	0.75	0.5	0.25	1	0.15	1.05	1.05	0.75	0.75	0.05	0.05	1.4	0.6	3.185
52	矾根	1.05	0.75	0.75	0.75	0.25	0.15	0.7	1.4	0.5	0	0.05	0.05	1.4	0.3	3
53	龟背竹	0.7	0.5	0.5	0.25	0.75	0.15	1.05	1.05	0.25	0.25	0.05	0.05	1.4	0.9	2.695

3.5　不同方向适生植物名录

室外环境的光、温、水、大气环境都存在着日变化及年变化规律。不仅如此，建筑东、南、西、北4个立面的光温水热条件也存在着显著差异，呈现异质、多变、可控性差的特点。建筑4个立面的可用植物名录见附录。在此，仅简述常用的绿化植物名录。

3.5.1　东墙

一般建筑东墙光、温、水、热等条件较适宜植物生长。建筑东墙面日照中等，墙面受到的热辐射量一般，水分散失较快，温度近同周边环境，配置中植物选择范围相对宽泛，从喜阳到耐阴植物长势都很好，如红叶石楠、[金森]女贞、佛甲草等阳生植物，千叶兰（*Muehlenbeckia complexa*）、杜鹃及'花叶'蔓长春花等耐阴植物。

（1）木本植物

红叶石楠、'金线'柏、海桐、红花檵木、小叶蚊母树、亮绿忍冬、粉花绣线菊（*Spiraea*

japonica）、月季（*Rosa chinensis*）、火棘、日本小檗（*Berberis thunbergii*）、茶梅、金丝桃、黄杨、雀舌黄杨（*Buxus bodinieri*）、齿叶冬青（*Ilex crenata*）、'金叶龟甲'齿叶冬青（*Ilex crenata* 'Convexed Gold'）、'无刺'枸骨（*Ilex cornuta* 'fortunei'）、枸骨（*Ilex cornuta*）、卫矛、小叶冬青卫矛、金边大叶黄杨、八角金盘、杜鹃、云锦杜鹃、蔓长春花（*Vinca major*）、[金森]女贞、小叶女贞、日本女贞（*Ligustrum japonicum*）、六月雪（*Serissa japonica*）、栀子、胡颓子、'银姬'小蜡、南天竹等植物。

（2）草本植物

金叶苔草、佛甲草、千叶兰、石竹（*Dianthus chinensis*）、百合（*Lilium concolor*）等植物。

（3）藤本植物

忍冬、常春藤、藤本月季类、蔓长春花、'花叶'蔓长春花等植物。

3.5.2 南墙

一般建筑南墙光温水热条件变化较大，尤其日照非常充足，墙面受到的热辐射量大，水分散失快，温度高于周边环境，配置中选择喜阳耐高温或者是中性植物，如'火焰'南天竹、绣线菊类、石楠类、[金森]女贞、佛甲草等阳生植物及月季、'金叶'石菖蒲、杜鹃等适应性较强的植物。

（1）木本植物

月季、火棘、日本小檗、雀舌黄杨、红叶石楠、'金线'柏、海桐、红花檵木、亮绿忍冬、粉花绣线菊、齿叶冬青、'金叶龟甲'齿叶冬青、'无刺'枸骨、枸骨、卫矛、小叶冬青卫矛、金边大叶黄杨、杜鹃、蔓长春花（*V. major*）、[金森]女贞、小叶女贞、日本女贞、六月雪、胡颓子、'银姬'小蜡等植物。

（2）草本植物

'火焰'南天竹、'金叶'石菖蒲、佛甲草、千叶兰、银叶菊、黄金菊等植物。

（3）藤本植物

'金山'绣线菊、忍冬、藤本月季类、蔓长春花、'花叶'蔓长春花等植物。

3.5.3 西墙

西立面西晒严重，夏季极不利于一般植物生长，应选一些耐高温、耐旱、强阳性植物，有遮阴的可适当选择耐阴性植物，有八角金盘、鹅掌柴（*Schefflera octophylla*）、虎耳草、麦冬、银叶菊、薹草、扶芳藤等植物。

（1）木本植物

冬青、'金线'柏（*Chamaecyparis pisifera* 'Filifera Aurea'）、铺地柏（*Sabina procumbens*）、'矮生'铺地柏（*Sabina procumbens* 'Nana'）、月季等植物。

（2）草本植物

八宝、翡翠景天、垂盆草、凹叶景天、佛甲草、东南景天、藓状景天、反曲景天、堪察加景天（*Sedum kamtschaticums*）和紫花景天（*Sedum kamtschaticums*）、六角景天（*Sedum sexangulare*）、'胭脂红'假景天、大花马齿苋（*Portulaca grandiflora*）等植物。

（3）藤本植物

忍冬、络石、常春藤、藤本月季类、蔓长春花、'花叶'蔓长春花等植物。

3.5.4　北墙

北立面相对周边环境温度较低、相对湿度较大，冬季风影响不利于植物过冬，对植物的抗寒性要求高。北立面光线较弱，适合种植一些耐阴、阴生植物。因此，北立面重点筛选抗寒阴生或耐阴植物，如薹草类（*Carex*）、六月雪、八角金盘、常春藤等植物。

（1）木本植物

'火焰'南天竹、滨柃、银叶卫矛、海桐、含笑花、茶梅、八角金盘、紫金牛、朱砂根（*Ardisia crenata*）、南天竹、黄杨、枸骨、卫矛、大叶黄杨、'花叶'青木、蔓长春花、熊掌木、[金森]女贞、六月雪、胡颓子、小叶栀子、'紫茎'双蕊野扇花（*Sarcococca hookeriana* var. *digyna* 'Purple Stem'）、东方野扇花（*Sarcococca orientalis*）等植物。

（2）草本植物

吉祥草、千叶兰、吊兰、'金叶'薹草、银叶菊、矮麦冬、麦冬、阔叶麦冬、吉祥草、大吴风草、虎耳草、六月雪、细辛属（*Asarum*）等植物。

（3）藤本植物

意大利络石、常春藤、蔓长春花、'花叶'蔓长春花、扶芳藤、金丝桃、络石、绿萝等植物。

参考文献：

[1] 朱苗青. 可移动式垂直绿化节水灌溉研究 [D]. 北京林业大学，2011.

[2] 吴玲，杨金雨露. 上海垂直绿墙植物材料的调查 [J]. 西北林学院学报，2014，29（2）：252-256.

[3] 蒋志荣. 沙冬青的抗旱机理的研究 [J]. 中国沙漠，2000（1）：71-74.

[4] 霍仕平等. 玉米抗旱鉴定的形态和生理生化指标研究进展 [J]. 干旱地区农业研究，1995，

13（3）：67-73.

[5] 王密侠，马成军，蔡焕杰．农业干旱指标研究与进展 [J]．干旱地区农业研究，1998,16（30）：110-124.

[6] 宋淑明．甘肃省紫花苜蓿地方类型抗旱性的综合评判 [J]．草业学报，1998，7（2）：74-80.

[7] 潘杰，简令成，钱迎倩．植物学集刊 [C].1994，1（7）：144-157.

[8] 燕玲，李红，刘艳．13 种锦鸡儿属植物叶的解剖生态学研究 [J]．干旱区资源与环境，2002，16（1）：100-105.

[9] 曾艳．四种常用于垂直绿化的植物抗旱性研究 [D]．成都：四川农业大学，2015.

[10] 王金印，郝喜龙，刘志华．葡萄叶片和根系解剖结构与抗旱性关系 [J]．北方园艺，2017（12）：43-45.

[11] 高建社等．5 个杨树无性系抗旱性研究 [J]．西北农林科技大学学报（自然科学版），2005（02）：112-116.

[12] 周宜君等．沙冬青抗旱、抗寒机理的研究进展 [J]．中国沙漠，2001（03）：98-102.

[13] 李锦馨．地被菊地栽抗旱性试验研究 [J]．安徽农业科学，2008，36（36）：15974-15976.

[14] 徐兴友等．干旱胁迫对 6 种野生耐旱花卉幼苗根系保护酶活性及脂质过氧化作用的影响 [J]．林业科学，2008（02）：41-47.

[15] 刘玉华等．旱作条件下不同苜蓿品种光合作用的日变化 [J]．生态学报，2006（05）：1468-1477.

[16] 庄艳．八种藤本植物生理生态特性的研究 [D]．合肥：安徽农业大学，2008.

[17] 林树燕，丁雨龙．平安竹抗旱生理指标的测定 [J]．林业科技开发，2006（01）：40-41.

[18] 张文婷等．3 种园林灌木幼苗对干旱胁迫的生理响应 [J]．浙江林学院学报，2009,26（02）：182-187.

[19] 洪剑明，邱泽生．植物的抗性生理（二）[J]．生物学通报，1997（06）：6-8.

[20] 刘宁等．渗透胁迫下多花黑麦草叶内过氧化物酶活性和脯氨酸含量以及质膜相对透性的变化 [J]．植物生理学通讯，2000（01）：11-14.

[21] 包卓等．干旱胁迫对 5 种园林绿化植物光合速率和渗透调节的影响 [J]．江苏农业科学，2010（03）：225-227.

[22] 王国富等．沙棘叶片表面形态特征与抗旱性的关系 [J]．园艺学报，2006（06）：1310-1312.

[23] 任丽花等．土壤水分胁迫对圆叶决明叶片含水量和光合特性的影响 [J]．厦门大学学报（自然科学版），2005（S1）：28-31.

[24] 杨学军．立体绿化植物评价方法研究及综合评价模型建立 [D]．北京：中国林业科学研究院，2007.

[25] 田大伦．高级生态学 [M]．北京：科学出版社，2008.

[26] 叶子易，胡永红．移动式绿化技术 [M]．北京：中国建筑工业出版社，2015.

[27] 徐江宇．福州市墙面绿化植物的选择和适应性研究 [D]．福州：福建农林大学，2016.

[28] 杨家驹，刘祖祺，刘谷良．电导法测定柑桔耐寒性的灵敏度和精确性的检验 [J]．南京农

业大学学报，1980（01）：87-95.

[29] 张德舜，刘红权，陈玉梅 . 八种常绿阔叶树种抗寒性的研究 [J]. 园艺学报，1994（03）：283-287.

[30] 徐晓薇，林绍生，曾爱平 . 蝴蝶兰抗寒力鉴定 [J]. 浙江农业科学，2004（05）：15-17.

[31] 朱月林，曹寿椿，刘祖祺 . 致死低温确定法的改进及其在不结球白菜上的验证 [J]. 园艺学报，1988（01）：51-56.

[32] 孙存华 . 两种女贞水分代谢的研究（简报）[J]. 植物生理学通讯，1991（03）：199-201.

[33] Sagisaka S，Araki T.Amino acid pools in perennial plants at the wintering stage and at the beginning of growth[J].Plant and Cell Physiol，1983，24（3）：479-494.

[34] 余叔文 . 植物生理与分子生理学 [M]. 北京：科学出版社，1992.

[35] Osborne B A，Holmgren P.Light absorption by plants and its implications for photosynthesis[J].Bio Rev，1986，61：1-61.

[36] 王雁，马武昌 . 扶芳藤、紫藤等 7 种藤本植物光能利用特性及耐阴性比较研究 [J]. 林业科学研究，2004，17（3）：305-309.

[37] 王小德，马进 . 园林地被植物研究进展和展望 [J]. 浙江林学院学报，2003（04）：91-95.

[38] 张庆费，夏檑，钱又宇 . 城市绿化植物耐荫性的诊断指标体系及其应用 [J]. 中国园林，2000（06）：93-95.

[39] 张玲慧，夏宜平 . 介绍几种新优园林地被植物 [J]. 花木盆景（花卉园艺），2003（07）：4-5.

[40] 张亚杰，冯玉龙 . 不同光强下生长的两种榕树叶片光合能力与比叶重、氮含量及分配的关系 [J]. 植物生理与分子生物学学报，2004（03）：269-276.

[41] 伍世平，王君健，于志熙 . 11 种地被植物的耐荫性研究 [J]. 武汉植物学研究，1994（04）：360-364.

[42] 蒋高明 . 植物生理生态学 [M]. 北京：高等教育出版社，2004.

[43] 管新新 . 八种地被植物光合生理生态特性及应用的研究 [D]. 合肥：安徽农业大学，2010.

[44] 王雁 . 14 种地被植物光能利用特性及耐阴性比较 [J]. 浙江林学院学报，2005，22（1）：6-11.

[45] 叶璐 . 宁夏木本观果植物资源调查与观赏性评价研究 [D]. 银川：宁夏大学，2016.

[46] 刘晓莉 . 14 个樱花品种观赏性状综合评价和樱花园林应用研究 [D]. 杭州：浙江农林大学，2012.

[47] Tomasevic M，VukmirovicZ，Rajsic，et al.Characterization of trace metal particles deposited on some deciduous tree leaves in an urban area[J].Chemosphere，2005，61（6）：753-760.

[48] 柴一新，祝宁，韩焕金 . 城市绿化树种的滞尘效应——以哈尔滨市为例 [J]. 应用生态学报，2002（09）：1121-1126.

[49] 刘晋熙 . 六种常用垂直绿化植物滞尘能力研究 [D]. 成都：四川农业大学，2015.

[50] 王立，王海洋，常欣 . 常见园林树种固碳释氧能力浅析 [J]. 南方农业，2012，6（05）：54-56.

[51] 史晓丽 . 北京市行道树固碳释氧滞尘效益的初步研究 [D]. 北京：北京林业大学，2010.

[52] 陈辉等 . 鹅掌楸光合性能的测定与分析 [J]. 南京林业大学学报（自然科学版），2003（01）：72-74.

04

第4章

建筑立面绿化介质配制

建筑立面绿化新技术主要是利用支撑结构、栽培模块等设施附于构筑物上，在容器内种植便于更换的多年生草本、悬吊藤本或小灌木等植物，在城市建筑物的立面上具有广泛的应用价值。其中植物的容器苗生产技术，即从苗木的繁殖、培育直至成型利用均在容器内进行，已经成为建筑立面绿化新技术推广应用的关键。

栽培介质是栽培模块的重要组成部分，也是绿化植物赖以生存和生长的基础。植物生长在建筑立面环境空间中，生存条件相对恶劣，当前国内外用于建筑立面绿化的栽培介质以具备水、肥等肥力特性的类土壤材料为主，常采用自然土壤、添加调理剂的改良土壤、天然矿物和有机物、工业或农业废弃物的再利用制成栽培介质。常用的栽培介质原材料主要性能和指标如表 4-1[1]。

栽培介质要求轻质化，在减少对连接构件受力负担的同时，可以保证筛选绿量和个体稍大的植物类型，促进建筑立面与环境的融合，发挥更好的生态效益。首先要克服自然土壤自重过大的缺点，且能满足植物正常生长的需要，栽培介质主要特点是同时具有轻质、较强的保水性、良好的通气性、保肥性，且性状稳定无异味、不滋生病虫害。栽培介质还要便于与植物形成一体化模块、工厂化生产，方便运输、安装和更替，且不致因栽培介质松散脱落而导致植物生长受限，影响环境整洁。

栽培介质原材料主要性能和指标 表 4-1

材料名称	功能描述	性能指标	注意事项
泥炭	主要的有机栽培基质。提供良好的有机生长环境。用于屋顶绿化的泥炭，纤维质含量必须大于80%	饱和水条件下容重在500kg/m³左右，PH值5.5～6.0	严酷的环境中易分解，被雨水冲刷后会流失
蛭石	无机矿物质。可缓释、保水、保肥，富含Mg等矿物质营养元素。主要用做添加剂，宜与酸性有机基质混合使用	饱和水条件下容重为330～450kg/m³，中性或酸性，空隙度达95%	易破碎，不易受重压
珍珠岩	灰色火山岩高温加热膨胀而成，宜用做基质辅料	容重小（80～200kg/m³），孔隙度约93%，对养分无吸收功能	易破碎
浮石	火山喷出岩，轻质、多孔，宜用于基质排水层和土壤疏松剂	颗粒容重为450kg/m³，吸水率50%～60%	持水能力较差
碳渣	煤炭燃烧后粒状或粉末状残渣	容重500～1000kg/m³	容重较大，前处理成本高
锯木屑	木材加工废料。新鲜木屑含大量有害物质，且C/N高，用前需堆肥腐热	堆肥后风干容重350～500kg/m³，湿容重700～850kg/m³	未腐热木屑会散发有毒物质，易滋生虫害

4.1 配制的基本原则

栽培介质的优劣是植物正常生长的保证，也是实现建筑立面绿化景观效益和生态效益的关键。与自然土壤一样，栽培介质除支持、固定植株外，还能为植株提供稳定协调的水、气、肥。好的栽培介质应满足植物生长的条件，如高的持水能力、适宜的孔隙容积和比例合理的营养物质；也要有较好的渗透性，防止强降水时雨水滞留；同时，要有一定的空间稳定性，为植物提供一个长期、充足的根生长空间。

近年来国内外对栽培介质的研究主要包括栽培介质原料及配比研究、栽培介质理化性状研究、栽培介质对植物生长各项指标影响研究、栽培介质养分利用研究和容器规格与根系质量研究等。

相对于屋顶绿化和立体花坛造型介质，建筑立面绿化新技术对栽培介质要求更为严格。屋顶绿化是在平行或有一定倾角的平面进行植物种植，栽培介质的铺放方式和在地表差异不大，对于斜坡屋顶有防止栽培介质下滑的阻挡构造；立体花坛造型栽培介质堆置虽然在空间范围内变化很大，但有造型材料的紧实包围控制，并且立体花坛造型高度有限，同时展出时间较短，所以对栽培介质要求相对宽松。而建筑立面绿化新技术是需要栽培体长期固定在垂直或近垂直于地表的构架上，一方面由于构架荷载有限，对栽培介质容重、容器大小和植物体大小的负荷有严格的限制，确保安全；另一方面容器栽培介质容量有限，水分养分可持续性差，如何提高其保水肥能力是关键。由于受重力作用、降雨或浇灌等因素影响，栽植植物的栽培介质容易向下脱落，并且在搬运、安装种植模块过程中栽培介质也需要完整性和稳固性，以免造成根系的损伤和环境的污染。因此如何保持栽培介质形状的整体性和与根系结合的紧密型，也成为建筑立面绿化栽培介质研究的热点。

综上所述，建筑立面绿化新技术的栽培介质配制应遵循以下基本原则：

（1）轻型

建筑立面绿化新技术垂直方向安装的绿化构架荷载如果超出最大荷载就会破坏构架的稳定性，造成安全隐患。因此需要配制容重低的轻型栽培介质。

（2）保水性

随着建筑立面高度的增加，光照加强、风力加大，栽培介质中的水分容易散失，同时设施能够盛栽培介质的容积有限。因此要求栽培介质具有较强的保水性，这样既满足了植物生长所需水分，也可减少滴灌循环中水分、能量的损耗。

（3）肥效持久

为保持景观效果，减少更换植物次数，降低成本，栽培介质应满足较长时间植物生长所需的养分。同时栽培基质 pH 微酸性至中性，电导率相对较低。

（4）稳定性

栽培介质由无机介质、有机介质或多种混合而成，植物在生长吸收养分过程中如果采用易降解的有机介质则易造成塌陷，不利于维持栽培介质的稳固性。因此要求栽培介质除少量有机质外，还应含有较多不易分解的无机介质，维持稳定的内部空间结构，并且无病虫害。

目前国内外主要用化学黏合剂和天然黏合剂来制作成型栽培介质模块，加工工艺主要有化学发泡法和机械压制法。Suntory 公司 2003 年用化学发泡方法研制出类似于海绵的成型栽培介质，发泡主要成分为树脂类，添加了堆肥、腐叶土和彼特藻类等有机成分，可供种子或扦插苗直接在其内生长。我国有应用天然黏合剂阴离子乳胶、发泡剂、植物有机纤维研制的成型无土栽培介质，具有轻质、有利于植物根系快速生长的特点，其中发泡剂采用联孔发泡类发泡剂，以保证栽培介质的蓬松通透性[2]。如岩棉（图 4-1）是农业上应用较广的栽培介质，其由三氧化二铝、氧化钙、氧化镁、二氧化硅、五氧化二磷等成分组成，纤维直径在 3 ~ 4mm，细而柔软、耐腐蚀、清洁、不污染环境，同时具有较好的透水、保水以及充足的矿质养分。浙江省中兹生态肥料有限公司则采用凹凸棒黏土作为黏合剂与有机质搅拌均匀进行压制成型，当栽培介质吸水膨胀后栽植植物即可。虽然固体成型栽培介质在我国有所研究，但其制作工艺较复杂，成本较高，栽培介质研究成果并未得到广泛的应用。

图 4-1　岩棉成品及种植植物

4.2　介质的类型

4.2.1　介质来源

按介质的来源可分为天然介质和人工合成介质。天然介质性质稳定，矿质成分均匀，常见的有沙、石砾、页岩等；人工合成介质是将不同天然介质原材料经化学方法或物理方法加工而成的非天然材料，常见的有珍珠岩、椰糠、岩棉、泡沫塑料、多孔陶粒等。

4.2.2　介质成分

按组成介质成分分为有机介质和无机介质。无机介质是由无机介质原材料单独或混合其他物质制成的材料，如陶粒、蛭石、沙、石砾、岩棉、珍珠岩等；有机介质是含碳化合物或碳氢化合物及其衍生物的总称，如木屑、草炭、苔藓、树皮、稻壳、蔗渣、椰糠、枯枝落叶等（表 4-2）。

常用介质理化性质　　表 4-2

原料	干容重（g/cm³）	pH	总孔隙度（%）	EC（mS/cm）
椰糠	0.06 ~ 0.17	5.8 ~ 6.4	86.8	2.62
蛭石	0.32 ~ 0.46	6.0 ~ 9.0	81.7	<1.0
珍珠岩	0.11	7.0 ~ 8.2	74.9	0.04
泥炭（进口）	0.3	6.11	73.36	1.10
泥炭（国内）	0.3	6.52	62.63	0.92
松针	0.13	5.8	60.50	0.62
木屑	0.19	5.5 ~ 7.5	78.3	<1.5
炭化稻壳	0.15 ~ 0.24	6.5 ~ 7.7	82.5	\
枯枝粉碎物	0.27	6.0 ~ 7.5	88.0	3.02

4.2.3　介质性质

按介质性质可以分为惰性介质和活性介质两类。惰性介质是指介质的本身无养分供应或不具有阳离子代换量（CEC）的介质，如沙、石砾及岩棉等；活性介质是指具阳离子代换量，本身能供给植物养分的介质，如泥炭、蛭石等。

4.2.4　使用组分

按使用组分不同可以分为单一介质和复合介质。以一种介质原材料作为生长介质的，如沙培、砾培、岩棉培等，都属于单一介质；复合介质是由两种或两种以上的介质按一定比例混合制成的介质，复合介质可以综合利用不同介质原料的优势，克服单一介质过轻、过重、营养不良或通气不良等缺点。

4.2.5 介质形状

传统的介质基本为粉末状、纤维状，如木屑、草炭、珍珠岩、蛭石，新型介质有模制介质。模制介质是把介质制成固定的形状，在上面预留栽培穴，种子和幼苗直接种在穴内，省去了栽培容器。已开发出海绵育苗块、椰绒栽培块和岩棉种植垫等。模制介质方便、实用，是今后高档栽培介质和部分育苗介质发展的方向。

目前国内外使用最为广泛的是多种介质原料混合形成的介质，还可以在介质中添加营养元素、菌种等有利于植物生长的物质。很多研究机构和绿化公司研发部门都进行了相关的研究以满足市场的需求。2008年2月，日本Suntory公司推出一种新型超轻建筑立面绿化的栽培介质，不仅养分能够保证植物正常生长，而且其重量只有40kg/m^2，非常适合轻型建筑立面绿化使用。

4.3 介质的理化性质

由于栽培介质理化性质指标非常多，如容重、孔隙度和持水能力都是栽培介质重要的物理指标，能反映栽培介质通气性、透水性以及根系伸展时的阻力状况，更重要的是影响栽培介质团聚体内营养元素的释放和固定。重点介绍最常使用的几个主要指标及其测定方法，包括容重、孔隙度、粒径、酸碱度、可溶性盐浓度、阳离子交换量等[3]。

（1）容重

容重是指单位体积栽培介质的烘干重量，用g/cm^{3}来表示，它反映栽培介质的疏松或紧实程度。测定容重时通常用环刀法。容重小，栽培介质疏松，透气性好，但不易固定根系，不适合支撑高大乔木生长；容重过大，则栽培介质过于紧实，透气透水性差，不利于大多数植物生长。在正常情况下建筑立面绿化植物常采用株型矮小的多年生草本、小灌木等，不需要大容重的栽培介质支撑植物生长，栽培介质理想干容重范围宜在0.1 ~ 0.5g/cm^{3}之间。

（2）孔隙度

孔隙是介质中物质和能量贮存和交换的场所，也是众多微生物活动的地方，还是植物根系获取水分和养料的场所。总孔隙度是指栽培介质中持水孔隙和通气孔隙的总和，以相当于栽培介质体积的百分数表示（％）。总孔隙度大的栽培介质较轻、疏松，有利于植物根系生长，但对于植物根系的固定作用效果较差，易倒伏。例如蔗渣、蛭石、岩棉等的总孔隙度在 90％ ~ 95％ 以上。总孔隙度小的栽培介质较重，水气的总容量较小，如沙的总空隙度约为 30％。因此为了克服单一栽培介质总孔隙度过大或过小所产生的缺点，常将不同孔隙度的栽培介质混合制成复合栽培介质使用，混合栽培介质的总孔隙度以 60％ 左右为宜。总孔隙度可根据栽培介质的容重和比重，通过公式孔隙度（％）=（1 − 容重 / 比重）×100 计算而来，一般不直接进行测量。

粗细不同和形状各异的各种孔隙，是容纳水分和空气的空间。孔隙的数量越多，水分和空气的容量也就越大。栽培介质中的水分和空气二者瞬时都在变化，互为消长，无论水分过多还是空气过多都不好，应追求二者的平衡。通气孔隙度是在一定水势或含水量条件下单位栽培介质总容积中空气占的孔隙容积。通气孔隙度 = 总孔隙度 − 含水量 × 容重。通气孔隙度大，则利于根系呼吸和生长。

（3）粒径

栽培介质颗粒大小直接影响容重、总孔隙度和大小孔隙比。栽培介质颗粒粗，容重大，总孔隙度小，大小孔隙比大，通气性好但持水差；反之栽培介质颗粒细，容重小，总孔隙度大，大小孔隙比小，持水性好，通气性差，栽培介质内水积累，易烂根导致根系发育不良，影响植物正常生长。因此应做到栽培介质大颗粒与小颗粒的合理混配，兼具二者的优点，又可抵消二者的缺陷。测量方法：栽培介质通过一定数目的筛网，按照通过筛网的栽培介质体积，计算各粒径介质所占的比重，评价栽培介质的构成粒径。

（4）酸碱度

酸碱度对养分的有效性影响也很大，如中性栽培介质中磷的有效性大，碱性栽培介质中微量元素（锰、铜、锌等）的有效性差。在养护过程中应该注意栽培介质的酸碱度，积极采取措施加以调节，使其保持在微酸性至中性。测量方法：取 1 份介质加 5 份蒸馏水（体积比）混合，充分搅拌，1 小时后采用酸度计测定。

（5）电导率

电导率（EC 值）是栽培介质的一个重要属性指标，对了解水溶性盐动态、植物生长以及调整灌溉施肥措施具有十分重要的意义。EC 值一般要求 500 ~ 3000μS/cm 之间。采用浸提法：把蒸馏水与所采栽培介质样本按体积比 5：1 混合，将悬浊液搅拌 3 分钟，放置 30 分钟后用电导仪测定。

（6）阳离子交换量

阳离子交换量（CEC）决定着栽培介质供应养分能力、对酸碱缓冲能力等。CEC 大，其对 pH 的缓冲性能就大，供肥和保肥能力也越强。通常情况下栽培介质的 CEC 在 10 ~ 100cmol/kg 比较适宜。常用的测定方法包括：酸性和中性栽培介质采用乙酸铵交换法，石灰性栽培介质可用氯化铵—乙酸铵法测定。

4.4 原材料的选择

一好的栽培介质满足质量轻（干容重在 0.1 ~ 0.5 g/cm³、微酸性至中性（pH 值在 5.5 ~ 7.0）、持水量大、通气排水性好（总孔隙度大于 75%）、养分含量适中、性状稳定、环保等要求。无论是栽培介质种类的选择，还是混合比例都应该就地取材，最大限度地降低栽培介质的成本。栽培介质的组成很大程度上影响孔隙度、容重、pH 值等指标，通常选择几种介质材料混合使用，栽培介质的配比可以根据当地的气候条件、当地资源及绿化的需要合理改变。主要遵行以下原则：

（1）取材广泛、环保节能

栽培介质原材料的选择应贯彻节能、环保、生态的理念，因地制宜，以使用建筑立面绿化所在地区可利用的、广泛易取的废弃物为主，同时这些介质原材料在栽培植物后仍可进行再加工利用或回填土壤，也不会对植物产生影响或对环境造成污染，实现栽培介质的可循环利用。

（2）配比合理、养分充足

合理的介质配比应具备适宜植物生长的各种理化特性，满足植物整个生长期所需要的养分。同时又能充分发挥介质原材料的作用，保水保肥透气性好，适合栽培的植物种类多，利于广泛推广应用。

（3）性状稳定、持久耐用

劣质的栽培介质在使用较短的时间里，由于原料的破碎或降解，结构性会发生很大变化，养分释放和酸碱度环境也会随植物根系吸收和分泌作用发生剧烈变化，从而影响植物的后期生长。栽培介质性质的长期稳定是可持续建筑立面绿化的关键因素，它直接影响到植物长势状态，进而影响整体景观效果。故要求介质的物理结构、酸碱度、养分供应等稳定性持久。例如 G-sky 非土壤生长介质经过了防腐处理，能够确保较长的使用寿命，具有较低的维护费用；ELT 系统选用了耐久性及长效性的栽培介质，可以持续使用 15 年以上。

澳大利亚 Fytogreen 公司开发由尿素氨基塑料树脂泡沫材料制作而成的泡沫栽培介质，具有环保、可生物降解、无菌、方便植物根系进入、吸水性强、稳定性强等特点[4]，已证明使用年限可达 20 年。该产品干物质含量仅为 3%，其余的 97% 为小孔穴，小孔穴可以收集水和空气供植物生长。饱和持水量状态下，无机栽培介质总重量比传统的栽培介质轻很多，空气含量为 37%，含水量可达 60%，可以满足植物一个月生长需水。用水量约为常规介质的 50%，显著降低了灌溉次数和费用。瑞典 Green Fortune 公司采用吸水保水性能良好的化学纤维，通过内部浇灌系统将植物所需要的肥料和养分一起进行灌溉。本书作者团队研制的上海世博主题馆植物墙的栽培介质，将椰丝等植物纤维作为固结剂，通过试验研究表明，这种栽培介质能满足植物正常的生长需要，椰丝发挥植物的纤维拉力，在植物生长早期使根系与栽培介质紧密结合，并在植物脱盆时根系与栽培介质形成一体，更换时不伤根。

4.5　介质配制和研发

随着泥炭等自然资源的日益贫乏和特殊生境绿化的普及，采用人工栽培介质作为生长介质是建筑立面绿化的必然趋势。目前国外建筑立面绿化的栽培介质主要有：

欧洲国家通用的营养土配方：泥炭土和蛭石混合物,其比例（按干重计算）1 : 1 或 3 : 2 或 3 : 1，再加入适量的石灰石（或白云石）及矿质肥料。

美国通用的营养土配方：①北美黄杉树皮粉和蛭石（或泥炭），其比例 1 : 2，并加入适量的氮肥；②泥炭 20% ~ 25%、蛭石 0% ~ 25%、菜园土 50% 混合。

我国通用的营养土配方：①烧土、冷杉锯末熏炭、堆肥各 1/3；②烧土 2/3 加堆肥 1/3；③菜园土、泥炭和有机肥混合。

国内用于建筑立面垂直绿化的植物材料以多年生草本、小灌木和藤本居多，调查发现较通用的栽培介质主要为 3 类：①菜园土 75% ~ 85%，完全腐熟的有机肥 10% ~ 20%，缓释肥 2%；②泥炭土、菜园土、珍珠岩各 1/3；③泥炭土中粗、椰块和缓释肥，其比例 1 : 1 : 5。这些配方在实践应用中，常因分解、浇灌导致栽培介质流失。

本书作者团队以建筑立面绿化中应用较多的植物为研究对象,选择竹粉、松皮、草炭等原料，通过正交试验研究栽培介质配比，为建筑立面绿化种植模块的培育和工厂化生产提供技术支撑。

4.5.1　新型竹粉栽培介质开发利用

针对华东地区的主要农林产品加工废弃物竹粉，本书作者团队选择竹粉、松皮、草炭等原料，通过试验研究栽培介质适宜配比。新型竹粉栽培介质的测试理化性质如表 4-3。研究发现：竹粉既具有较强的疏松能力和持续供应植物养分的能力，又可以循环利用农林废弃物，能代替草炭、椰糠作为栽培介质原料，是可持续环保的栽培介质替代新方向之一。竹粉草炭、松皮比值为 2：1：1，新型竹粉栽培介质容重接近 0.5g/cm³，电导率约 500us/cm，pH 值约为 7，全氮、全磷、全钾、速效氮、速效磷、速效钾含量高（表 4-4），属于理想的、可持续的建筑立面绿化栽培介质。

不同基质的物理性质　　　　　　　　　　　　　　　　　　　表 4-3

参数	不同的配比类型						
	园土	松皮	竹粉	草炭	竹草松1：1：2	竹草松2：1：1	竹草松1：2：1
容重（g/cm³）	0.990 ± 0.012a	0.151 ± 0.005de	0.255 ± 0.017b	0.133 ± 0.003e	0.169 ± 0.007d	0.195 ± 0.012c	0.150 ± 0.008e
非毛管孔隙度（%）	107.920 ± 3.943a	24.840 ± 1.355bc	27.386 ± 1.704b	19.037 ± 3.583c	29.447 ± 2.602b	30.043 ± 7.807b	27.677 ± 1.959b
毛管孔隙度（%）	46.837 ± 5.035b	6.930 ± 1.700e	4.937 ± 0.397e	82.890 ± 0.918a	36.633 ± 5.214c	25.997 ± 9.188d	48.437 ± 4.215b
总孔隙度（%）	154.757 ± 1.123a	31.770 ± 1.663e	32.323 ± 2.027e	101.927 ± 2.665b	66.080 ± 3.026cd	56.040 ± 15.914d	76.113 ± 3.103c
田间持水量（g/kg）	472.553 ± 44.678e	457.923 ± 113.184e	193.987 ± 12.217e	6252.377 ± 187.773a	2180.390 ± 381.087c	1317.673 ± 406.341d	3229.707 ± 104.444b

注：同列注小写字母不同为差异显著（$P<0.05$）。

不同基质的化学性质　　　　　　　　　　　　　　　　　　　表 4-4

参数	不同的配比类型						
	园土	松皮	竹粉	草炭	竹草松1：1：2	竹草松2：1：1	竹草松1：2：1
pH	8.02	5.65	7.03	6.10	6.02	6.11	6.35
EC	95.20	32.10	1501.00	115.17	348.00	465.33	190.97
全氮（g/kg）	2.00	1.30	7.50	9.30	5.50	6.50	6.30
全磷（g/kg）	1.21	0.14	0.77	0.26	0.36	0.56	0.37
全钾（g/kg）	13.60	1.10	8.97	0.93	3.68	5.76	4.42
速效氮（g/kg）	0.158	0.052	0.514	0.366	0.240	0.425	0.339
速效磷（g/kg）	0.139	0.041	0.055	0.008	0.038	0.039	0.032
速效钾（g/kg）	0.386	0.606	3.490	0.165	1.410	2.170	1.370
CEC	16.49	42.21	26.63	115.95	63.27	44.53	71.5

建筑立面绿化在后期养护中，杂草处理是养护难题之一。我们采用三种比例的混合栽培介质及松树皮、竹粉、草炭作对比试验。每隔一个月统计杂草种类

及数量，采用杂草防除率为衡量指标。杂草防除率＝（对照区杂草数量－处理区杂草数量）/ 对照区杂草数量 ×100％。结果如表 4-5，半年内纯竹粉和竹草松 2∶1∶1 的配比对马唐（*Digitaria sanguinalis*）、粟米草（*Mollugo stricta*）、碎米荠（*Cardamine hirsuta*）、斑地锦（*Euphorbia maculata*）、马齿苋（*Portulaca oleracea*）、地锦草（*Euphorbia humifusa*）、叶下珠（*Phyllanthus urinaria*）、酢浆草（*Oxalis corniculata*）、母草（*Lindernia crustacea*）、泥花草（*Lindernia antipoda*）等杂草，具有良好的抑制效果，但半年后的杂草抑制率急剧下降；而竹草松 1∶2∶1 和竹草松 2∶1∶1 的配比，可以保持对杂草的长效抑制效果。因此，建议在建筑立面绿化中，优先选用竹草松 1∶2∶1 和竹草松 2∶1∶1 的配比配制的栽培介质，可以有效防治杂草。

不同基质的杂草防除效 表 4-5

材料	杂草防除率
松树皮	17.45%
竹粉	84.24%
草炭	63.47%
竹草松1:1:2	75.21%
竹草松2:1:1	84.69%
竹草松1:2:1	81.21%

4.5.2　适于低光照区域的轻型介质

为了探索低光照条件下建筑立面绿化用的轻型保水栽培介质，本作者团队分别进行两轮试验。选取有机废弃物、保水剂、EM 菌和固定介质进行配制研究，其中有机废弃物包括竹炭、木屑和草屑（66％）；保水剂为不同粒径的三水平聚丙酰胺类（1#、2#、3#），用量 2％；EM 菌包括枯草芽孢杆菌、灵菌、地衣芽孢杆菌，用量 2％；珍珠岩（20％）、椰丝（10％）。对照为园林常用的轻型栽培介质，即 1/3 有机质、1/3 园土、1/3 珍珠岩。植物含'匍枝'亮绿忍冬、兰花三七（*Liriope cymbidiomorpha*）、四季秋海棠。研究发现以木屑（66％）、保水剂 2 号（2％）、灵菌（2％）、珍珠岩（20％）、椰丝（10％）组成的配方栽培介质有利于生物量提高。结合植物生长速度适中、维持长久景观的原则筛选出较好配方栽培介质：木屑（66％）、保水剂 2 号（2％）、地衣芽孢杆菌（2％）、珍珠岩（20％）、椰丝（10％）。

4.5.3　无机模制栽培介质

选择能够循环利用、不污染环境、栽培效果好而持久的有机、无机或有机—无机复混原料，通过特殊工艺制成模制栽培介质，这也是产业化容器苗和模块化绿化的发展方向。

（1）脲甲醛树脂泡沫栽培介质

由尿素和甲醛等工业废弃材料制作而成的栽培介质，具有环保、可生物降解、无菌、方便植物根系进入、富含缓释氮素、吸水性强等特点。该产品布满小空穴，小空穴可以收集水和空气供植物生长。作为土壤改良剂在农业、园林种植领域得到了广泛的应用。

澳大利亚 Fytogreen 公司开发的产品干物质含量仅为 3%，97% 的空间全部为小孔穴。产品饱和状态下含水量可达 60%，空气含量为 37%。强劲的持水性也使得灌溉次数大大减少，用水量大约为自然土壤的 50%，显著降低了灌溉费用。而且栽培介质吸收的水分最多可以保证植物一个月内无需再浇水。即便是在饱和的状况下，栽培介质总重量仍较干燥的土壤轻很多。由于有机质含量非常低，因此栽培介质不会因有机物分解而出现结构变化，甚至影响使用。该产品性能稳定，使用寿命长，已有案例证明使用年限可达 20 年。

（2）保浮科乐

由于对天然泥炭限制性开发利用，有些国家甚至禁采，需要尽快开发出泥炭的替代品。国外岩棉的开发利用较理想，主要用于无土栽培。日本三得利集团开发的保浮科乐是其中一种，这是一种新型栽培介质（图 4-2），为聚酯混合物，外表像海绵一样，容重比较小，容易固定，不容易散开，没有土壤瓦解滑落的弊端，减少自重的同时也保证植物能够正常、缓慢、健康地生长，且无异味、不易滋生病虫害。此外，此栽培介质便于植物与建筑一体化模块式的工厂化生产，也便于运输、安装和更替。

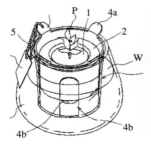
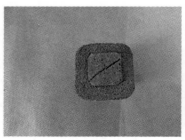

图 4-2　保浮科乐

以 2 种藤本观赏植物黄金络石、常春藤，3 种木本观赏植物 [金森] 女贞、'金边'大叶黄杨、小叶栀子为材料，在 4 种栽培介质Ⅰ（保浮科乐）、Ⅱ（国产炭棉）、Ⅲ（泥炭：珍珠岩＝1：1)、IV（松皮:泥炭:珍珠岩:河沙＝5:4:0.6:0.4)的栽培试验表明：
无土栽培介质对植物的控根效果优于传统栽培介质（表4-6），克服了一般容器苗
的盘根和大苗移栽时断根、伤根的缺陷；传统扦插介质扦插生根后还需移栽到栽培
介质中，而无土栽培介质可以满足扦插苗生根和生长所需，省去移栽的人力、物力，
且无病虫害，干净、环保；2种无土栽培介质配套容器功能的植生板材，易于构建
大小不同、形状各异、移动便携的绿化单元，进行建筑绿墙景观绿化。

5 种植物在 3 种介质中的生根情况

表 4-6

品种	基质	生根率（%）	主根数（条）	主根长度（cm）
黄金络石	I	98.61 ± 0.02d	12.33 ± 3.51def	6.68 ± 0.67de
	II	97.22 ± 0.01c	7.67 ± 1.15abc	4.99 ± 0.86bc
	III	10 ± 0.1e	11 ± 3cdef	7.89 ± 1.00f
常春藤	I	98.61 ± 0.02d	9.33 ± 1.15bcd	4.98 ± 0.7bc
	II	98.61 ± 0.01d	7.33 ± 0.58abc	4.22 ± 0.29bc
	III	100 ± 0.01d	15.33 ± 4.73fgh	5.09 ± 0.29bc
[金森]女贞	I	100 ± 0.06e	12.5 ± 2.08def	2.41 ± 0.14a
	II	98.62 ± 0.01d	10.33 ± 2.08bcde	2.25 ± 0.77a
	III	100 ± 0.01e	10 ± 0bcde	5.27 ± 0.17bc
'金边'大叶黄杨	I	98.61 ± 0.01d	14.33 ± 0.58efg	5.27 ± 0.17bc
	II	95.83 ± 0.01b	19.25 ± 3.95h	6.04 ± 0.68cd
	III	100 ± 0.1e	17 ± 0gh	6.83 ± 0.42def
小叶栀子	I	98.61 ± 0.01d	6.33 ± 0.58ab	9.05 ± 0.91g
	II	87.5 ± 0.01a	3.67 ± 0.58a	5.34 ± 0.71bc
	III	100 ± 0.1e	4.33 ± 1.53a	7.38 ± 0.57ef
F值		6946.82	10.266	29.30

参考文献：

[1] 钟山等 . 垂直绿化无土栽培基质的现状与研发 [J/OL]. 科技创新导报，2015，12
（31）:176-177.

[2] 桥本昌树,宫川克郎,高津户活 . 植物栽培基体及其制造方法 [P]. 中国专利：CN1838872，
2006-09-27.

[3] 上海市绿化栽培介质（DB 31T 288—2003）

[4] 澳 Fytogreen 让立体绿化更精彩 [N]. 中国花卉报，2008-02-21（006）.

第5章

建筑立面绿化模块设施

绿化模块系统是植物、容器、栽培介质和种植设施的绿化集合体，是可移动的绿化的基本单元，可用以组合拼接为即时成景的景观。适合的栽培设施具有增加建筑立面绿化植物多样性、降低栽培介质选用难度、简化支撑结构、减少建筑立面绿化的施工维护成本等特点。建筑立面绿化栽培模块设施包括种植容器和灌溉系统两个部分，常因整体模块类型不同，其配套的栽培模块设施在类型、尺寸、样式、材质上也存在较大差异。

5.1 种植容器

5.1.1 壁挂式种植容器

壁挂式种植容器属于直壁容器式绿化体系[1]，是指依靠支架、铆钉或粘贴而悬挂起来用于建筑立面绿化的植物袋、花盆容器或槽式容器。

（1）植物袋

植物袋绿化系统，无需骨架，集美观、超薄、即时成景、易施工、易维护于一体，广泛用于各种墙面绿化、围墙绿化、桥柱绿化、阳台墙面绿化等。由于成本低、施工周期短、应用范围广，植物袋技术已经成为国内主流的建筑立面绿化技术。其基本原理是利用无纺聚酯纤维布经过精密裁剪和加工成植物种植袋，再在单位面积的种植袋上缝制不同数量的培土袋，使用防水涂料直接黏合于墙面，等干后再辅以封边条或角铁加固，使植物袋和墙体牢牢固定在一起，最后将预培的种植模块放入在植物袋中。

近年来国内出现系列化的产品，如阁林绿墙植物袋、海纳尔植物袋等。

1）阁林绿墙植物袋由武汉阁林绿墙工程有限公司开发完成。植物袋是由聚对苯二甲酸乙二酯（PET）添加抗紫外线粒子材料，经过加工而成的适合各种不同用途的系列产品（表5-1）。该种植袋具有抗腐蚀、蓄排水、过滤性能良好、寿命长、不易降解的特点。种植袋规格为：1050mm×1050mm，口袋大小分别有3种：120mm×130mm、110mm×110mm、100mm×110mm。种植袋可承受荷载为780N/m²，在暴风骤雨中仍稳固、不易脱落[2]。种植袋经高强度防水涂料黏合固定到墙体的防水层上，与墙面构成一个整体，从而可避免植物袋与墙体直接接触，以免植物营养液或水分等对墙体造成侵蚀。植物袋的口袋尺寸与塑料种植杯配套，植物在种植杯内培育好后可直接安放至口袋内，或将种植杯去除后放入口袋内，减少植物损耗率。在粘贴种植袋时，防水涂料的涂抹要求均匀覆盖整个墙面，且植物袋需完全接触涂料，保证植物袋受力均匀，以免植物袋在墙

物理/化学特性	参数	说明
拉力值	3000 ~ 5000N	不改变物理特性
吸水性	10g	可吸收
渗透性	20PA	静水压
抗腐蚀性	3.5 ~ 6PH	不改变物理特性
高温反应	85℃	不改变物理特性
低温反应	−40℃	含水凝固，不改变物理特性
预计更换年限	10年	无人为和自然灾害

面上"起泡"，而导致植物袋整体脱落。已成功运用在武汉奥山地产世纪城、成都绿地城植物墙等垂直绿墙上。系列产品主要特征是：

阁林绿墙 GW-0100 Ⅱ型垂直种植袋系列，可使用更小规格的植物进行组装，提高植物布局成景的分辨率，从而降低植物墙造价。

阁林绿墙 GW-0064 Ⅰ型垂直种植袋系列（图 5-1），新增单位面积使用植物量，新增保温设计，适合部分北方城市的冬季生长需求。

阁林绿墙 GW-0064 Ⅱ型垂直种植袋系列，新增抗 UV 粒子材料含量，延长了室外绿化使用寿命，抗台风、过滤效果更佳，解决了垂直绿化中渗透孔容易被堵塞的难题。

阁林绿墙 GW-0049 Ⅰ型垂直种植袋系列，弥补了部分苗木无法遮挡植物袋缺陷以及部分植物袋无法引流的缺陷，增加抗台风设计，寿命更持久，结构更稳固。

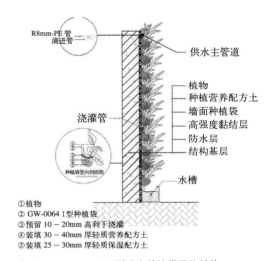

图 5-1　GW-0064 Ⅰ型垂直种植袋绿化结构

2）海纳尔 E-PVC-VFB（灌木型）/G（草本型）型卷材，由表层复合蓄排水毡和植物营养盒组成，适用于各种建筑立面绿化（图 5-2）。具有独特的植物垂直铺贴式工艺，易施工，景观效果好[3]。主要优点如下：

①灵活方便，应用广泛。种植于建筑立面绿化系统上的植物可以提前育苗，也可以现购苗；不用支撑结构，施工无固定形状和尺寸的限制，适用于各种安装方法和外形，利于各类形状的草本或灌木植物在墙体上自由设计图案组合。

②超薄超轻，安全。系统直接附加在墙面上，无需另外做辅助支撑设施，卷材的厚度仅为 1.2 ~ 2.0mm，系统总厚度可薄至 50mm；植物与栽培介质的湿荷

载较小，在 392 ~ 588N/m²，而防水膜可承受荷载为 9800N/m²。

③防水防根。容器具有防水、阻根功能，可有效提高建筑立面防水能力，防止根穿透到建筑结构体中。

④成本低。施工工艺简便，无需另设置蓄排水层；系统的使用寿命长达 25 年以上；可用自来水和雨水进行浇灌；每年养护成本低于 120 元 /m²。

图 5-2　海纳尔墙体种植容器

（2）VGP 悬挂式容器

VGP 悬挂式容器（versa wall green pot）是在花盆式容器基础上进行改良创新的建筑立面绿化种植容器（图 5-3）。该容器采用添加有抗老化功能的添加剂，且能防止滑动，100% 可再生塑料制作，具有可持续性。再生塑料面板或钢轨道是由螺杆和螺帽事先固定到将要绿化的建筑立面上，种植容器通过挂钩紧紧扣挂在面板或者钢轨道的凹槽内，容器的下边沿与下部容器的上边沿紧密衔接，不会发生移动。容器的上部和下部分别扣挂、衔接，增加了容器之间的稳定性和整体性。灌溉时种植容器内多余的水分可沿着固定轨道渗漏到排水管道后再进行循环利用。

图 5-3　VGP 悬挂式容器

容器在固定轨上固定后，将倾斜 30° 左右，适宜多数草本或小灌木植物的自然生长。当植物没有完全覆盖种植容器时，容器内的栽培介质会在大雨的冲刷下飞溅到植物叶片上和容器外，影响绿化景观。上部植物容器内水分通过重力作用渗漏到下部植物容器中，最终易引起顶部植物生长缺水。因此这种绿化类型的顶部需选用耐旱性极强的植物。

5.1.2　模块式容器

模块式容器是目前市面上常见的一种建筑立面绿化种植容器。模块容器是指用废纸、塑料、聚苯乙烯泡沫、合成纤维、铁等材料制成的标准大小的盒子或托盘，模块设计要符合植物的生长规律及满足生长空间的需求，可种植不同密度、不同种类的植物。模块式容器具有形状规则、安装快、拆卸维护方便、更换便捷的特点，但模块形状规则，增大了在不规则墙体上施工的难度。模块容器主要包括以下几种形式：

（1）G-Sky 模块

G-Sky 种植模块使用较灵活，植物能在各种环境状况下繁茂生长，适用性较强，可用于多种气候区。G-Sky 墙板是获得专利的标准化 90° 墙上的种植系统，适合应用于建筑立面的内部与外部绿化（图 5-4）。目前主要应用于北美和中东地区的建筑立面垂直绿化。系统有可安装在混凝土、砖、金属、木等结构上的不锈钢框架、不锈钢板、栽培介质以及预先栽培在不锈钢板中的植物和水肥浇灌系统[4]。单体模块由三部分构成：一是耐腐蚀、耐冲击的防紫外线、阻燃的聚乙烯；二是模块栽培介质；三是不易燃、耐腐蚀的无纺布。每个单体模块都是一个独立的种植基盘，可以按照需要安装，常用规格为 300mm×300mm×70mm，厚约 82～89mm，模块安装在框架上，框架是由垂直方向的 304 不锈钢和水平方向木头排列制作而成，有 300mm×600mm 和 300mm×900mm 两种规格，这个框架固定在适宜的建筑立面上。在不同规格框架垂直的木头龙骨上预钻四个孔洞，孔洞位于离边缘 150mm 处，使框架与建筑物结合更牢固（图 5-5）。

图 5-4　G-Sky 墙板（1. 不锈钢板；2. 模块；3. 栽培介质；4. 植物；5. 浇灌管道）

（图片来源：http://www.ambius.com/green-walls/panel-ystems/prowall/）

模块由结构的孔中生长 9～25 株植物组成（图 5-5）。应适合当地的情况和设计要求，将选择好的单体模块种植植物，在苗圃预培后再安装到由不锈钢或木头制作的建筑物支撑结构上，不需要经过单株植物移植，减少对根系的伤害，提高植物的存活率。通常能从模块中长出 76～200mm 来形成厚厚的植物绿毯。

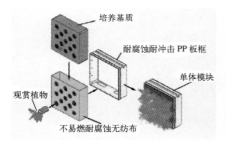

图 5-5　G-Sky 模块构造及实物

（图片来源：http://gsky.com/）

被人们称为"生命之墙"、总面积达 3500m² 的日本爱知世博会绿墙，便是使用 G-Sky 模块，绿墙上面生长着超过两万株植物，为墙体创造了一个生机勃勃的覆盖面。G-Sky 模块系统的栽培介质和模块是由两根平行的绳索绑缚到容器内，当栽培介质受力、受热膨胀或者在风雨等外力侵蚀作用下，极可能造成绳索断裂，进而引起栽培介质和所种植物从墙面上整体脱落。故在板框上增加能被扣合的相同材质网格状盖板，一方面可以让植物正常生长，另一方面也能避免绳索断裂造成安全隐患。

（2）ANSystem 模块

ANSystem 是欧洲 ANS 集团公司的模块化系统专利，该系统适用范围广，可以安装在不同结构和不同大小的建筑物上，也是欧洲地区国家应用于建筑立面绿化的主要模块。韩国首尔的 Ann Demeulemeester 零售商店店面的建筑立面绿化采用此模块[1]。模块成分由含有 80% 以上的可回收材料聚乙烯（PE）和聚丙乙烯（PPE）混合制作而成，能抗紫外线，并且防火等级符合英标 BS476-7—1997 一级标准，在 -40 ~ 80℃范围内均可使用，模块可被循环使用 15 年以上。ANSystem 单元模块有两种常用的规格，分别是 500mm×500mm×60mm 和 500mm×250mm×100mm，各项指标规范见表 5-2。每个单元模块被分隔成若干个角度为 30° 的种植单元格，更有利于支持强根性植物的生长，扩大植物种类的选择范围。

ANSystem 单元模块两种常用规格的各项指标　　　　　表 5-2

规格（mm）	模块深度（mm）	种植深度（mm）	植被区域范围（mm）	单元格数（个）	饱和重量（kg/m²）
500×500×60	60	90	500×500	14	64
500×250×100	100	150	500×250	45	72

单元模块由螺杆固定在建筑立面固定轨上，模块可以方便地安装、拆卸、移动、替换、维修（图 5-6、图 5-7）。该模块固定到建筑立面后，栽培介质不会流失，

植物仍能按照其自然生长规律向上生长，成活率较高。每个单元模块的顶部有从灌溉发射器（irrigation emitter）和水管内收集水的设备（collection chambers），但单元格内无排水孔，灌溉后的水分滞留在单元格内，致使根系长期浸泡在底部积水中，容易烂根、生长不良。因此，改良版是将单元格底部材料替换成毛孔垫子，则既能排除多余的水分，又能促进根部呼吸作用，让植物生长更茁壮。预先培植的植物种植模块可以运往现场进行安装，即刻成景。整个系统通过定期维护，可以有 10 年以上的使用寿命。

　　每个单元模块内部都有一层防水透气薄膜。该系统防水透气膜选用英国杜邦公司的 Tyvek®Housewrap 透气隔热层，它的主要成分是高密度聚乙烯，具有耐腐蚀、抗紫外线、密封性强、质轻（60g/m^2）、易安装等特性，适用于木结构、钢—混凝土组合框架结构等。固定轨采用高分子聚乙烯材料（HDPE）（英标防火一级）制成，100% 是由回收的工业废弃物制造，具有抗紫外线性，可以在 -40℃ ~ 80℃ 范围内使用。

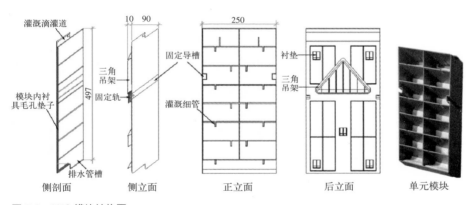

图 5-6　ANS 模块结构图

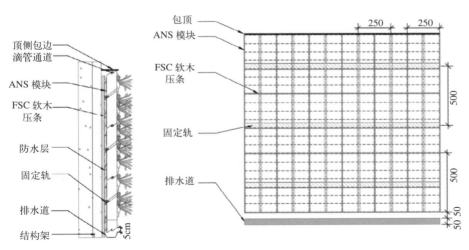

图 5-7　ANS 模块立面图

（图片来源：http://www.ansgroupeurope.com/）

（3）壁挂式模块

壁挂式模块专利（专利号 ZL 200820060043.9）是本团队自主开发，该模块既满足植物生长空间需要，也可以自由快速拼装组合使用，配有自动化滴管喷雾等辅助构件，可形成大规模建筑立面绿化景观，在华东地区得到广泛的应用[5]。2010 年总面积超过 5000m² 的上海世博会主题馆东西墙建筑立面绿化正是采用这种壁挂式模块技术。

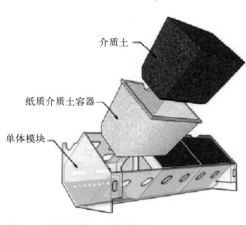

介质土

纸质介质土容器

单体模块

图 5-8　壁挂式模块系统结构图

模块采用共聚聚丙烯塑料制作，并添加防紫外线、防腐化成分，符合国家现行标准及相关规定，是环保可回收材料，使用年限大于 10 年，相关技术参数详见表 5-3。种植模块设计为长方体形，模块壁厚为 3mm，长、宽、高分别为 480mm、118mm、130mm，壁挂植物种植模块系统单元包括一个固定面板，沿固定面板长度方向设置二隔板，平行于固定面板的隔板前段设置面板，两侧分别设置侧板，从而形成 3 个小栅格，每个模块内可放置 3 盆植物（图 5-8）。模块与模块之间的连接方式见图 5-9。面板上面有排水孔和透气孔，种植槽前面板上端向外倾斜 45°～70° 的倾斜角，符合植物生长规律。在模块的每个小方格背后各开一个长条孔，长条孔用于插滴灌系统的滴箭，并在背后设置挂钩用于固定滴灌系统的分水管。

种植模块的主要技术参数　　　　　　　　　　　　　　　　　　表 5-3

项目	性能指标
熔融指数（230℃，2.16kg）	0.3g/10min
拉伸强度	26MPa
热膨胀系数	1.8×10～4m/（m·k）
导热系数	2.1W/（m·k）
纵向回缩率	≤2%
冲击试验（0℃，1h，15J）	≤10%
液压试验（20℃，16MPa，1h）	无渗漏、不破损
（95℃，3.5MPa）	≥1000h

配套模块的环保型纸花盆容器的设计与研制缘起超市里盛鸡蛋的纸托盘。作为废物回收再利用的环保型产品，纸花盆具有轻型、耐酸碱、耐晒、保水透气、无毒、可天然降解等特性，并将其作为绿化植物预先定型培养的栽培容器，待植物在其中

生长良好并达到预期效果后即可安装使用。该模块主要优点是：模块外形稳定，持水量大，重量轻，不易脱落，达到健康、持久、良好的景观效果；而且整个系统安装、拆卸简便，施工维护不需搭设外墙脚手架即可完成。缺点是：栽培介质预培植物后由于根系分布或遇水膨胀等原因，可能会引起内衬容器变形而无法安置到种植模块中。

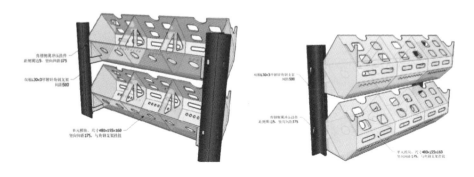

图 5-9 单元模块连接
（图片来源：http://wenku.baidu.com/）

（4）ELT 模块

ELT（easy green wall living panel）模块，具有轻质、安装损耗少、不耗电、不需要检修、结构灵活多变等优点，可用于商业、家庭的室内外建筑立面绿化。ELT 模块是由抗紫外线、100% 可回收的高密度聚乙烯（HDPE）制造，防火等级为 B 类，由耐适温度为 −40℃ ~ 80℃的种植面板拼接而成[6]。ELT 模块的外形与 ANSystem 模块类似。不同的是种植面板内包含了许多板条，用以支撑植物及栽培介质和分隔种植单元。种植面板的大小为 300mm×300mm×100mm（图 5-10），可以根据建筑立面高度和宽度拼接成不同的尺寸，并且连锁板的设计易于安装，适用性较强。种植单元底部开设有槽口，用于排水和通风，且每个种植单元内都有蓄水容器，不需要经常浇水。创新的板面设计可以支持更多的植物自然生长，模块湿荷载 66.6 ~ 89N/m²，适应性强，可以直接安装在建筑立面或固定在框架上。该模块在印度某些城市的建筑立面绿化中应用较广泛，如班加罗尔的微

图 5-10 ELT 种植模块示意图
（图片来源：http://www.filtrexx.com/en/livingwalls/home/products/elt-easy-green）

图 5-11 宾馆外立面绿化
（图片来源：http://www.filtrexx.com/en/livingwalls/home/products/elt-easy-green）

软公司内墙绿化、印度普纳某宾馆围墙及外立面绿化等（图5-11）。

（5）VGM 种植箱

VGM（vertical greening module）模块化绿化系统，由 VGP 种植箱作为主要部件，包括面板、背板、侧板、盖板、支撑架、防滑臂、固定栓、种植基袋、栽培介质、自动滴灌水肥系统、不锈钢壁柱系统及植物系统[7]。VGM 种植箱（图5-12）是由高强度轻质聚丙烯材料结构面板组装而成，规格为 560mm×480mm×15mm，具有很强的耐腐蚀性，使用寿命超过 5 年。系统包含了可拆卸、环环相扣、便于装配的构件。适用温度范围为 -20℃～80℃，承重为 9800N/m²。该种植箱包括一个固定面板，沿固定面板长度方向设置两块隔板，平行于固定面板的隔板前段设置面板，两侧分别设置侧板，从而形成 3 个植物种植槽。种植箱 6 个面均扣合在一起，种植箱的前面板有一个独立的网格，使得每个种植箱种植 16 株植物，种植箱内包含 1 个无纺布衬垫，用于放置质轻、疏松、持水保肥能力较好的栽培介质。绿化植物可预先进行在苗圃环境中培育。种植箱理论上可实现全方位的植物种植，种植箱顶部盖板易于拆卸和安装，便于植物维护和更换。面板上面有排水孔和透气孔，种植槽前面板上端向外倾斜 45°～70°，更适合植物的自然生长，避免"视觉死角"的出现。

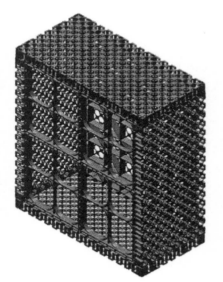

图 5-12　VGM 种植箱结构图

VGM 种植箱通过钢螺栓固定在墙体导轨上或固定在独立钢支撑架结构上。对施工技术和制作工艺要求均高，导轨或钢支撑架的规格必须与 VGM 种植箱的卡槽规格一致，若出现一点偏差，都必须重新安装。收集托盘可以放置在地面上，让溢出的水被排放或回收。种植箱除可用于室内和室外的绿化安装外，还可以制作无支撑的独立墙体。

VGM 种植箱的主要优点是：

1）全方位种植。螺栓固定箱体一经固定后，不会出现其他模块系统常出现的模块变形和栽培介质袋凸涨等问题。侧板上的塑料格可以拆下并种上植物，从而实现了箱体的全方位种植。

2）植物预培。植物的培育在苗圃地完成。在植物入箱、成长到长成的过程中，箱体放置经历了从水平、倾斜再到竖直的过程，从而保证了箱体安装上墙后植物可以迅速生长。

3）固定便捷。每个箱体都有 4 个不锈钢加固挂件，通过挂件锚定在不锈钢壁柱上。壁柱安装无需深度穿透支撑墙，从而装、卸均非常方便。顶部盖板可轻易打开和关闭，便于维护和更换。

4）安全可靠。箱体、不锈钢角栓、不锈钢壁柱、防滑落定臂构成四道安全"屏障"，保证系统安全可靠。不锈钢支架系统符合国际与国家安全标准。

在澳大利亚墨尔本富士通总部的绿色办公室、新加坡乌节路购物中心、2013年第三届国际（广东）节能东篱绿墙展示等均采用 VGM 种植箱。

（6）错位叠垒式模块

错位叠垒式花盆是沃施公司自主研发的专利产品（专利号 ZL201420568493.4），包括 2 ～ 3 个用于容纳移苗花盆和土层阻隔板的形腔，土层阻隔板将花盆主体分为种植模块放置空间与储水空间，土层阻隔板设有通水凹槽，通水凹槽有效地将浇灌入盆的水和土分离，具有储水和排水功能（图 5-13）。用挂钩和固定孔固定，固定后可抗强风。由于与建筑立面紧密接触的一面是塑料材质，有效提高了建筑立面的防水能力，并可防止植物根穿透到建筑结构中，进而能大幅度延长建筑的使用寿命[8]。

图 5-13　沃施错位叠垒式模块结构图

通过花盆主体错位叠垒组合，用悬挂孔将花盆主体固定在墙体挂钩上，花盆主体的底部设有卡槽，在花盆主体错位叠垒时，底部卡槽卡住花盆主体的上部部分边沿，花盆的内侧边沿被叠垒在上面的错位叠垒式花盆挡住，使花盆与花盆之间形成一个整体，可抗强风，达到产品的安全要求。花盆主体造型是由多个倾斜的弧面组成，可容纳小花盆，倾斜花盆可以使植物获得更多的阳光和生长空间，也可用阻隔板，使花盆内分成介质空间和储水空间，在花盆主体的底部设有口部向上 2 ～ 5cm 的排水孔，利于储水，供植物生长。根据植物对水需求，确定接水管的高度，保证花盆底部的一部分可以接触到水，多余的水从接水管口溢出，流入叠垒在下面的花盆储水空间。浇水采用输水管直接从最上层花盆主体灌入储水空间，使下层的花盆较快获得水的补充，同时也解决了墙面绿化常见的滴灌头易堵塞的困难。

因此，错位叠垒式花盆具有结构简单、刚性好、安全可靠、施工和维护成本低、滴灌头不易堵塞等优点，适用于各种建筑立面绿化。

（7）一山模块

一山模块系统是由一山园艺研发，由不锈钢板、栽培介质、聚乙烯种植模块单体和水肥浇灌系统组成。

一山单框体种植模块由三部分构成：一是耐腐蚀、耐冲击的防紫外线、不可燃的聚乙烯，二是防腐蚀的不锈钢背板，三是不易燃、耐腐蚀的无纺布（图 5-14）。不锈钢整体冲压背板，背框反折，挂钩一体成型。模块安装的框架是由横向的不锈钢"H"型钢排列制作而成。在不同规格框架横向的"H"型钢龙骨上预钻 4 个孔洞，使框架固定在建筑立面上。每个框体模块都是一个独立的种植基盘，可以按照需要安装，框体尺寸：400mm（W）×500mm（H）×100mm（TH）。每个模块框体含 16 个 100mm×100mm×100mm PE 花盆，每平方米 4 ～ 5 个框体，圆形和方形种植盒皆可。植物种植密度为 64 ～ 80 棵 /m²。经过筛选的植物在苗圃预培后，连同栽培容器再挂接到"H"型不锈钢的墙体支撑结构上，拼接灵活，

图 5-14　一山模块

绿墙成景较快。在系统的顶端设计一排喷头浇灌，从上至下由模块依次将多余水分导流到垂直向下的模块。设计了溢水结构，储水灌水分离，提高水资源利用率，也避免了滴头堵塞。

上海K11、上海自然博物馆、东方商厦、浦东金融广场等建筑立面外墙绿化均采用该种植模块。主要优点是：

1）安装便捷。植物预培在苗圃完成。每个箱体的4个角有4个不锈钢加固挂件，并通过挂件直接挂在不锈钢龙骨上。

2）植物景观持久。植物密度适当，后期景观效果更持久，至少维持5年以上。

3）系统寿命长。采用不锈钢背板，防溢水侵蚀墙面，系统寿命8年以上。

（8）绿朗模块

模块化子母盒系统是由江苏绿朗生态园艺科技有限公司自主开发的，该模块为子母盒系统，依据需求可随意组合，变换造型，同时还采用智能交互式管理模式，能实现水肥药一体化养护。

模块采用共聚聚丙烯塑料制作，并添加抗紫外线、防腐化成分，是环保可回收材料，使用年限大于10年。种植模块设计为长方体形，模块壁厚为5mm，长、宽、高分别为60mm、60mm、40mm，种植模块系统单元包括一个固定面板，沿固定面板长度方向设置两隔板，平行于固定面板的隔板前段设置面板，两侧分别设置侧板，从而形成2～3个小栅格，每个模块内可放置2～3盆植物（图5-15）。面板后有进水、排水孔和通风槽，种植槽前面板上端向外倾斜45°～70°的倾斜角，符合植物生长规律。

图5-15 绿朗模块

具体安装中，以金属框架作为支撑，用不锈钢背板固定支撑兼具防水作用，再将二联盒外盒固定在钢结构上。外盒兼具固定与储水的作用，内盒种植植物，将传统盆栽与垂直绿墙相融合，模块既满足植物生长空间需求，也可以自由快速拼装组合使用。系统稳定性好，是集蓄水、排水、通风为一体的植物生长系统。系统还采用智能化补光、水肥一体化、物联网技术远程控制。在江苏省绿色建筑博览园、张家港梁丰生态园、绿和环保科技办公室、常州绿建委等均采用该种植模块。

（9）"water boger"模块

该种植模块系统（专利号 M437050）是台湾发明专利，由植物、栽培介质和水肥浇灌系统组成。

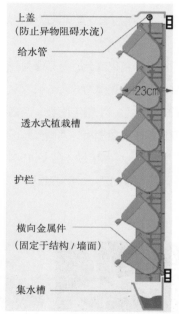

上盖（防止异物阻碍水流）

给水管

透水式植栽槽

护栏

横向金属件（固定于结构/墙面）

集水槽

图 5-16 "water boger"模块结构图

单体模块由两部分构成：一是耐腐蚀、耐冲击的防紫外线、不可燃的竖向防溢框；二是 3 个透水种植盒单体，包含底层的不易燃、耐腐蚀、可渗流水分的无纺布。每个单体模块都是一个独立的种植单元，可以按照需要安装，常用规格为 514mm×497mm，厚约 120mm，模块安装的框架是由横向的金属件排列制作而成，将竖向防溢框固定在金属件上、下端，再通过螺丝将每个种植盒固定于竖向防溢框上（图 5-16）。

每个种植盒没有单株隔板设置，每盒可种植 3~4 株植物，植物密度为 40~50 株/m²。单体种植箱槽式设计不仅可以最大容量地存放栽培介质，避免盘根，而且能水土分离滤层。在系统的顶端，植物浇灌由一排喷头系统提供，从上至下由种植盒底部的多孔滤网依次将多余水分渗流到垂直向下的种植盒，该模块在台湾和上海迪士尼生态园绿墙展示均有采用（图 5-17）。

（10）日本三得利模块

该种植模块是日本三得利株式会社自主研发的专利产品，具有 1~4 个用于容纳种植模块阻隔板的形腔，每个形腔都有溢水口，在保留一定水分后，多余水经由排水孔由上往下依次溢流到下一层模块（图 5-18）。

本模块主要与保浮科乐产品配套，模块尺寸为上口：120mm，下口：95mm，高：90mm。保浮科乐通过保水性填充材料、水、聚氨酯预聚物和多元醇反应而成，具有植物栽培所需的吸水性、保形性、柔软性和硬度，尺寸各异，不仅可以给植

图 5-17　"water boger" 模块实景图

图 5-18　日本三得利模块

物提供充足的水分，而且干净、无污染、无病虫害等，十分利于保持良好的植物景观。因其造价高，每平方米支撑结构和配套的保浮科乐产品高达 3000 元，因此常用于高档商场、办公室等要求高的室内外场所。

5.1.3　种植毯

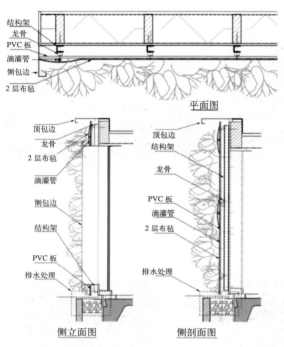

图 5-19　种植毯绿化系统结构图

种植毯是当代建筑立面绿化植物的种植载体之一。种植毯系统将植物栽植于袋状布毡中与墙体连接，采用滴灌技术维持布毡的湿润状态，以供给植物生长（图 5-19）。该系统以开放式的结构利于植物根系生长，形成整体的垂直景观效果，同时，成功解决了建筑立面绿化的墙面负荷、抗风防冻和养料供给等问题，具有超薄超轻、防水阻根、高墙绿化无坠落和养护费用低等优势。此系统以法国植物学家、设计师帕特里克·布兰克先生发明的"垂直花园"（vertical garden）技术为代表[9]。受热带雨林垂直生态系统的灵感诱发，1988 年帕特里克·布兰克设计制作了最初的垂直系统，获得了"垂直花园"系统设计专利，也就是种植毯系统的前身。

种植毯是由 10mm 厚的聚氯乙烯防水膜和多层 3mm 厚的聚酰胺毛毡层构成的植物种植容器。防水膜被铆钉固定在墙上的金属架上，再铺上 PVC 板，形成防水层，在防水层上以钉枪固定两层布毡。架子后面的灌溉系统可以稳定地为植物提供生长所需的营养液，防水膜可阻止营养液对金属架和建筑物墙面的腐蚀。种植毯中可种入种子、插条和整株植物。割开表层布毡，再将植物根部置入开口处，然后用铆钉钉住开口处的毛毡层，以两层相叠的布毡作为栽培介质，整体绿墙的厚度大幅缩小，所占用的空间很少，同时结构墙面承重也小。

给予植物根部生长的附着空间；绿墙上方再以自动控制灌溉设备，定时从上方施以水分和营养液，沿布毡向下扩散，提供植物所需的水分和养分。这种方法并未在墙面上提供土壤或其他传统的栽培介质。拥有 150 个不同种类共 15000 棵植物的巴黎凯布朗利博物馆植物墙（图 5-20）和西班牙马德里的 Caixa Forum 博物馆（图 5-21）巨大植物"壁画"的出现，充分体现了种植毯系统对垂直绿化的影响和作用。

种植毯系统由支撑构架、PVC 板、布毡、自动喷淋系统及附属构件组成（图 5-19）。根据墙面负荷、抗风防火等具体情况，支撑构架可以是铝、镀锌钢、不锈钢或耐腐木等单独或组合运用。支撑构架方形网格常用尺寸为

图 5-20　巴黎凯布朗利博物馆植物墙　　　　　　　图 5-21　马德里 Caixa Forum 博物馆

610mm×610mm×40mm，可与 1220mm×2440mm 的 PVC 板尺寸相配套。帕特里克·布兰克选择了由防水、防潮、防腐、坚硬的竖向面板作为布毡的承重结构，便于支撑风力、植物、水分及供水系统造成的荷载。由聚酯乙烯材料制成的 PVC 板具有可延展性，材质轻且抗撞击，10mm 厚的 PVC 重量仅为 7kg/m²，还可以抵抗钉枪的敲击，并且承受荷载达 980N/m²，完全可以满足栽植灌木的要求。为了让墙面能够"呼吸"，建议两层结构之间留有空隙保持空气流通。

　　植物运用的种类多达几百种，促进种植毯生态系统的自我维持能力及生物多样性的提高，是种植毯最大的优势。每一个单体墙面的通常种植以岩生植物和附生植物为主，种植密度约是 30 ~ 60 株 /m²，形成疏密有度、高低错落的立体植物群落环境。在营造多样植物、多层次视觉效果的同时，可以有效防止病虫害的发生和蔓延。

　　种植毯克服了植物生长对栽培介质的依赖性，实现了植物在垂直立面的无土栽培。毛毡层具有良好的吸水性，能吸附营养液和水分供给植物生长。种植毯系统吸水后，整体重量约为 30kg/m²，质量较轻，且植物在种植毯上的分布形式可根据设计图案自由变换，构图更加灵活自然，整体性更强。但遗憾的是，在营养液和水分的长时间浸润以及植株根、茎、叶生长的重力作用下，毛毡层易发生腐烂变质；种植毯系统的植物栽培是在现场完成，各步骤施工过程均采用高空作业，危险系数较高，也增加了施工的难度；种植毯系统为了整体构图精美，部分采用一、二年生草本植物，由于植物毯整体性强，检修及植物的更换或移除工作都比较困难，易出现"秃斑"，影响整体效果。

5.1.4　辰山种植箱

辰山种植箱（专利号 ZL201720135410.6）提供一种用于建筑立面绿化的种植箱，安装、拆卸方便，造价低廉，植物可持续生长年限长，浇灌均匀。种植箱包括固定框架、种植板、疏水板、隔温保湿层四部分。

其中，固定框架由顶板、底板及两侧板组成，顶板、底板的内侧面沿长度方向平行设置若干插槽，底板或侧板底部设排水孔。种植板，设置于固定框架内前部，由种植槽或种植穴板中一种或一种以上组成；其中，种植槽为之字形板体，包括固定部、自固定部一端向外弯折延伸形成的连接部及自连接部向内弯折形成的保持部，固定部的两端通过连接件固定于固定框架两侧板内侧面的固定条；种植穴板由带孔穴的前、后板连接而成，形成框架结构，前板或后板通过连接件固定于所述固定框架两侧板内侧面的固定条。疏水板上、下端插设于所述固定框架顶、底板的内侧面的插槽。隔温保湿层将疏水板与种植板内种植介质隔离。

固定框架的顶板前后两块之间设一渗水管，渗水管对应种植板一侧，渗水管上沿长度方向设若干渗水孔，形成从上至下的渗流水分，多余水分自固定框架的底部排水孔流出。种植箱可更换种植槽或种植槽穴板，可以选择草本、小灌木，尤其是草本类植物可以种植在多个孔穴的种植槽穴板上，形成致密草毯。本种植箱（图 5-22）主要有以下特点：

图 5-22　辰山种植箱

（1）整体系统可简易、牢固地固定于墙面或栏杆上，无需钢架结构固定，无需配套繁杂的滴灌终端和大量主、支管道，整体重量30kg，移动、安装方便，成本低。

（2）从上至下通过等压渗水管进行均匀浇灌，不会造成建筑立面绿化因浇灌不均匀而造成的植物干枯，影响景观。

（3）可以使用各种栽培介质，大幅提高植物根系所需的生长空间和水肥供应，可持续生长超过10年。

（4）应用范围广、组合形式灵活：可以切换不同的种植槽或种植槽穴板，来适应不同草本和小灌木的种植，适用植物品种多，形成的植物墙密度大，景观配置方式多样。

辰山种植箱已应用在上海住宅小区的围栏、建筑立面绿化中，具体应用见图5-23。

图5-23　辰山种植箱应用

5.2　浇灌技术

建筑立面绿化的浇灌方法分为：人工浇灌、机械喷灌和滴灌法。

人工浇灌，是指通过人工使用水管进行建筑立面绿化喷灌。这种浇灌方式对技术要求最低，投资成本低，便于实施。但是因为建筑立面的空间特点，通过人工浇灌可以到达的位置十分有限，这样不但使得建筑立面上无法形成大面积的绿化面，而且可以采用的植物种类少，使得建筑立面绿化的构图比较单调、死板。随着浇灌技术的进步，建筑立面绿化手段的日趋复杂，人工浇灌的方式越来越无法满足需要。

机械喷灌，是在建筑立面上架设管道，通过安装动力设施将水喷灌到植物上。机械浇灌虽然初次投资较大，但是浇灌速度快，近千平面的绿化面积也只需3～4分钟即可完成喷灌，非常适合用于大面积绿化面的浇灌。灌溉用管道可以灵活地布置在建筑立面上，可以浇灌到建筑立面的任何位置上，既不会限制建筑立面绿化的面积，也不会限制建筑立面绿化的形式。缺点就是耗水量较滴灌大，易影响到通过的行人。

滴灌法，属于精灌。滴灌法需要动力设施，通过控制水压，使水缓慢地滴灌到土壤中，用水比较节约，灌溉效果好。滴灌法非常适合用于生长面与水平面垂直（立面种植）的情况，可以将滴头直接插入土壤中，直接从植物根部对植物供水，解决了立面种植浇灌植物困难的问题[7]。

于建筑立面绿化应用而言，两大限制因素是设施维护和灌溉技术。传统的建筑立面绿化形式简单易行，没有专门的灌溉系统，植物的水分和养料主要通过天然降水或者人工养护。即使配备人工浇灌和机械浇灌，但仍受绿化规模限制及引起栽培介质的冲刷、浇水不均等新问题。随着绿化技术发展，人们以植物生长所需要的条件为指向，积极改进灌溉设施安装工艺，充分利用不同材料的性质，为植物创造良好的生长环境。通过本书研究团队的调查，目前许多建筑立面绿化的寿命都在两年以内，并且维护的难度和成本均很高。主要原因是由于常用的灌溉技术尚不完全可靠，导致植物因失水或过多浇水而死亡。因此，合理、稳定、持久的精确灌溉技术，是必不可少的条件。

5.2.1 浇灌类型

为维持绿化植物良好的生长和景观效果，灌溉系统应做到供液通畅、适量、均匀，余液不溢出污染周围环境，可以采用自动化的滴灌系统、微喷系统、等压渗水管、喷灌系统、喷水带等方式，来定时、定量供给植物必要的水肥，达到最佳的灌溉和节水效果。

滴灌、微喷、浸润灌溉、等压渗水管都属于精灌技术，是模块式建筑立面绿化主要应用的浇灌方式。它是根据植物的需水要求，通过管道系统与安装在末级管道上的灌水器，将植物生长中所需的水分和养分以较小的流量均匀、准确地直接送到植物根部附近的栽培介质表面或结构中。微灌属于局部灌溉、精细灌溉，虽建设费用较高，但水的有效利用程度高。

（1）滴灌

滴灌是通过安装在毛管上的滴管、孔口和滴头等灌水器，将水滴逐滴、均匀、缓慢地滴入植物根区附近栽培介质的灌水技术[10]。灌溉系统采用管道输水，输水损失很少，水资源利用率高，用水量仅为人工浇灌用水量的 1/6 ~ 1/8。另外，由于滴灌实现自动化管理，可溶性肥料随水流施到植物根区，水流滴入栽培介质后，靠毛细管力作用浸润栽培介质，不破坏栽培介质结构，有省肥、省工和节水等优点。但也存在滴头容易堵塞、限制根系发展、一次性投资高的缺点。

（2）微喷灌

微喷灌是在滴灌的基础上发展起来的一种技术。通过低压管道系统，以小的流量将水喷洒到栽培介质表面进行灌溉的方法。微喷灌通过网系直接将水输送到根部土壤表面，比喷灌系统省水 20% ～ 30%，水分利用率高（图 5-24）。

微喷灌管理方便、节省劳力、耗能少、不易堵塞，能防止栽培介质冲刷和板结，容易控制杂草生长，是一种较先进的灌溉技术。但仍有受风影响降低灌水均匀度、限制根系发展、水质要求高的缺点。

图 5-24　微喷雾系统

（3）浸润灌溉

浸润灌溉是借助棉线等毛管作用自上而下浸润到植物根系附近栽培介质的技术。浸灌可分为无压浸灌和有压浸灌两种，浸灌除能使栽培介质湿润均匀、湿度适宜和保持栽培介质结构良好外，还具有减少表面蒸发、节约用水等优点，如沃施园艺的叠垒错位组合式垂直绿墙浸润浇灌系统（图 5-25）。

5.2.2　常用的滴灌系统

在建筑立面绿化的灌溉方式中，目前只有极少量建筑立面绿化采用人工浇灌，

图 5-25　无压浸润灌溉

应用最多的是滴灌系统，它主要是由取水加压设施、输水管网及灌溉出水装置三部分组成（图 5-26）。精灌系统能自动、精确地控制供水时间和供水量，并且与施肥、农药相结合，为植物提供所需的水分、养分和病虫害防治。同时，有助于防止栽培介质流失，避免对植物生长和环境产生影响。因此，本章将重点围绕滴灌技术进行介绍。

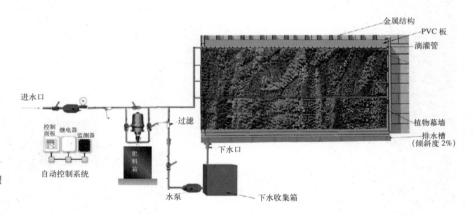

图 5-26　建筑立面绿化的灌溉系统组成 [4]

（1）滴灌系统特点

滴灌技术是指通过干管、支管和毛管上的滴头，将具有一定压力的水或水、肥料及化学药剂等混合物，过滤后经管网和出水管道（滴灌带）或滴头以水滴的形式缓慢而均匀地滴入植物根部附近栽培介质的一种灌溉方法。滴入植物根部附近的水和肥满足植物生长所需。主要具有如下优点：

1）节约用水：滴灌可以通过控制系统有效控制出水量，保证水流缓慢而均匀。滴灌系统节约用水表现在两个方面：其一，滴灌只灌溉植物根部附近的栽培介质，不破坏栽培介质的结构，减少栽培介质表面蒸发量，节约用水；其二，滴灌容易控制水量，不易产生栽培介质深层渗漏的现象。

2）节能：滴灌系统的水分利用率高，需要的抽水量少，进一步节约了抽水的能量，达到了节能的目的。

3）省工：操作简单，易于实现自动化。由于滴灌仅定向灌溉绿化植物根部附近的栽培介质，远离绿化植物根系的杂草未能获得充足的水分，降低了杂草的干扰，减少养护用工成本。

（2）滴灌系统组成部分

浇灌用的水经过过滤、注入营养液、加压、调控，再经过管道输送、滴灌等环节，完成植物的浇灌过程。每个模块都自成系统，可以方便拆卸。通常每一模块都有独立的灌溉口，水分在一个单元内活动，保证植物的均匀生长。

滴灌系统主要由水源、首部枢纽、送水回水管路和滴头四部分组成[11]（图5-27）。其中，首部枢纽包括水泵及动力设备、过滤器、营养液注入器、控制与测量仪表等。详细介绍如下：

图 5-27 滴灌系统组成部分

1）水源

滴灌系统的水源来源广泛，如江河、湖泊、自来水等。水中杂质或铁锰的含量不能太高，容易引起堵塞，专家建议滴灌的水质应满足以下条件：水源清洁，用水必须经过严格的过滤、净化处理；滴灌水质的 pH 值一般应在 5.5 ~ 8 之间，含铁小于 0.4mg/kg，总硫化物含量小于 0.2mg/kg。

建筑外立面绿化也可以采用雨水进行灌溉(图5-28)。为了充分利用雨水资源，可以整合建筑的雨水回收系统，将雨水存储设备设在地下或地上，通过前面提及的过滤装置处理，净化雨水后，并入建筑立面绿化浇灌系统。

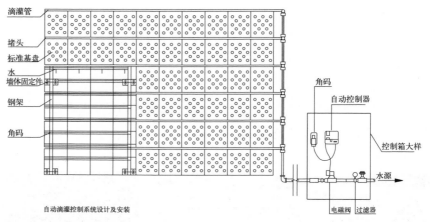

自动滴灌控制系统设计及安装

图5-28　雨水收集示意图

2）首部枢纽

首部枢纽是灌溉系统的核心，其作用是抽水、施肥、过滤，以一定的压力将水送入干管。主要由如下几部分构成：

①水泵及动力设备

如果蓄水设备在下部，需要单独的动力设备，采用电动机、柴油机或者其他动力加压设备；如果蓄水设备在顶部，则主要利用重力原理，采用自压系统进行水分的输送，有时辅助小型动力设备即可。

②水质净化设备

通常采用筛网过滤器、叠片式过滤器、砂砾料过滤器及旋流分沙分流器等。根据水质条件，选用其中一种或多种过滤装置配合使用，才能达到最佳的过滤效果。

筛网过滤器的筛网主要由尼龙或者耐腐蚀、不易锈蚀的金属丝编制而成，一般网孔的密度选用200目的即可。其作用便是过滤掉水中的悬浮杂质，防止管道和滴头堵塞，保证滴灌系统的流畅。

叠片式过滤器的过滤介质为带有沟槽的塑料薄片，大量的塑料薄片结合到一起形成质密的过滤系统。当含有泥沙的水经过叠片时，杂质会留在这些沟槽内，过滤器拆开冲洗即可恢复过滤功能。

砂砾料过滤器主要是用来过滤有机杂质、藻类植物。用干净并分选好的砂砾石料按特定的顺序逐层填入到金属筒中，需要过滤的水流经金属筒后即可净化。

旋流分沙分流器是利用离心原理，通过旋转，干净的水从上部出水口流出，比重大于水的砂石颗粒在底部沉淀，从而达到分离效果。

③营养液注射器

根据规模的大小，可以分为小型注射装置和大型配送设备。小型注射装置需要人工配置好养料加入到注射器中；大型的营养配送装置包括施肥器、注入器、注入泵以及营养液储存罐等。无论是哪种形式的注射器，必须安装在过滤器之前，防止没有完全溶解的化肥颗粒混入水中堵塞滴水器。

3）管路

管路包括干管、支管、毛管以及必要的调节设备（如压力表、闸阀、流量调节器等），其作用是将加压水均匀地输送到滴头。水泵增加水压，将水分和养料通过管道送到建筑立面绿化各个部分，在滴灌过程中会出现渗流的水分。在建筑立面绿化系统底端安装排水槽，收集系统中过量的水径流，并将渗流的水分输送到水箱，过滤后并入系统进行循环灌溉。

4）滴水器

除了首部枢纽外，还需要管路和滴水器才能完成绿化植物的浇灌。滴水器是整个滴灌系统正常工作的核心装置，非常精细。浇灌用的水和营养液体由输送管道流经滴水器，按设定好的水压，使水流经过微小的孔道，水以恒定的微流量滴出或渗出，在栽培介质中向四周均匀扩散。

①滴水器的要求

滴水器应满足以下要求：有一个相对较低而稳定的流量，每个滴水器的出水口流量应在 2～8l/h 之间。滴头的流道直径一般小于 2mm，流道制造的精度要求也很高，细小的流道差别将会对滴水器的出流能力造成较大的影响。同时水流在毛管流动中的摩擦阻力降低了水流压力，从而也就降低了末端滴头的流量，为了保证滴灌系统具有足够的灌水均匀度，一般是将系统中的流量差限制在 10% 以内。为了在滴头部位产生较大的压力损失和一个较小的流量，水流通道断面最小尺寸在 0.3～1.0mm 之间变化。由于滴头流道较小，所以很容易造成流道堵塞。如若增大滴头流道，则需加长流道。

②滴水器的分类及特点

由于滴水器（图 5-29）的种类较多，其分类方法也不相同。

按滴水器与毛管的连接方式分：

管间式滴头：把灌水器安装在两段毛管的中间，使滴水器本身成为毛管的一部分。

管上式滴头：直接插在毛管壁上的滴水器，如旁播式滴头、孔口式滴头等。

按滴水器的消能方式不同分：

长流道式消能滴水器：主要是靠水流与流道壁之间的摩擦耗能来调节滴水器出水量的大小，如微管、内螺纹及迷宫式管式滴头等。

孔口消能式滴水器：以孔口出流造成的局部水头损失来消能的滴水器，如孔口

图 5-29　滴水器

式滴头、多孔毛管等。

涡流消能式滴水器：较好的涡流式滴水器的流量对工作压力变化的敏感程度较小。涡流消能式滴水器的出流量较小。

压力补偿式滴水器：主要是借助水流压力使弹性体部件或流道改变形状，从而使滴头出流小而稳定。可自动调节出水量和自清洗，出水均匀度高，但制造工艺较复杂。

（3）滴灌系统类型

①布管方式

根据滴灌系统中布管方式不同，可以将滴灌系统分成以下两类：水平方向滴灌系统和垂直方向滴灌系统。攀爬建筑立面绿墙主要使用水平方向的滴灌系统，模块式建筑立面绿墙两者皆可使用，并且每层模块面板上方都装有分配器，从模块式绿墙的模块顶端向下分配水分。模块式建筑立面绿墙可以分成几个灌溉区域，以便灌溉水分布更为均匀。

②滴灌方式

根据滴灌方式不同，可以将滴灌系统分成以下三类：上下连同滴灌系统、点到点滴灌系统、底部滴灌系统（图 5-30）。

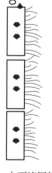

上下连同滴灌

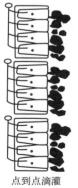

点到点滴灌

底部滴灌

图 5-30　滴灌方式

③供水方式

根据滴灌系统中供水方式不同，可以将滴灌系统分成以下两类：集中供水滴灌系统、分区供水滴灌系统（图5-31）。

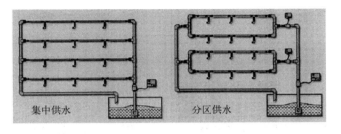

图 5-31　集中供水和分区供水

集中供水是将各组的主供水管连结在一根供水管上，这种供水方式具有管理方便、操作简单等优势，适合于建筑立面绿化植物单一或需水量相同植物的灌溉。但在实际操作中，因建筑立面绿墙上植物种类繁多，不同植物对水分需求不同，如果采用集中供水的方式则可能由于局部供水过多或过少，导致植物死亡。因此，不适合应用于大面积、多样植物种类的建筑立面绿化中。

分区供水是根据建筑立面绿化上不同位置对供水的不同需求进行分层供水或分区供水的方式，即在主供水系统的基础上设置若干组子循环系统，子循环系统数量由建筑立面绿化规模、绿化种类等具体情况而定。子循环系统与主要供水系统连结处设置控制阀来控制子循环系统的供水量，使得各个子循环系统可以根据建筑立面绿化植物不同的需要选择不同的供水量。这样的供水方式对于大面积的建筑立面绿化而言具有很好的适应性。总之，建筑立面绿化浇灌系统需要根据建筑立面绿化面积、选用植物习性、气候变化等因素，合理划分滴灌范围，保证植物生长的水分需求。

④控制方式

针对不同的季节、不同的生长环境、不同的植物生长特性等，建筑立面绿化的灌溉策略不同。控制系统控制水泵，当到达设置的灌溉时间或建筑立面绿化内栽培介质湿度低于设定值时，电子阀将自动打开，水泵自动运转实施灌溉，并且在水源出口处安装有过滤器和灭菌系统，以防止灌溉管堵塞和病菌滋生。根据控制系统运行的方式不同，滴灌系统可分为三类：手动控制、半自动控制和全自动控制。

手动控制。系统的所有操作均由人工来实现。这类系统的优点是成本较低，控制部分技术含量不高，但不适宜控制大面积的灌溉。对于建筑立面绿化而言，尤其是高层建筑立面绿化，手动控制较难实现对滴灌系统的控制。

半自动控制。人只是调整控制程序和检修控制设备。主要通过时间控制器来实施，可以对时序控制器进行人工预先设定灌水时间（什么时候灌溉）、灌水延续时间（灌多长时间）、灌水周期（间隔多长时间灌一次），定时完成灌溉任务。该控制设备操作方便、造价低，适合面积不大的滴灌系统应用。

自动化控制。利用中央计算机系统控制，全过程无需手动。首先由自动气象站、温度传感器、流量传感器、pH 传感器、土壤水分传感器、电导率传感器等反馈绿化植物生长各种环境信息给中央计算机，系统通过预先编制好的控制程序和事先设定的植物供水参数，自动实施灌溉策略（图 5-32）。该控制设备造价高，对管理人员的要求也高，适合大面积的远程灌溉。

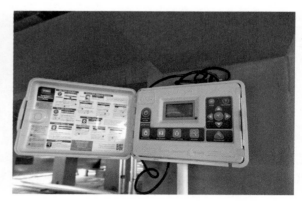

图 5-32　浇灌自动控制系统

5.2.3　排水系统

　　排水是指为了避免由于重力作用过滤到下方的多余水分对建筑和环境产生影响，同时保持合适的栽培介质含水量而采取的一种处理方式。建筑立面绿化系统的排水一般有两种方式（图 5-33），一是在绿化系统的底部安装一个排水槽，与周围的雨水处理系统或是水循环系统相连接；二是在地面上覆盖鹅卵石等材料，形成一个排水基床。布置时应根据空间环境，选择合适的排水方式。

图 5-33　排水槽与排水沟

5.2.4　浇灌策略

（1）分季节设定滴灌时间

根据建筑立面绿化采用的系统、植物、栽培介质、光照、风速、季节和灌溉系统的不同，设定相应的灌溉策略时间和灌溉次数。

对于模块式绿化，夏季植物需水量大，一般设定为每天两次滴灌，上午 7 点前和下午 5 点以后分别滴灌 10 分钟。春季和秋季设定为每天 1 次滴灌，滴灌持续 10 分钟。冬季为每周两次滴灌，为防止结冰造成系统受损，0℃低温时关闭滴灌系统。如果建筑立面绿化面积大，建议将滴灌系统分成若干个单元区域，按照区域内植物特性和建筑环境分别设定给水滴灌时间、灌溉次数。

对于植生毯，一般每天需要 $2 \sim 5L/m^2$ 的水，在夏季，户外每天约需要 $3L/m^2$ 的水量，室内每天约需要 $1L/m^2$ 的水量。根据季节和日照的长短，每天灌溉 $2 \sim 3$ 次；根据高度的不同，每次灌溉时间约 $1 \sim 3$ 分钟。

（2）水肥一体化

为了节省用工和养护成本，在施肥和防治病虫害时，建议将计算好的肥料和农药用量混入灌溉水，搅拌均匀后一起施用。

（3）利用雨水浇灌

利用雨水做灌溉水时，雨水收集净化设施上应加盖，以防灰尘和害虫落入造成二次污染。利用雨水时，要先进行水质分析，如果雨水含 N、P 量高，施肥时应根据水质情况适当调整肥料的成分和含量。对于污染严重的雨水，可根据需要加设过滤装置和沉淀层，雨水净化合格后再利用。

5.2.5　滴灌系统的使用与维护

（1）使用

为了保证滴灌系统能够长期正常工作，必须做到以下几点：先打开控制阀或控制开关，使滴器有水流出；在此基础上，逐级打开上游开关，以保证滴灌系统各个部分的正常使用；严格控制滴灌系统的工作水压稳定在一定阈值内，保证均匀灌溉，以免影响灌溉质量；定期检查首部系统特别是过滤器，定期冲洗和检查过滤网，对破损过滤网要及时更换；在环境温度低于 0℃时，排除管道积水，防止管道产生冻胀而被破坏。

（2）维护

灌溉系统是确保植物健康生长、维持良好景观的关键因素之一。因此，必须对灌溉系统进行经常性的检查，以确保系统功能的正常运行。检查任务主要包括：

1）检查控制器、传感器、阀门和肥料分配器；检查并修复管道上漏水的地方。

2）检查适当的水压和水流。

3）清理灌溉喷嘴，防止堵塞：由于水中含有泥沙及有机物，引起悬浮固体物质的堵塞；由于温度、流速、pH 的变化，常引起一些不易溶于水的化学物质沉淀于管道或滴头上，堵塞水流；由于胶体形态的有机质、微生物等，不容易被过滤器排除所引起有机物堵塞。发现堵塞，及时采用酸液冲洗法、压力疏通法等处理方法。

4）注意冬季在 0℃左右，应及时泄水避免管道涨裂，破坏灌溉系统。

5.3　雨水收集与利用

由于城市化进程的推进，不可避免地伴随着道路、建筑群等不透水面积的增大，持续强降雨时会导致城市内涝，近几年来城市"看海"模式不断上演。因此，采用建筑立面绿化雨水收集净化利用工程，是一种开源节流的绿化灌溉方式。

5.3.1　国内外雨水利用现状

早在 1989 年，德国颁布了《雨水利用设施标准》，标准规定了三个雨水处置的途径：一是屋面雨水的利用，主要用于生活用水、公园绿化和道路喷洒等非饮用水；二是雨水的截污与渗透，城市道路雨水主要排入下水道或通过地面渗透的方式来补充地下水；三是生态小区雨水利用，修建的渗透浅沟，用于径流雨水的下渗。当雨量较大时，超过地面渗透能力的雨水就会进入到人工湿地或雨水蓄水池等储水设施中，作为居民小区的水景用水或者继续下渗。同时，德国许多城市政府还通过制定雨水收集法规来保障雨水收集利用的普遍推广。

日本在雨水利用方面也积累了大量经验。从 1980 年开始，日本建设省实施了雨水的贮存渗透计划，保证了雨水资源的综合利用。在 1992 年颁布的《第二代城市下水总体规划》中，日本正式将雨水渗沟、渗塘和透水地面作为城市总体规划的重要组成部分，这一举措有效促进了城市雨水资源化进程。

在我国，近两年海绵城市建设被政府部门提上日程，受到各地主管部门的重视，致力于探索以雨水收集利用为核心的海绵城市的建设措施。

5.3.2　雨水收集利用系统

从国内外对城市雨水资源的保护和利用情况来看，当前采用的主要措施是：包括收集、调蓄和净化后回用的直接利用，也包括利用各种人工或自然水体、池塘、湿地或洼地使雨水渗透补充地下水资源的间接利用,还包括与洪涝控制、污染控制、生态环境改善相结合的综合利用。总体来说,雨水的回收利用处理技术按照其实施过程分为两个步骤:

(1)降水的回收

城市中需要对建筑降水进行收集,改造建筑回收管道、储蓄池。通过管道收集到储蓄池的降水,可以用作城市景观水源补充水,例如湿地的补充水、绿地浇灌水、冲厕水等。

(2)降水的处理

处理的方法可分为物理化学法、生物处理法以及物化与生物相结合的方法。物理化学方法与给水处理方法类似,通过沉淀池对降水进行沉淀、过滤,然后进行消毒处理后,可用于日常的杂用水。生物法则是利用厌氧和好氧微生物对降水中的有机物等污染物进行处理,例如建立生物塘、人工湿地等,处理后的水可直接用于城市绿地浇灌、排入水体或用于补充地下水。物化法与生物法相结合,可以将雨水进行更深度的处理,处理效果更好。

5.4 滴灌系统案例

将控制器、过滤器、施肥器以及其他组件组装成滴灌系统,利用事前设计好的管线以及水的重力自动浇灌,在建筑立面绿化区域的底部安装水槽接住上层绿化模块的余水加以利用,有效解决了建筑立面绿化的浇灌和排水问题。下面以最常见的与几种绿化模块相配套的灌溉系统为例,进行详细阐述。

(1)G-sky模块滴灌系统

2005年日本爱知世博会展示的长达150m、高12m以上的"生命之墙",采用G-sky模块及配套灌溉系统,该系统设计适用性强,在建筑立面绿化中被广泛运用[11]。G-sky灌溉采用压力补偿聚乙烯滴灌系统,即由过滤器、湿度传感器、压力补偿器、控制器、施肥器、电磁阀、肥料注入装置等配件组成(图5-34)。水管沿结构框架进行布置,通过压力补偿器补压将水送到布置在建筑立面上各个位置的绿化植物中。灌溉系统由主供水管路开始,在绿化面上分为若干的分区。根据植物不同的生长阶段、位置高度、朝向以及温湿度等,灌溉系统按照设定参数自动循环供给植物生长所需的水分和养分。滴管排口不与栽培介质直接接触,避

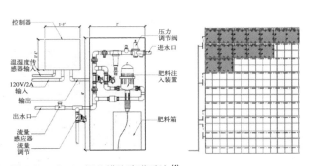

图5-34 G-sky绿化模块滴灌系统[4]

免了滴管堵塞的隐患，从而增加了灌溉系统的稳定性、持久性。

（2）ANSystem 模块滴灌系统

ANSystem 模块滴灌系统采用英国 Wavin 有限公司的 Osma Squareline，它是由耐紫外线、抗老化的硬聚氯乙烯（PVC-U）制成。灌溉系统包括水箱、肥料箱、灌溉滴灌道、控制器、传感器等，保证水流量均衡分配到每个灌溉单元格上。运用水箱，水箱的大小根据具体情况而定，灌溉滴灌道规格是 107mm×71mm。每个单元模块的顶部有灌溉发射器，在单元格的底部配有排水和收集水的设备。通过法国多仕创（Dosatron）营养液分配泵按比例供应植物生长所需的营养。计算机程序根据各个相关站点反馈回来的信息自动调节电磁阀，不断校准和调整水压力，确保供水均匀（图 5-35）。同时，流失的小部分水会经过排水系统进入灌溉系统循环使用，提高水分利用率。

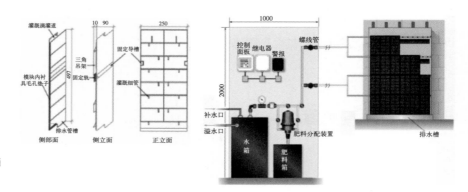

图 5-35 ANSystem 模块滴灌系统

（3）壁挂植物种植模块滴灌系统

壁挂植物种植模块整体为全镂空结构，其前下方有 R30 的大圆孔及后下方有 R4 的小圆孔、50mm×12mm 方孔均起到排水、透气作用。[12] 水管材料为聚氨酯，可抵抗冻水造成水管膨胀。模块系统前面板倾斜设计，多余的水分从前面板上的排水孔流出时被斜面引导，直接流入下层栽培槽。每个模块下方留有 20mm 的封闭式蓄水槽，栽培槽底部可以储存少量水分，也能在雨天蓄积一定量的雨水（图 5-36）。另外，在系统最下面建一条排水槽，用来收集从高处流下的水，并回收至

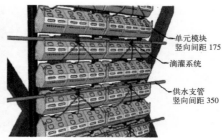

图 5-36 壁挂植物种植模块滴灌系统

自动灌溉系统，从而达到循环利用。

为不影响建筑立面绿化的景观效果，滴灌管道全部布置于模块背部，滴箭则由和植盒槽背部插入栽培介质中。滴灌系统由电气集中控制柜控制区域电磁阀，由人工按键控制开关。滴灌系统划分为若干单元，每单元一组滴灌管网，组与组之间可根据需水量相互独立供水。高层建筑立面绿化高差大，灌溉系统的压力差较大，采用压力补偿式滴头＋滴箭形式。压力补偿式滴头在水压变动范围较大时依然保持流量的恒定（在 0.15～0.30Mpa 工作压力下，流量波动不大于 10%）；加上滴箭内置紊流槽，这就使得整个滴灌供水更为均匀平衡。很好地解决了高层建筑立面绿化稳定长效的灌溉。

（4）ELT 模块滴灌系统

ELT 模块系统的矩形模块非常节省空间，并且便于设置浇灌系统。如前所述，种植模块包含三部分，分别是：种植植物、栽培介质以及种植面板。每个种植面板上有 10 个种植单元，种植单元的底部有槽口用以排水和通风。每个槽口并没有完全延伸到后面的单元，这为每个单元提供了一个保水区。ELT 系统排出的水通过排水管道收集到蓄水井中循环利用。ELT 还有一套完备的雨水收集系统，如图 5-37 所示，可以利用集水槽储存雨水，经过过滤净化等流程后再用于植物灌溉，具有很好的节水效果。

图 5-37 ELT 雨水收集系统

（图片来源：http://www.eltlivingwalls.com/Portals/0/TD-Hogs-web-size.jpg）

（5）植生毯灌溉系统

植生毯系统所占用的空间少，同时结构墙面承重也小。该系统采用自动控制滴灌技术，主管道设置在植物袋的顶端，定时灌溉和施以营养液，提供植物生长所需要的水分和养分。水管材料为聚氨酯，可抵抗冻水造成的水管膨胀，水管水平横置在植生毯的上方，每隔 100mm 打一个直径 2mm 的出水孔，足够的水压保证水孔出水。用机械泵将植物所需的养分溶解到水中，通过灌溉装置供给植物。另外，在植生毯下建一条排水槽用来接收从高处流下的水，并回收至自动灌溉系统（图 5-38）。如果灌溉液采用收集到的雨水，则可减少灌溉液中的矿物质配制量。

图 5-38 植生毯灌溉系统

目前，也存在一些问题：由于植物袋蓄水性较差，滴灌过程中水分下渗，会造成下部水分多于上部等。

参考文献：

[1] 谭建萍等 . 垂直绿化种植容器 [J]. 广东园林，2015，37（04）:21-24.

[2] 吴农，吴薇 . 看大型博览会背后的可持续发展技术——2005 年日本爱知世博会 [J]. 华中建筑，2008（26）: 30-33.

[3] 海纳尔 . 海纳尔给建筑物穿上环保衣 [J]. 工业设计，2011（05）:50-51.

[4] 贺晓波 . 垂直绿化技术演变研究及植物幕墙设计实践 [D]. 杭州：浙江农林大学，2013.

[5] 叶子易，胡永红 . 2010 年世博主题馆植物墙的设计和核心技术 [J]. 中国园林，2012，28（02）: 76-79.

[6] 袁维 . 模块式绿化在垂直绿化空间中的设计与应用 [D]. 沈阳：鲁迅美术学院，2013.

[7] 徐家兴 . 建筑立面垂直绿化设计手法初探 [D]. 重庆：重庆大学，2010.

[8] 吴赟翀；费君华 . 一种错位叠垒式花盆及其叠垒组合形成的立体绿化墙面 [P]. 中国专利:CN204119871U，2015-01-28.

[9] 王欣歆 . 从自然走向城市——派屈克·布朗克的垂直花园之路 [J]. 风景园林，2011（05）:122-127.

[10] 吴玉琼 . 垂直绿化新技术在建筑中的应用 [D]. 广州：华南理工大学 . 2012.

[11] 刘学祥 . 绿化模块在垂直绿化中的综合应用 [J]. 上海农业科技，2010（03）:111-112，114.

[12] 潘春明 . 自然的睿智——2005 日本爱知世博会的生态技术应用介绍 [J]. 技术与市场（园林工程），2006（11）:32-34.

06

第6章
建筑立面绿化工程技术

传统的建筑立面绿化大多靠栽植攀缘植物来实现，简单易行，但由于植物种类、生长速度、生长长度的限制，与建筑立面材料、绿化高度等有效匹配存在较多问题，导致建筑立面绿化景观单调、成景速度缓慢。随着建筑技术和绿化技术的发展，两者的紧密结合为建筑立面绿化技术提供了条件，也拓展了建筑立面绿化的空间，使得建筑立面绿化突破传统攀援模式，不断创新模式。以植物生长所需要的必要条件为导向，充分利用不同材料来构建绿化系统，优化安装工艺，为植物创造良好的生长环境。近年来出现新的建筑立面绿化技术，如在建筑立面上安装容器式、模块式、植生毯等人工种植基盘。从 2005 年日本爱知世博会开始流行，我国在上海、北京、香港等地也开展了建筑立面绿化工程新技术的研究与应用。

6.1 新技术特点

建筑立面绿化新技术体系突破了仅依赖植物攀爬特性形成立面绿化效果的限制，主要包括壁挂式绿化系统、模块式绿化系统、植生毯绿化系统等。新技术使建筑立面绿化以建筑技术的身份进入了建筑领域，拓展了绿化在建筑立面的应用范围。

6.1.1 一体化

同传统建筑立面绿化技术相比，新技术是一个综合、全面的大系统，由构造系统和养护系统两个子系统组成。构造系统是植物与栽培介质的承载空间，也是植物与建筑的连结构件，决定了选择植物的种类和栽培介质的类型，建筑立面绿化的效果和养护方式；养护系统是植物生长和持续景观效果、生态效益的保证，这些相关性都决定了新式建筑立面绿化技术必须是涵盖方方面面的一体化技术[1]。

建筑立面绿化新技术是植物栽培技术与机械设计的结合，在规模化生产中更是大量应用机械制造的原理以达到更高的精密度，如植物模块形状、大小、支撑结构等的设计生产与机械设计密切相关。

在新技术的施工中，各项技术要协同工作。支撑结构的施工、种植基盘与支撑结构的连接、植物的种植，常常同步进行，需要有专业的施工指挥。在后期维护中，如果绿化面积较大、高度落差较大，还需考虑如何布置植物，更换植物，修剪枯枝、病枝和分区灌溉等问题。因此，建筑立面绿化新技术的应用，从设计、施工到维护是一个一体化的过程，它将建筑设计、植物设计以及机械设计和加工、施工都紧密联系在一起。

6.1.2　独立的承载结构和种植模块

传统建筑立面绿化技术通常由地面或建筑主体结构承载植物，而在建筑立面绿化新技术中常常出现单独的承载结构体系（图6-1）。这些承载结构体系是建筑立面绿化构件与建筑的桥梁，可以设置在建筑上，由建筑结构承载构架与绿化植物、栽培介质共同的重量；也可以脱离建筑独立存在，将自身重量及绿化植物、栽培介质重量传到地面。一般承载结构使用强度高、耐腐蚀、重量轻的铝合金、不锈钢或塑料等，架体下面的排水槽和水箱用不锈钢或塑料制成，排水槽置于地面，水箱半埋或全埋地下，用焊接、铆合、地埋方式定型和固定。

图6-1　独立的承载结构

由于支撑结构作为承重手段的一部分，使新技术的结构体系出现了很大的变化，支撑结构不再只是辅助植物攀爬。种植基盘（图6-2）是除辅助构架外的另一个重要元素，新技术通过支撑构件将种植基盘立起来，种植基盘为植物提供生长空间，决定选用绿化植物的种类和栽培介质的类型，影响到建筑立面整体景观效果和生态效益。种植基盘、支撑结构成为建筑的第二表皮，这对建筑设计有巨大的意义，将其精细性进一步提高，丰富建筑立面绿化的造型手法。

图 6-2　种植基盘

6.1.3　精密的灌溉系统及雨水收集利用系统

由于传统的建筑立面绿化技术是采用爬山虎等攀缘植物，攀爬植物可以从地下获取必要的水分及养分，只要在建筑主体做好排水层，辅以简单的人工灌溉即可完成平面浇灌；而建筑立面绿化新技术的植物受生长环境的限制较大，为保证建筑立面绿化植物的正常生长和景观生态效益，需要精密的灌溉系统，为建筑立面绿化的养护管理提供便利。在新技术中最常用到的是自动滴灌系统，通过程序控制水压，使水缓慢地流到栽培介质中，这种灌溉方式不仅用水节约，灌溉效果也较好。同时，良好的过滤系统解决了滴管的堵塞，易于控制和操作简便，常见的类型包括级联、精密和内置滴灌（图 6-3）。

建筑立面绿化是海绵城市建设中的一部分。采用雨水收集利用技术（图 6-4）

图 6-3　精密灌溉系统

的建筑立面绿化，更能有效促使绿化植物与雨水的相互利用。建筑绿化的栽培介质和部分模块具有一定的蓄水量，落到建筑立面的雨水有一部分被植物吸收、栽培介质和模块蓄留，剩下的部分雨水通过排水槽收集进行循环再利用。

　　雨水汇集采用高强度塑料蓄水池 PP 拼装模块，对建筑立面绿化的降水进行汇集、储存。由再生的聚丙烯制成的PP 模块，是蓄水池的基本单元，组合体外侧由防渗膜和保护层包裹，具有投资少、施工工期短等特点，同时具备较强的三向承压能力和稳定性。上方可以覆土进行绿化或者建设停车场等，完全不影响地面设施的建设和使用。

　　收集的雨水处理（图 6-5）分自然沉淀和混凝沉淀两种方式，自然沉淀简单有效，但需要足够长的停留时间；混凝沉淀处理更高效干净，但成本高[2]。一般，雨水采用投加混凝剂后直接过滤、消毒的方式。雨水首先通过系统中的滤网进入初期弃流装置，不达标的雨水排入弃流管道，达标的雨水输送到蓄水池，最终被循环利用。同时，多余的雨水经溢流管道流出。

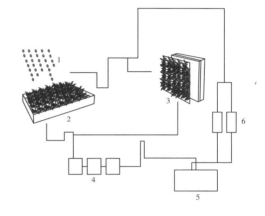

1. 雨水　2. 屋顶绿化　3. 建筑垂直绿化　4. 过滤　5. 水池　6. 水泵

图 6-4　建筑立面绿化雨水收集利用技术

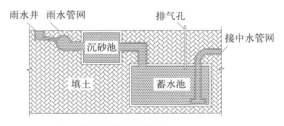

图 6-5　雨水汇集利用系统构造图

6.2　景观设计

　　建筑立面绿墙，是指在模拟自然界垂直立面植物群落的基础上，在建筑物或构筑物的立面，部分或全部覆盖绿色植物。

6.2.1　设计特点

建筑立面绿化设计，利用几何学上的点、线、面原理，达到丰富多样的景观面，具有定制化、批量化、安装方便的特点。以植物、栽培介质、种植容器以及结构载体为单位，按照景观需要自由组合、调整和更新。目前研发和应用的建筑立面绿化新技术主要有三大类，以下将分别介绍其形式和特点。

（1）壁挂式绿化系统

壁挂式绿化系统是把每株植物单独栽种在花盆容器、槽式容器或植物袋等不同容器中，容器与支撑构架通过铆钉或粘贴而悬挂起来。如第五章所述，根据支撑构架的不同，分为摆放式、VGP 悬挂式、植物袋等不同种类，更换植物方便，安装拆卸方便。灌溉系统一般使用滴灌或雾喷系统，以前者为主。

1）结构布置方式

摆放式。骨架可结合建筑结构制作安装，也可独立于建筑立面。通常先紧贴或离开建筑立面 5 ~ 10cm 搭建平行于立面的构架，再将事先栽植好的花盆摆放在骨架空格中。

VGP 悬挂式。在容器的顶部或侧面安装连结构件，将其悬挂在支撑构架上。

植物袋。利用优质无纺布加工成植物袋，用专用乳胶把植物袋粘贴到要绿化的建筑立面上，使植物袋和建筑立面牢牢固定在一起。这种形式成本低、施工周期短、应用广。

2）植物选择

选用的植物种类较多，包括木本、草本和藤本植物等，如杜鹃、矮牵牛、何氏凤仙、三色堇、羽衣甘蓝、一串红、金盏菊、铁线蕨（*Adiantum capillus-veneris*）、肾蕨（*Nephrolepis auriculata*）、'波士顿'蕨、常春藤、'花叶'络石等。

3）应用特点

壁挂式绿化系统中，植物的生长状态与地面几乎一样，是传统的容器种植方法的改良。这类绿化形式特点是符合植物生长方向，安装、拆卸方便；缺点是植物覆盖面小，容器与支撑框架设计不当会影响立面效果。在该绿化系统里，容器成为建筑立面绿化构图的一部分，需要对容器的造型、色彩、肌理等进行相应处理，形成建筑设计中富有美感的表现元素。

（2）模块式绿化系统

模块式建筑立面绿化技术是一个有完整结构体系的绿化系统，利用支撑构架将带有种植容器的模块化构件安装到建筑立面上，并在模块中种植固定植物，通常有精密的灌溉系统作支撑[3]。这种模块化构件种类多，模块的尺寸范围大，可以设计成多种造型,可以拼接成任意形状、大小和图案。模块式建筑立面绿化系统的绿化类型非常丰富,因此可以适应绝大多数结构类型的建筑立面。

模块式绿化系统是一种标准化的模式,由绿化模块、结构系统和灌溉系统三大部分组成。单元模块包括容器基盘、栽培介质和植物,容器基盘如种植基盘、种植槽、种植箱等,由塑料、弹力聚苯乙烯塑料、合成纤维等制成,可种植大密度、多样性的植物。通过结构系统固定到建筑上形成绿化面,支撑框架连接种植面板和建筑墙面,一般采用耐腐蚀、强度高的不锈钢铁或塑料等框架,以保证种植面板安全、稳固的连接。灌溉系统与结构系统紧密结合,为单元模块提供水分和养分。

1)G-Sky 绿化系统

G-Sky 系统具有专业的模块面板,适用性较强,使用较灵活,可广泛应用于混凝土、砖、金属、木等建筑立面结构上进行绿化,植物能在各种环境状况下繁茂生长。G-Sky 模块绿化系统包括单体模块、支撑架、灌溉系统、防水排水结构等,它们之间的相互关系以及关键节点技术对施工具有指导意义[4](图 6-6、图 6-7)。

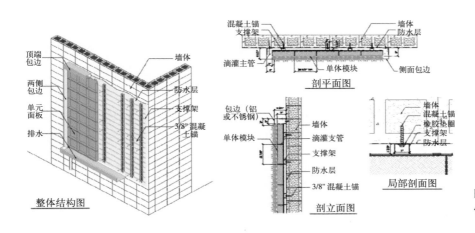

图 6-6　G-Sky 模块绿化整体及立面解剖图

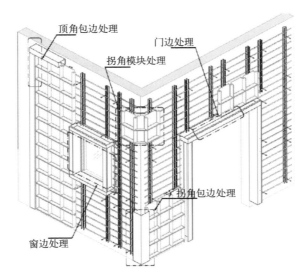

图 6-7　关键节点处理

2）ANSystem 绿化系统

ANSystem 绿化系统的种植模块是由可回收材料聚乙烯（PE）和聚丙乙烯（PPE）混合制作而成，抗老化、防火、安全。采用全自动灌溉的建筑立面绿化系统，可以安装在任何结构和任何大小的建构筑物上。安装方式简单，由固定杆支持单元模块依附在墙面上，方便拆卸和维护。每个单元模块格内的植物种植深度为 150mm，支持强根系生长和广泛的植物种类选择。每个单元模块的顶部有浇灌设施，底部配有排水设备（图6-8）。

3）壁挂绿化模块系统

壁挂植物绿化系统能与建筑立面结构系统紧密结合，在华东地区得到广泛的应用。上海世博会主题馆东西墙建筑立面绿化正是采用这种绿化系统（图

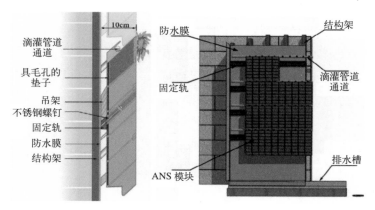

图 6-8　ANSystem 模块绿化整体及立面解剖图
（图片来源：http://www.ansgroupeurope.com/）

6-9）。采用了自动化精准滴灌系统，能大大提高植物成活率和减少养护用工。系统在节水、降温等方面优势明显，保证植物良好的生长势及较佳的景观效果。

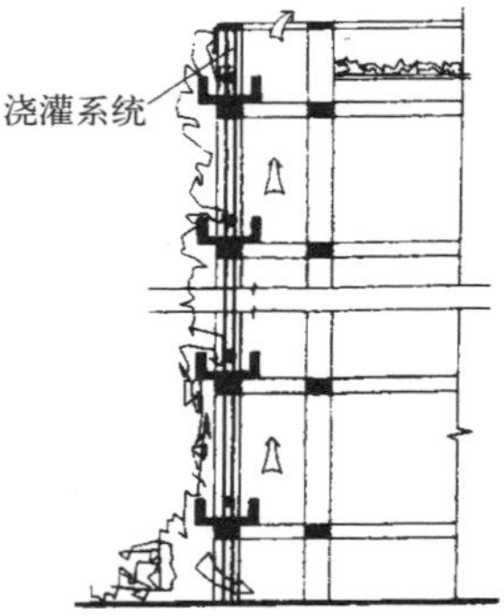

4）ELT 绿化系统

ELT 绿化系统具有温度适应性强（2～46.5℃）、轻质（湿荷载小于 96N/m²）、安装损耗少、设施的隐蔽性强、结构灵活多变等优点，适用性较强。单元面板的大小为 300mm×300mm×100mm，可以根据高度和宽度拼装成各种尺寸；支持超过 100 个植物品种自然生长；连锁板的设计易于安装；每个种植单元内都有内置的蓄水容器，配套的滴灌系统均匀高效，保证每个种植单元持续供水。

图 6-9　西墙绿化结构示意

5）VGM 绿化系统

VGM 绿化系统由 VGP 种植箱、植物系统、自动滴灌系统及不锈钢壁柱支撑系统等组成，可拆卸、便于装配。VGP 种植箱是由高强度轻质聚丙烯材料结构面板组装而成，具有很强的耐腐蚀性，承重为 9800N/m²。

①植物选择：可用于模块绿化系统的植物品种丰富多样，有数百种，包括小灌木、草本和悬吊等观叶、观花、观果植物，详见附录。常用的植物主要有：

绿色调植物：景天科（Crassulaceae）植物，如佛甲草、垂盆草等；蕨类植物，如井栏边草（Pteris multifida）、剑叶凤尾蕨（Pteris ensiformis）、肾蕨等。

彩色调植物：'金叶'假连翘、红叶石楠、[金森]女贞、六道木（Abelia biflora）、'花叶'络石或'黄金锦'亚洲络石（Trachelospermum asiaticum 'Ogonnishiki'）及苋科莲子草属（Alternanthera）红绿草（Alternanthera bettzickiana）、五色苋（Alternathera tenella）、红草五色苋（Alternathera amoena）等。

开花植物：蔓马缨丹（*Lantana montevidensis*）、何氏凤仙、美女樱、舞春花等。

②应用特点：由塑料、弹力聚苯乙烯塑料、合成纤维、铁等材料制成不同大小的标准模块容器，可种植种类繁多的植物，重量轻，不易脱落；整个系统使用年限超过10年，安装、拆卸简便，更换便捷；模块式容器形状多变，可用于不规则墙体上施工，可大面积进行高难度的建筑立面绿化；垂直面上可使植物覆盖度达到100%，避免"视觉死角"的出现。既可以形成整面绿墙，也可以按设计呈现一定的图案，营造健康、持久、良好的景观效果。

（3）植生毯式绿化系统

植生毯式绿化系统是当代建筑立面绿化的方式之一。最初系统的原始模型来源于热带雨林中的垂直生态系统，在热带雨林中某些植物仅需要水和矿物质就能生存。借鉴无土栽培技术上的优势，帕特里克·布兰克提出了现在大家所见的这种比较成熟稳定的建筑立面绿化系统。

1）结构布置方式

系统由支撑构架、PVC板、布毡、自动灌溉系统及附属构件组成，总厚度仅为100～150mm。支撑构架的材料可以是铝、镀锌钢、不锈钢或耐腐木等。帕特里克·布兰克选择由聚酯乙烯材料制成PVC板作为布毡的承重结构，具有防水、防潮、防腐、支撑的作用。支撑构架方形网格常用尺寸设计为610mm×610mm×40mm，便于与1220mm×2440mm的PVC板尺寸相配套。植生毯式绿化系统将植物栽植于双层布毡中，利于形成整体的垂直景观效果。同时，还成功解决了绿化的建筑立面负荷、抗风防冻和养料供给等问题，具有超薄超轻、防水阻根和养护费低等优势（图6-10）。

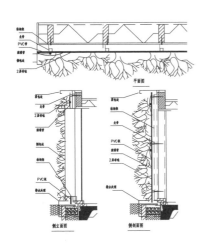

图6-10 植生毯式绿化系统示意图
（图片来源：http://flowers.hunternet.com.tw/）

2）植物选择

植物的运用是该系统最大的优势。根据所处的地理位置、微气候条件和方位等主要因素,确定植物种类、排列顺序和混植方式。多样的植物,不但能营造多角度、多层次视觉效果,还能促进植生毯生态系统的自我维持能力,防止病虫害的发生和蔓延,利于日常管护。通常种植密度 30 ~ 60 株 /m²,以岩生植物和附生植物为主,如麦冬、垂盆草、黑麦草、马蹄金(*Dichondra repens*)、景天、蕨类等。

3)应用特点

本系统以布毡取代传统的栽培介质,整体绿墙的厚度大幅缩小,所占用的空间极少,同时建筑立面承重也较小。系统突破模块构图图案的限制,在植栽种类和造型上自由度较大。帕特里克积极将它运用在建筑设计中。据统计,他为全世界多个城市的博物馆、音乐厅、酒店等 150 多个建筑创造了室内外垂直花园,实践成功证明了该绿化系统的优越性和现实意义。同时,也存在一些缺点:检修、更换或移除植物比较困难;建筑立面绿化上、下水分和养分不均;毡布易腐烂变质,使用寿命短等。

6.2.2　设计原则

(1)安全性原则

安全原则主要包括以下两个方面:一是要确保建筑立面绿化的建造不会对建筑本身或其他重要设施的结构、防水等造成影响,尤其要了解建筑立面的承载力;二是从建筑立面绿化自身的安全角度考虑,由注册工程师完成建筑立面绿墙的防风性能、承压、防腐蚀等方面的测算报告。遵循相关的条例和标准,保证建筑立面绿化不跌落或倒塌下来,避免安全隐患。

(2)协同性原则

建筑立面绿化的设计根据建筑物的特点和需求而有所不同。建筑立面绿化系统与建筑外立面墙体的结合有两种基本形式:一是传统藤蔓类绿化,绿化系统使用建筑外立面墙体来引导、支持其向上生长;二是间接的模块式绿化,绿化系统与建筑外立面墙体分离,但墙体和绿化系统之间由辅助系统与建筑外立面墙体连接,因此建筑立面绿化与建筑墙体结合时必须要和建筑系统相协调,尤其是注意防水、墙体的承重、排水等一些问题,以免造成重复施工对资源的浪费和对建筑的破坏。

(3)系统性原则

生态与景观并举,模块与框架契合。建筑立面绿化是建筑绿化的一种重要方式,是对建筑外立面维护和绿色建筑生态补偿的工程手段,也可以起到改善建筑立面环境、减少建筑耗能、保护外墙、美化建筑外立面的作用。建筑立面绿化在其功能上需要协调一致,最大效率地发挥其作用。新型模块式建筑立面绿化由种植模块、支撑结构和浇灌系统三大部分组成,其中模块系统性能决定应用植物大小、种植模块与支撑结构的连接以及支撑骨架与建筑外立面的连接,关系到系统整体安全性，灌溉系统为种植模块中的植物提供生长所需水分或肥料，从而影响整体景观效果和生态效益。灌溉系统与框架的组合涉及美观度等，关系到建筑立面绿化的可持续利用，因此设计时要注意运用系统性原则。

6.2.3 设计程序

建筑立面绿化一体化营造程序主要包括以下 5 个方面：

（1）在业主提供投标文件、设计图纸、设计说明文件以及工程管理单位的施工技术规范等基础上，充分了解相关国家规定和地方规范（表 6-1），进一步掌握现有类似工程项目的施工经验和技术成果，形成招标答疑文件，包括工期、质量、安全、成本控制等总体目标。

国家规定和地方规范 表 6-1

序号	规范编号	内容
一、绿墙建造工程		
1		业主提供的图纸等基础资料
2		设计师提供的绿墙建造方案
3	GJJ/T236—2015	垂直绿化工程技术规程
4	DG/J12714—2014	上海市立体绿化技术规程
5	DB31/T493—2010	上海市屋顶绿化技术规程
6	DBJ/T13-124—2010	城市垂直绿化技术规范
二、土建工程		
7	GBJ50204-2015	混凝土结构工程施工质量验收规范
8	GBJ50207-2002	屋面工程质量验收规范
三、测量工程		
9	CJJ/T 8-2011	城市测量规范
10	GB50026-2007	工程测量规范
四、地基工程		
11	GB50202-2002	建筑地基基础施工质量验收规范
12	JBJ79-2012	建筑地基处理技术规范
五、场地基工程		
13	GJJ/T82-99	城市绿化工程施工及验收规范
六、给水排水工程		
14	GB50268-2008	给水排水管道工程施工及验收规范

（2）项目场地分析，包括项目概况、项目难点分析，提出设计方案，并邀请专家对技术方案进行论证，确定建筑立面绿化采用的形式和模块系统，包括支撑结构与养护通道设置、植物选择与配置、浇灌系统与雨水收集系统等。

（3）在完成招标工作后，进行施工总体策划及施工部署，包括前期施工准备、施工流程、施工进度、人员安排等。

（4）实施施工方案，注意施工过程的安全。

（5）完工后，及时进行验收工作，进行日常养护、用户调查及综合评价。

6.3　景观营造施工和维护

建筑立面绿化施工前，根据与甲方沟通确定好的设计方案，仔细研究项目实施的具体措施，如落实运用的植物、栽培介质、容器、灌溉设施和支撑系统等。完成相关材料的购买，接下来就是组织施工。施工时，首先搭建脚手架、安装支撑框架、放置容器和种植模块、布设灌溉设施等。施工完成后，进行包边处理。由于许多建筑没有预留维护通道，建筑立面绿化不仅在初期建设，还是在后期维护都需要高空作业，存在费工、费时和安全隐患。

6.3.1　系统安装

建筑立面绿化新技术的主要特点是模块化，每一个模块都可以单独拆卸、替换，便于后期的维护和更换。首先按规范要求，搭建脚手架（图6-11）。安装过程中对技术要求不高，一般工人经过简单培训就可以操作，安装简单、快速。

安装前，首先根据建筑条件确定建筑可以承载的立面绿化总荷载，选用适合的建筑立面绿化系统进行绿化。不同的建筑立面绿化系统，安装方法也不同。小规模的建筑立面绿化，通常可以直接通过膨胀螺栓或预埋件将绿化系统模块安装在墙上；大规模的建筑立面绿化，则需要先安装构件，再安装种植模块，最后安装灌溉系统和安全检查。

（1）模块式

对于模块式建筑立面绿化系统安装前，

图6-11　脚手架搭建

根据设计要求，确定好的绿化植物预先栽培在选用的容器中，在苗圃地实施标准化生产，为实施模块化绿化提供规格统一、长势整齐、健壮的种植模块。安装按以下程序进行（图6-12）：

图6-12　模块式绿化系统的安装过程

1）检查建筑立面。如有防水、排水和施工缝等问题需要及时处理，确保建筑立面光滑平整、没有裂缝。

2）支撑框架安装。种植模块的支撑框架形式多样，目前主要是采用网格状垂直支架和水平支架组合。支架通过螺栓和焊接固定在建筑上；也可以做成与建筑平行的独立结构，设置支架距墙壁30～50mm，保证模块后的空气流通，以免建筑立面表面上发生结露。

3）模块安装。按照提前预留的水电接口，装好并调试控制系统和灌溉系统；然后安装预培好的植物单体模块。安装完成即可呈现出绿化效果。

（2）植生毯

对于植生毯建筑立面绿化系统安装时，首先通过脚手架安装支撑框架和PVC板防水层，在建筑立面和PVC板之间添加一些绝缘材料，布毡与PVC板之间有一层聚丙烯薄膜来加固。用不锈钢钉将双层布毡固定在 PVC 板上（图 6-13）。根据植物的大小在第一层布毡上切开 50 ～ 100mm 的水平开口，去除植物根部的大部分土壤，再将其嵌入两层布毡之间，用不锈钢枪钉将植物下方两侧固定。

图 6-13　植生毯绿化系统的安装过程

（图片来源：http://inhabitat.com/vertical-gardens-by-patrick-blanc/）

6.3.2　维护

建筑立面绿化施工完成后，为了保持建筑立面绿化植物的观赏性、生态效益和整套系统的正常运行，需要定期进行维护管理。在多年养护管理的经验上，总结出以下几个主要方面：建筑立面结构和支撑结构的集合情况、灌溉系统的性能表现、植物的健康状况。

（1）建筑立面的检查维护

建筑立面的检查一般针对以下 5 个方面：

1）在建筑内部检查整个建筑立面的渗水情况，或是由于水带来的任何其他破坏。

2）沿着建筑立面绿化的边缘检查可能出现的物理破坏，如水的渗透或是防水膜的剥落等。

3）检查墙体绿化外墙面的物理破坏，如水的渗透或是防水膜的剥落等。

4）检查植物的根是否穿透容器，是否对建筑立面产生破坏，移除外来物种或替换掉根穿透力强的植物。

5）检查排水通道中落叶、泥土和杂草的情况，并清除。

主要从预防的角度考虑，分析结构潜在的或可能出现的问题制定相应的维修计划，创建一个简单的任务分析体系和维修系统。检查建筑立面的第一步是看看安装机理、防水层以及建筑立面等的结构完整性。然后，再根据系统的特点分类检查。如在一些系统中，结构支架的组装是一项非常复杂的工程，需要深入检查；一些简单的结构安装，允许空气和水蒸气在建筑立面绿化的背后自由流动。

作为预防性检修，应该每月进行。在定期检查建筑立面结构时，同时还可以对其他方面进行统一检查，如建筑立面绿化中的人工照明系统，这也是检查更换灯泡的好时机。由于建筑立面绿化的支撑结构需要承担植物和栽培介质的重量，进行季节性的结构检查是必要的。对支撑结构和建筑外立面进行检查时，应当确保植物对建筑外立面没有造成损害，没有出现受潮和凝结的情况，与建筑立面进行衔接的部分需要定期用金属氟碳漆做防腐处理，同时确保建筑立面绿化支撑结构与建筑衔接的牢固性。定时的检修，为建筑立面绿化工程的完整性和安全性提供了保证，也延长了绿化景观的观赏时间。

（2）灌溉系统检查

灌溉失误可能导致植物长势不佳或死亡，甚至发生更严重的漏水事件，应重点检查给水排水设施。目前建筑立面绿化新技术主要采用自动精灌设施，可以根据植物长势，定期结合浇灌供给养料等。因此，必须对灌溉系统进行经常性的检查，以确保系统功能的正常运行。检查任务主要包括：清理灌溉喷嘴的碎石土，检查关系控制器、传感器、阀门和肥料喷射器，检查并修复管道漏水处，确保灌溉系统和施肥系统的正常运行，检查水压和水流。一旦灌溉系统发生故障，应立即停止滴灌系统的运作，查明故障原因并及时处理。在滴灌系统有故障而不能及时解决的情况下，必须确保建筑立面绿化植物的供水正常，尤其在夏季高温季节，必要时采用人工浇灌方式进行补水。

（3）植物健康状况检查

为了保持绿化景观，应当定期对植物健康状况进行检查。在安装的最初几个星期内，植物健康状况的检查应当每星期进行一次。随着植物生长，会引起设施生长空间的缩小，同时增加建筑立面的荷载，还会影响景观效果。建筑立面绿化的养护一年中需检查几次，通常建筑外立面绿化 3 次 / 年，内立面绿化每两个月检查1 次。具有显著枝干的灌木，需要每年修剪枝条 1 次，灌木的枝条顶端不得超出承重结构 2m，以防止枝条过长造成重心的偏移，修剪掉在建筑立面扎根的枝条，抽稀过度生长或整形乱成一团的植物。必要时通过喷雾系统来提高空气湿度，同时清洗叶面浮尘，使叶片滞尘能力再生。

在病虫害防治方面，每次还需要检查植物病害、虫害以及杂草生长情况，根据病虫害发生情况进行针对性防治，并以低毒、广谱性防病治虫农药为主。根据具体情况，可以施加在营养液中，也可以喷洒在叶面上，但要注意人们的安全。最后每年做 1 次土壤测试，以确保保持适合的养分含量。对于死亡或长势不好的植物，需及时更换。按照选用的模块绿化系统的组成结构，单元模块主要有两种更换模式：一种是将固定单元模块的螺栓卸下，将需要更换的单元模块抽出，再插入新单元模块并以螺栓固定；另一种是将单元模块从次龙骨的挂钩上摘下，直接更换成新的单元模块。

6.4　安全保障

6.4.1　安全设计

设计时，应注重建筑立面绿化体系的整体安全性能。主要有以下几个方面：

（1）除要考虑满足建筑立面绿化时自身所受的各项荷载外，同时应充分考虑满足绿化模块的各项荷载，特别要考虑在绿化模块使用过程中的湿重荷载状况。

（2）充分考虑建筑立面绿化系统与绿化模块之间的连接构造，应与绿化模块进行匹配设计。

（3）优化设计金属支架及相关辅助系统的构造，关注绿化模块使用过程中潮湿环境对建筑立面绿化系统的腐蚀影响，合理选用构架材料和杆件连接形式。

（4）支撑构架不仅需要承受模块的自重，还要经得起自然外力的影响，需要牢靠地固定在墙面上。所有的金属构件都应当进行防锈处理，例如镀锌技术或喷涂防锈漆。

（5）在浇灌管路的布置设计上，预先根据绿化模块浇灌管路的走向设置连接模块扣件的固定连接支座，固定连接支座要做到安全、防腐蚀。

（6）模块材料要有较高的耐性、抗老化和防腐化性能。

6.4.2　组织措施

首先，编制切实可行的施工组织设计方案及各项工程的技术交底，提前落实图纸和现场施工的技术问题和相应措施，尽量减少返工；准备各工种、各施工机械和各种工程材料，坚持按审定的施工方案组织现场施工。将施工总进度分解为多个层次，再按各层次分解为不同的进度分目标，建立起一个以分解进度目标为手段，以进度控点为目标的进度控制系统：

（1）按施工单位分解，明确各单位目标。明确各单位的工作目标后，通过合同责任书落实分包责任，以分头实现分目标来确保总目标的实现。

（2）按专业工种分解，确定时间节点。在不同专业和工种的任务之间，进行综合平衡，确定相互间交接日期，保证工程进度，不给下道工序造成延误。通过掌握对各道工序完成的质量与时间的控制，达到各项工程计划的实现。

（3）实现工期进度计划的动态控制。施工阶段进度计划的控制是一个动态控制的过程，施工现场的条件与情况千变万化，项目经理部要随时了解和掌握与施工进度相关的各种信息，一旦发现进度拖后，首先分析产生偏差的原因，并系统地分析对后续工序产生的影响，在此基础上提出修改措施，保证项目最终按预计目标实现。

6.4.3 质量控制

工程严格按 ISO9001：2000 质量管理体系要求进行施工管理，建立并执行行之有效的规范化质量体系。按国家现行技术标准、施工规范和验收评定标准等相关规章制度验收，主要包括：贯彻质量目标责任制，建立以项目经理和项目技术负责人为领导核心的质量责任保证体系[5]；对本工程技术文件包括设计变更、施工联系单等从施工到回收的全过程进行控制；对供应商选择及产品的质量进行严格控制，保证所采购的产品符合要求；对业主方提供的物资进行有效的控制，按规定对其进行验证、检验、储存和保管，使其满足施工的需要；对特殊工序由具备资格的人员进行操作并进行连续的监控；严格按规定对产品和过程进行检验和试验，确保质量符合要求。

6.4.4 安全措施

（1）制度

成立工程施工安全领导小组，实行安全目标管理。建立安全制度保证体系，包括岗位管理、措施管理、投入和物资管理以及日常管理等 4 个方面的制度；严格执行安全技术标准，如机械安全技术、用电安全技术、防火安全技术、防高空坠落安全技术、施工现场安全技术等；确保与施工安全要求相适应的人力、物力和财力投入，配备专职安全员，坚持每日现场巡查，发现问题及时整改，同时进行备案，以便复查及防止相同问题重复出现。

（2）脚手架和安全网搭设要求

根据经过审批的专项方案搭设脚手架，作业人员持证上岗，系安全带作业，搭设脚手架和安全网（图 6-14），验收合格后才能使用。总体搭设要求横平竖直，连

图 6-14 脚手架和保护网
搭建

接要求设施齐全、牢固不变形、不摇晃，架体垂直度偏差不大于 1/200，架体承载力不超过 3000N/m²，在外架转角处适当位置搭设立形斜道，供作业人员上下使用，外架顶部、转角设避雷装置，局部设置良好的接地装置，接地电阻不小于 4Ω。

严格按施工方案施工，所有与结构连接的埋件，做到埋设牢固、位置正确，施工中要随时检查紧固件是否缺少和破损。严禁在施工中随意拆除拉结点，严格控制施工堆积层次和单位面积堆积荷载。在检查中发现有失稳和松动现象要立即进行加固。

（3）管线及地上安全设施

在施工准备阶段，根据甲方移交的管线进行综合考虑施工现场平面布置；对必须开挖的区域，在地下管线 500mm 范围内严禁机械开挖，应由人工小心开挖，清理出管线走向；在施工过程中，如意外损坏地下、地上管线，应立即停工并上报主管部门，保护现场，等待专业人员前来处理，严禁私自处理。

6.4.5 文明施工

（1）现场的建筑材料及周转材料按施工总平面图指定地点堆放整齐，不能回收使用的材料及时清理出场，不可占用主要的交通要道，严禁乱堆乱放，每日现场派人负责清理工作以保持场地整洁、有序。

（2）施工现场挂设的各种宣传标牌、警示牌、指示牌（图 6-15），做到统一化、规范化和标准化。

图 6-15　宣传标牌、警示牌、指示牌

（3）加强施工用水、用电管理，施工用电按临时施工用电方案实施，严禁电线私拉乱接，做好节约用电的工作。

（4）各种施工机械派专人负责操作并及时维修保养，经常性保持机械设备整洁，机械设备不带病运转。

6.4.6 环境保护措施

建筑立面绿化项目的实施，基本与建筑施工同步，或在建筑施工结束后、投入使用前，所以在环境保护方面需要特别注意以下内容：

（1）场地内外保持整洁有序，无污染、污水，垃圾集中堆放，及时清理。

（2）施工所采用的模板、钢材制作，尽量在后场完成，以减少现场噪声污染。

（3）施工人员须穿着统一、干净的服装进出工地，并佩戴员工卡，严禁衣冠不整人员进场施工。

（4）建筑施工垃圾将搭设封闭式临时专用垃圾通道，严禁随意凌空抛撒。拆除临时设施时，施工垃圾及时清运，适量洒水，减小扬尘。

（5）施工现场严格遵照《中华人民共和国建筑施工场界噪声限值》控制作业时间。

6.4.7　季节性施工

（1）雨季施工

雨季施工前，认真组织有关人员分析雨季施工生产计划，根据雨季施工项目编制施工措施，所需材料要在雨季施工前准备好。做好施工场地排水规划，按施工现场地势情况，在建筑物周围、材料库、料场、作业棚附近挖好排水沟，并与道路排水沟连接，使雨水有组织地汇入场内原有的排水系统。

雨季施工时，应保证施工人员的防滑、防雨、防水需要（如雨衣、防滑鞋等）；注意用电防护；降雨时，除特殊情况外及特殊工位外，应停止高空作业，将高空人员撤到安全地带，拉断电闸。

（2）夏季施工

夏季高温季节要适当调整作业时间，做好放弃中间抓两头，即早上班、加晚班、中午休息，要保证一线工人安全的工作环境；施工现场及时备足和发放防暑用品，做好施工人员的防暑降温工作；汽油等易爆物品，及时回收入库，不得在太阳下暴晒。

遇极端恶劣天气，不能满足工艺要求及不能保证安全施工时，停止施工。此时，应注意保证作业面的安全，设置必要的临时紧固措施。

6.5　项目管理

6.5.1　项目管理架构

根据建筑立面绿化工程特点，设立相应的项目管理体系。人力方面，按项目总部和现场项目部两部分组织施工，实行项目经理责任制，并配备相应的施工和

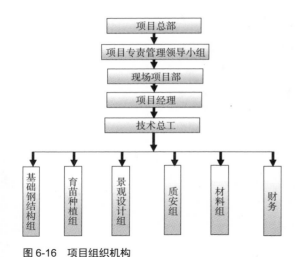

图 6-16 项目组织机构

安装设备，确保工程质量和工程进度的要求。按照下面组织架构形成完整的工程组织体系（图6-16）。

6.5.2 主要施工机械

为确保施工节点及总体进度部署，均衡连续施工，交叉搭接合理，机械的安排既要考虑高峰期机械需求充足，又要尽最大努力消化高峰机械力的投入。在建筑立面绿化工程中，使用频率比较高的机械如表6-2所示。此外，在建筑立面绿化施工中，还会使用到临时调用的机械。

	建造机械配置表		表 6-2
序号	机械设备名称	型号	数 量
1	磨光机	750W	10
2	手电钻	750W	10
3	冲击钻	1500W	4
4	切割机	DN350mm	2
5	电焊机	ZX7-315	3
6	等离子切割机	LGK-100	1
7	空压机	FB-0.36/8	1

6.5.3 施工组织机构功能与职责

为了统一组织、管理、协调和合作，确保施工的安全、质量和进度，根据项目法施工，实行严格的项目管理。

（1）工作组职责

项目部：全面负责现场的具体施工工作。

质安组：负责施工现场安全生产和保卫工作。

基建工程组：负责钢结构、浇灌系统工程的施工工作。

材料组：负责各单项工程的材料采购及质量监控工作。

景观设计组：负责与设计单位沟通景观调整工作。

财务组：负责项目部财产与财务管理工作。

（2）项目经理职责

项目经理对工程项目实施全面负责。负责组织和管理进入施工现场的人、材、物等生产诸要素，协调好与业主、工程管理单位、设计单位、地方主管部门、分包单位与各方面的关系，保持与业主、工程管理单位、设计单位良好的沟通。

负责工程项目的管理，组织好现场施工人员进行安全文明施工，处理解决施工现场的生产、后勤问题。根据现场的施工情况编制施工报表，负责现场施工准备、人员分工、材料进场、作业计划及各项目工作的具体落实；协调各工种之间的关系，根据施工组织设计和现场具体情况，做出切实可行的作业部署和工程材料的进场与使用计划；检查单位工程的测量工作以及原材料的鉴定和送检工作。深入现场，定期对安全、文明及质量施工进行检查，随时解决施工过程中出现的各种问题，确保所签订的施工合同全面实现。

（3）技术负责人

负责项目的技术工作，保证全面完成技术指标，做好技术管理工作。负责组织工程技术人员及各工种人员学习技术标准，熟悉工程工艺、工序及施工规范。检查、督促其按设计图纸、技术标准、工程施工工艺、工序及规范等进行施工，落实施工计划的完成情况及全面质量管理，解决工程施工中出现的技术问题，编制施工技术方案。同施工人员一道，向班组进行技术交底，参加隐蔽工程的验收工作。

参考文献：

[1] 张萌等. 可移动式垂直绿化栽培介质研究 [J]. 江西农业学报，2009，21（01）:35-39.

[2] 罗芮婕等. 基于海绵城市的雨水利用技术现状与发展 [J]. 成都工业学院学报，2016，19（04）:19-21.

[3] 胡永红,叶子易,秦俊. 模块式绿化在竖向空间的设计与应用 [J]. 中国园林,2012(7):64, 82.

[4] 贺晓波. 垂直绿化技术演变研究及植物幕墙设计实践 [D]. 杭州：浙江农林大学，2013.

[5] 吕继辉等. 墙体垂直绿化施工技术在深圳湾科技生态园的应用 [J]. 建筑施工，2017，39（06）:876-877.

07

第7章
建筑立面绿化综合效益

城市生态环境是衡量一个城市进步与发展的标尺。当今城市里钢筋水泥林立、公路高架遍地，硬质地面的增加势必使平面绿化面积减少，建筑立面绿化已成为城市绿化发展的新方向。建筑立面绿化有节约土地、改善生态环境、有利于人们身心健康等诸多好处。因此发展城市的建筑立面绿化对促进城市生态环境改善具有举足轻重的作用，是造福城市人民的幸福工程。

在生态城市建设中，植物对建筑物的美化，遮阳隔热，植物生理活动如光合作用、蒸腾作用、蒸散作用引起的能量消耗和转化，最终获得的调节微气候的生态效应等都是非常重要的。Papadakis G 等人研究发现，与传统的建筑人工防晒相比，植物构成的被动太阳能控制系统存在明显优势[1]。

国外建筑立面绿化起步早，现阶段的研究主要集中在建筑立面绿化的节能效果和热工性能研究，其中有许多支持性的数据依据、分析模型。国内建筑立面绿化起步晚，现阶段主要研究对象为建筑立面绿化的生态效益、经济效益和社会效益，生态效益又为三者中研究最集中的，建筑立面绿化的生态效益主要有以下几点：①平衡空气中氧气和二氧化碳的含量；②调节周围空气的温湿度；③吸尘杀菌；④降低噪声；⑤改善人体舒适度。据统计，运用建筑立面绿化的建筑，一年可以节约 15% 的建筑能耗。另外建筑立面绿化可以减缓建筑的老化速度，延长建筑的使用寿命。

7.1 建筑立面绿化的生态效益

7.1.1 固碳释氧

不同植物固碳释氧效应详见第三章植物筛选。此章仅讨论土壤水分对植物固碳释氧效应的影响。张迎辉、姜成平等人应用盆栽试验方法，研究土壤水分连续变化对地锦的光合速率和蒸腾速率的影响[2]，进而研究土壤水分对地锦固碳释氧和降温增湿效应的影响（表 7-1）。研究发现，在土壤水分条件良好的情况下，生长季节 100m² 地锦每天可吸收二氧化碳 471g，释放氧气 343g。随着水分胁迫的加剧，地锦固碳释氧能力逐渐下降。当土壤含水量为 75% ~ 80% 时，地锦的固碳释氧量分别为 4.71g·m⁻²·d⁻¹、3.41g·m⁻²·d⁻¹；而当土壤含水量降至 30% ~ 35%，地锦的固碳释氧量锐减至一半左右。

地锦的释氧固氮效应 表 7-1

土壤持水量	叶面积指数	日净同化量（mol·m⁻²·d⁻¹）	日固碳量（g·m⁻²·d⁻¹）	日释氧量（g·m⁻²·d⁻¹）
75% ~ 80%	3.8	134.06	4.71	3.43

土壤持水量	叶面积指数	日净同化量（mol·m⁻²·d⁻¹）	日固碳量（g·m⁻²·d⁻¹）	日释氧量（g·m⁻²·d⁻¹）
55%~60%	3.8	119.16	4.19	3.05
40%~45%	3.8	98.62	3.47	2.52
30%~35%	3.8	65.78	2.32	1.68

7.1.2 增湿降温

绿化植物对其所处的微环境内空气温湿度有明显的影响。不同种类之间降温增湿效应存在差异，与植物自身颜色、质地、大小、形状、枝叶的繁密程度和外部环境条件等因素有关。植物一方面可以通过蒸腾作用，从环境中大量吸收汽化潜热，从而降低周围环境温度[3]；另一方面利用枝叶直接阻挡、反射太阳辐射，减少吸收太阳辐射能量而升温。建筑立面绿化对建筑室内外温度影响的主要因素包括太阳辐射、周边微环境温度和建筑物外表温度。其中影响最大的为太阳辐射，太阳辐射经过周围空气流动以及物体的反射，将热量传递给建筑物外表面，同时建筑物外表面以固体导热的方式将热量传向建筑内表面，使室温升高。温差导致热量的传递，所以室内外温差越大，传热效果越强。

据哈工大相关专家研究，在强日照条件下，无绿化建筑物的墙体，温度为40℃，建筑物的室内温度为32.5℃，而绿化后的建筑物室内温度仅为28℃，降温效果明显。姜慧乐等人研究建筑西墙攀附着平均厚度约24 cm地锦绿化的夏季降温效应发现[4]：昼间，绿化房间空气平均温度和最高温度分别比无绿化房间降低了1.3℃、1.7℃；夜间，绿化房间空气平均温度和最高温度分别比无绿化房间的低1.7℃、1.0℃（图7-1）。

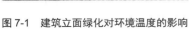
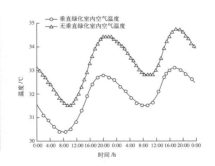

图7-1 建筑立面绿化对环境温度的影响

（1）植物种类

植物种类、颜色、枝叶繁密程度的不同，降温增湿效应也不同。每平方米桂叶山牵牛（*Thunbergia laurifolia*）一天内通过蒸腾作用可使其周围 1000m³ 空气降温达到 2.14℃、相对湿度增加 2.60%；而凌霄仅能使其周围 1000m³ 空气降温 0.16℃、相对湿度增加 0.16%。

当环境空气温度为 34℃时，本文作者团队对建筑西面植物墙进行测试，结果如图 7-2 所示。水泥墙的表温高达 49.5℃，而建筑西面植物墙表温的阈值在 42.4 ~ 46.6℃，说明所有类型的植物都有降温作用。与水泥墙的表温相比，红色的秋海棠的降温能力较差，仅降低了 2.9℃；蓝绿色的薄雪万年草（*Sedum hispanicum*）的降温能力则较高，降低了 5.3℃。在生长繁密的'金边'六道木（*Abelia grandiflora* 'Francis Mason'）和垂盆草降温能力的比较中，也发现了相同的规律，即叶色越绿，降温能力越强。[5]

图 7-2　建筑绿墙降温能力测试
（a）建筑绿墙热红外成像图；（b）建筑绿墙实景图

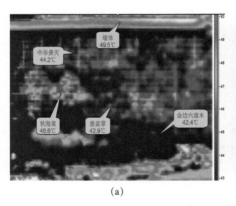

（a）　　　　　　　　　　　　　　　　（b）

本作者团队用热红外成像仪研究相同的种植密度、不同植物的表面温度变化，结果见表 7-2。不同植物表面温度的差异达极显著水平（F=22.141**，P<0.01），深绿色的马蹄金降温效果最显著，其表面温度仅为 41.2℃；而浅黄色的酢浆草的表面温度最高，达 45.6℃，两者表面温度差值高达 4.4℃；地锦和蛇莓（*Duchesnea indica*）的降温效果居中，分别为 43.5℃和 43.7℃。由此表明，深绿色的植物有利于降温，颜色越浅则降温能力越差，与植物墙获得的研究结果一致。

深绿色植物的降温能力大于颜色浅的植物的降温能力，是由于叶绿素在具有热效应的红光区有一个吸收高峰，深绿色叶片的叶绿素含量高，故其吸收的热量多；而随着叶片颜色越浅，其所含的叶绿素含量越低，导致只吸收频率高、穿透能力强的蓝紫光的胡萝卜素和叶黄素含量相对较高，从而被植物吸收的热量少。

不同植物的表面温度　　　　　　　　　　　　　　表 7-2

日期	气温（℃）	表面温度（℃）					
		马蹄金	黄花酢浆草	狗牙根	地锦	白三叶	蛇莓
7/1	34.8	39.5	43.8	43.2	41.5	42.2	41.7
7/2	33.4	38.0	41.5	41.1	39.1	40.1	39.2
7/3	35.2	39.1	43.2	42.7	41.0	42.1	41.4
7/4	36.9	41.3	45.8	45.2	44.0	44.3	44.0
7/5	38.3	43.0	47.5	47.0	45.9	46.3	45.8
7/6	38.6	43.9	48.3	47.5	46.0	47.0	46.6
7/7	38.4	43.6	48.0	47.2	45.8	46.7	46.0
7/8	37.9	42.2	46.6	46.1	44.9	45.2	45.0

（2）不同方位

杨学军、孙振元等利用 TRM-ZS1 气象、生态环境监测系统对五叶地锦在建筑物东、南、西、北绿化中的降温增湿效果和影响范围进行了测定[6]，结果显示，降温效果与绿化高度无关，但增湿效果随高度增加而显著增加；降温增湿范围为覆盖层内至距覆盖层外 40cm。在五叶地锦建筑立面绿化覆盖层内，不同方位降温增湿能力不同。南面 9:00~18:00、东面 8:00~15:00、西面 10:00~20:00、北面 16:00~17:00 时降温显著；南面 7:00~19:00、东面 8:00~15:00、西面 10:00~20:00、北面 15:00~17:00 时增湿显著。建筑物立面绿化的 4 个方位在 12:00 前后降温增湿达极显著水平，南、东、西、北面绿化分别降低温度 4.45℃、4.21℃、3.36℃、1.6℃，增加湿度 6.48%、6.16%、4.87%、1.6%。

（3）土壤持水量

在土壤水分条件良好的情况下，含水量为 75%~80% 时，100m² 地锦每天可以使周围 1000m³ 空气温度降低 0.45℃；而土壤含水量为 30%~35% 时，地锦的降温值仅为 0.22℃（表 7-3）。因此，随着土壤含水量的增加，植物的降温效益也得到有效提升。

不同土壤持水量对地锦降温能力的影响　　　　　　　　　　表 7-3

土壤持水量	E_0（g·m⁻²·h⁻¹）	T（℃）	L（cal）	Q（kj·m⁻²·h⁻¹）	ΔT（℃）	Δf（%）
75%~80%	232.63	31.6	573.3	560.52	0.45	0.39

土壤持水量	E_0（g·m⁻²·h⁻¹）	T（℃）	L（cal）	Q（kj·m⁻²·h⁻¹）	ΔT（℃）	Δf（%）
55%～60%	201.83	32.8	578.78	489.84	0.39	0.33
40%～45%	129.23	32.8	578.78	375.15	0.25	0.24
30%～35%	113.13	32.1	579.17	273.88	0.22	0.19

（4）季节

廖荣、崔洁等人对 32 种垂直绿化植物降温增湿效应的研究结果表明[7]：植物降温增湿效应随着季节的变化呈现了一定规律性，32 种植物的蒸腾和降温效应表现为夏季效应高，冬季效应低，春、秋两季能力居中；增湿效应表现为秋季较高，夏季其次，冬、春两季较低。

（5）叶片密度

Wang D 研究指出覆盖厚厚的常春藤降低墙面的最高冷却系数可达 28%[8]。Wong NH，Tan AYK 等人建立了一个 TAS 能源仿真绿化系统，研究发现建筑立面 50% 的绿化覆盖率可以减少热传递 40.7%。[9] 本书作者团队选择了最常见的建筑立面绿化植物地锦，研究叶片的覆盖程度对建筑环境的改善作用，在 0.8m 高度处地锦的下部叶片脱落严重，绿化覆盖率为 30%；1.5m 高度处叶片较稀疏，绿化覆盖率 60%；2m 处叶片繁密，绿化覆盖率 100%。

由表 7-4 可知，在上午有无绿化外墙温度差值不明显，随着时间的推移绿化的降温作用逐渐明显。0.8m 高度处在 16：30 出现外墙最大温差为 5.12℃，1.5m 及 2m 高度在下午 15：30 时温差最大，为 12～13℃，这可能与太阳光照射的角度不同有关。一天中，2m 处温度比 1.5m 处降低了 0.5～1.0℃。3 个高度外墙温

不同高度降低室外墙壁温度效果　　　　　　　　　　　表 7-4

室外墙壁温度（℃）		9:00	10:00	11:00	12:30	13:30	14:30	15:30	16:30
2m（100%）	绿化	29.95	29.73	30.83	33.85	34.07	35.01	34.84	34.77
	无绿化	31.69	31.33	34.39	40.63	43.11	46.97	47.92	46.72
	差值	1.747	1.6	3.56	6.773	9.04	11.96	13.08	11.95
1.5m（60%）	绿化	30.04	30.03	31.43	34.71	34.76	36.01	35.67	35.65
	无绿化	31.73	32.23	34.31	40.77	43.65	46.99	48.43	46.68
	差值	1.693	2.2	2.88	6.067	8.893	10.97	12.76	11.03
0.8m（30%）	绿化	30.76	31.08	32.8	38.13	40.92	44.44	43.75	40.96
	无绿化	31.11	31.75	33.63	40.92	43.55	46.61	48.11	46.08

度差异比较明显，这表明建筑立面绿化改善小气候的能力与叶片厚度、叶片的疏密程度有关，叶片密度越大，降温就越明显。

总的来说，绿化墙面的表面温度比无绿化墙面的表面温度低约10℃。因此，建筑立面绿化可显著减少室内降温的能源投入。同时，优先选择叶片厚而密的植物来进行大面积、高密度的建筑立面垂直绿化，有助于降低城市的热岛效应。

（6）遮阳系数

绿化植物对太阳辐射的影响，取决于太阳入射角、植物结构及其光学性质等因素。建筑立面墙体受到太阳辐射的影响与水平下垫面不同，叶片的遮阳面积与叶片面积、叶倾角、太阳光入射角紧密相关（图7-3）。李娟等提出垂直面绿化植物叶片遮阳系数SCPVW（the shelter coefficient of planting vertical wall），是一个综合考虑了单位垂直面上覆盖的植物叶片面积、叶片水平倾角（Ci）和太阳光入射角（Hj）影响的函数[10]。因此，对于建筑立面绿化中常常采用的单叶、单层群丛结构的植物如地锦等，可用SCPVW来计算绿化植物叶片对下垫面（墙体）的遮阳影响；对于多叶层群丛结构，则还应根据植物叶丛结构情况，对叶片交叉、空隙率加以修正。SCPVW采用下面的公式计算：

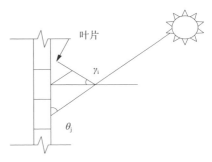

图7-3　建筑立面绿化太阳辐射示意图

$$SCPVW = \sum_{Ai} \cdot \cos\gamma_i \cdot tg\theta_j$$

其中：A_i为单一叶片面积 m²；γ_i为叶片与水平面的平均夹角；θ_j为太阳光线与垂直墙面的夹角。

7.1.3　保护建筑

研究发现，由于环境温度和建筑立面温度的变化，长50m的水泥板面，非绿化面一天的伸缩量有14mm。建筑立面绿化后，温度的日变化幅度减小，导致伸缩减轻，仅为0.5mm，有利于抑制板面裂纹的发生，还可以避免女儿墙接合部防水层的损伤等现象发生。图7-4是建筑物建成18年后的调查照片，非绿化部分的

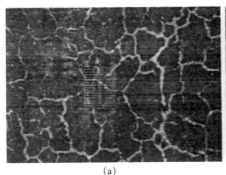

(a)　　　　　　　　　　(b)

图7-4　绿化部分和非绿化部分的结构板表面比较

（a）非绿化部分的结构板表面；
（b）绿化部分的结构板表面

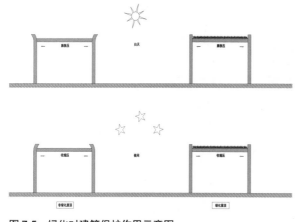

图 7-5　绿化对建筑保护作用示意图

结构板表面已出现很多裂纹，而绿化部分的结构板表面仅有少许裂纹出现。这些效果还不仅限于结构板表面，其下面的防水层、结构整体都受益。

建筑立面上的绿化覆盖植物，能有效减少紫外线的辐射对建筑外立面材料的伤害，还可缓解气温冷热变化对建筑结构的损伤，还对减弱风力、降低门窗等洞口部位的风压有明显的作用，如遇火灾还可以防止火势的蔓延，提高了建筑的生态性（图 7-5）。

7.1.4　净化空气

（1）吸收有害气体

植物的光合作用和呼吸作用能自动调节空气中的二氧化碳与氧气的比例平衡，净化空气。植物在进行光合作用的同时，还会吸收对人体有害的一氧化碳、二氧化碳、氮氧化物、碳氢化合物、氯气、氟化氢等。建筑立面绿化不仅增添建筑物的景观效果，通过合理选择绿化植物，还可大幅度提高室内外空气品质，为市民营造出一个清新健康的环境。

（2）杀菌

绿化植物杀灭细菌是其环境效应中相当重要的指标。在建筑立面绿化中，植物的叶片在建筑物表面层层叠加，将尘土滞留在叶子上。在滞尘的同时，减少了空气中存在的大量细菌与病毒。同时，植物本身也可以分泌出杀菌素，能杀死或抑制多种有害细菌，用植物杀菌率来表示。本书作者团队在对上海世博会主题馆生态墙的测试中发现（图 7-6），建筑立面绿化后形成的生态墙具有很好的杀菌作用。由图可知，生态墙周围空气微生物浓度仅为 0.4×10^3（cfu/m³），而无绿化的对照高达 1.1×10^3（cfu/m³），降低了 63%。

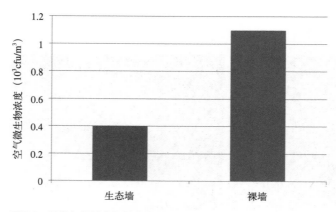

图 7-6　绿墙与裸墙空气微生物浓度比较

（3）滞尘

全球每年的降尘量达 $1 \times 10^6 \sim 3.7 \times 10^6 t$。据上海卫生防疫站统计：若每月每平方公里降尘量增加 10t，则疾病死亡率就会上升 0.1%。植物对尘土有很强的吸附和过滤作用，有些叶子表面凹凸不平，一些布满了绒毛，一些叶子还可以分泌出黏液或油，使得叶片具有吸收尘埃的作用。

植物的滞尘能力是指单位叶面积单位时间内滞留的尘埃量。虽然单位面积的建筑立面绿化的滞尘效能不及以高大乔木为主形成的群落，但是在城市环境尤其是特大型城市，很难有足够的土地资源来建设大绿地，而建筑立面绿化更容易在中心城区形成大量绿化面积，从而有效降低空气中的尘埃。

植物的滞尘能力与种类有密切的关系，详细见第三章植物筛选。

7.1.5　降噪

城市环境中充满各种噪声，噪声不仅直接干扰了城市居民正常的生活，而且也会损伤人的听力。长期处在嘈杂的环境中，使人容易患上神经衰弱，噪声超过 70 分贝时，对人的身体就会产生不利影响。植物是天生的消音器，具有吸收音量、改变声音传播方向、减弱反射音波等功能。当噪声射到植物时，一部分被反射，另一部分由于射向植物的角度不同而在枝叶中形成散射。噪声遇到重叠的叶片，可减弱噪声 20% ~ 30%。而且，植物叶表面的气孔和绒毛都具有减弱声音的功能，多孔纤维隔音板就是模仿叶片的这一特点设计的，其优势是其他隔声材料无法比拟的。

进行建筑立面绿化，就相当于在建筑立面上增设了一层比多孔纤维隔音板隔声效果还要好的隔声材料，从而降低了环境噪声的污染。新加坡的 CUGE 研究发现，在中低频率（125 ~ 1250Hz）时，由于绿化散射和基板的吸音效果，消减程度较大，而高频率（4000 ~ 10000Hz）消减较小。中低频率范围，建筑立面绿化形式中植生毯式、模块式可减少 5 ~ 10 分贝不等。

对建筑墙体进行大面积绿化，当噪声入射到建筑墙面上时，建筑墙面通过绿化将噪声减弱或吸收，优化了城市空间中的声环境。对于建筑室内而言，绿化使得建筑墙面隔声性能有了较大的改善，降低了进入建筑室内噪声的音量，提高了建筑室内环境的舒适度。

7.2　心理生理效益

不同人群对环境的要求不同。对相同环境，不同人群的心理感受、生理变化也有所不同。不同人群的心理和生理特征差别极大，暴露在植物环境中时间的不同导致植物对人体机能的影响也是千差万别。由于室外环境不易控制，本章仅讨论建筑立面室内绿化的生理心理效益。

针对受试者对植物特性的满意度及植物环境的整体满意度，采用6级标准对被调查的内容进行评分（图7-7）。脑电波测量采用人体机能测试的信号采集仪（PowerLab），神经功能的测定按照上海医科大学"微机化神经行为评价系统"设置的测试项目进行测试，明视持久度采用三维立体方块图法。

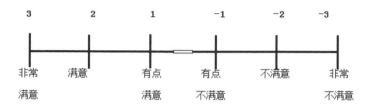

图 7-7　满意度调查标尺

7.2.1　满意度分析

本书作者团队通过资料查阅以及对科研院校的30位专家的咨询，总结发现室内植物影响满意度的3个主要特性因素为：叶色、气味、外形尺寸[11]。选取了常见的建筑立面室内绿化植物（图7-8），如碰碰香（*Plectranthus hadiensis* var. *tomentosus*）、薄荷（*Mentha canadensis*）、薰衣草（*Lavandula angustifolia*）、海芋（*Alocasia macrorrhiza*）、绿萝、虎尾兰（*Sansevieria trifasciata*）、一品红

图 7-8　实验选用的植物材料
（a）海芋；（b）虎尾兰；（c）一品红；（d）碰碰香；（e）薄荷；（f）薰衣草；（g）绿萝

（*Euphorbia pulcherrima*）等来研究。为排除人体自身因素对实验结果的影响，选择身体健康、近期心理状况比较平稳的 16 名在校高中生为受试者。

如图 7-9 所示，超过 75% 受试者认为相比于无植物环境，植物环境更加令人满意。当选用芳香性植物时，气味关注率升高。对于选用的植物具有典型气味的工况 1（碰碰香）和 2（薄荷），气味关注率最高，且淡香优于浓香。对于选用的植物突出特性为叶色的工况 6（一品红）和 5（虎尾兰），红叶明显提高了不愉悦的比例。当植物外形尺寸增加时，满意度也会相应升高。对于选用的植物突出特性为叶子形状的工况 4（海芋）和 7（绿萝），中等及偏大外形尺寸的关注率则最高。由此可看，影响人员环境满意度的主导植物特性依赖于植物本身的最突出特性（图 7-10）。

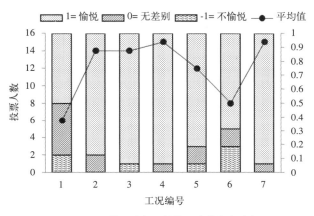

图 7-9　不同工况下植物环境与无植物环境满意度对比　　　　图 7-10　不同工况下影响满意度的最突出植物特性

表 7-5 是对植物特性的满意度调查情况，通过方差分析可见，叶色（r=0.65，p=0.000**）、外形尺寸（r=0.37，p=0.008**）与室内环境满意度达到极显著正相关，气味（r=0.44，p=0.012**）与室内环境满意度达到显著正相关。因此，与其他两项相比，植物叶色满意度对室内植物环境整体满意度的影响更大，而且随着植物叶色满意度的提高，室内环境满意度也提高，室内植物可以显著增加人体的环境满意度。

对植物特性的满意度评估　　　　　　　　　　　　　　　　　　表 7-5

植物特性		−3	−2	−1	1	2	3
叶色	绿叶	0	0	3%	18%	71%	8%
	花叶	0	18%	24%	29%	29%	0%
	红叶	0	0	29%	41%	18%	12%
气味	无味	0	1%	25%	26%	46%	2%

植物特性		-3	-2	-1	1	2	3
气味	淡香	0	0	18%	18%	53%	12%
	浓香	0	6%	31%	20%	39%	4%
外形尺寸	小	0	3%	38%	22%	37%	0%
	中	0	0	15%	26%	54%	4%
	大	0	6%	12%	12%	53%	18%

7.2.2 脑电波

脑电波的变化能很灵敏地表现人体的神经活动状态，对环境的变化有较强的敏感度，从而间接地获得人体当前的舒适程度。脑电波的变化受到多种因素的共同影响，周围环境的微小变化或者受试者心理状态的起伏可能造成较大的脑电波动。在脑电波中：$\alpha+\beta$ 波的比例高，利于思考及工作效率的提高，可对人体机能产生较好的影响；δ 波的比例高，利于睡眠，提高人体的睡眠品质；θ 波的比例高，利于迅速进入睡眠。

两种环境下，α、β 及 δ 波均有极显著差别，θ 波差异不显著。相对于非植物环境，植物环境的 $\alpha+\beta$ 波的比例显著高（图 7-11）。在叶色特性中，$\alpha+\beta$ 波所占的比例以绿叶为最高，达 30%，而 δ 波的比例最低，说明此环境能够为人带来较为强烈的愉悦感，利于思考及工作效率的提高；在气味特性中，$\alpha+\beta$ 波所占的比例以淡香为最高，达 51%；在外形尺寸特性中，外形尺寸大或小的 $\alpha+\beta$ 波所占的比例分别为 30% 和 31%。可见，绿叶、外形尺寸大、淡香植物环境中，$\alpha+\beta$ 波所占的比例高（图 7-12）。说明这种室内植物配置，有利于改善人体机能，提高学习和工作的效率，适用于工作、学习环境。

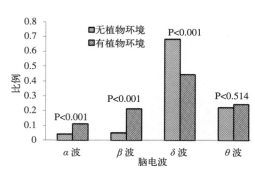

图 7-11 有、无植物环境下脑电波的比例变化

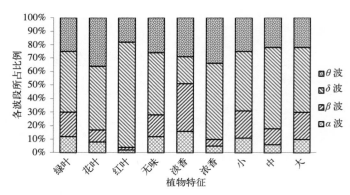

图 7-12 不同特性植物环境下脑电波比例分布

从图 7-12 中还可发现：从睡眠中占主导的 δ 波的比例来看，在叶色特性中，红叶占据了绝对优势，为 78%；在气味特性中，浓香最高，为 56%，淡香最低，仅 20%；在外形尺寸特性中，外形尺寸中等最高，为 60%，外形小和外形大比例接近，分别为 44% 和 48%。因此，红叶、浓香或无味、中等外形尺寸的植物环境中，δ 波的比例高，说明当前环境中人体思维比较模糊，不利于思考及工作效率的提高。而且，在此植物环境中，θ 波的比例也相对较高，说明还可促进人体进入睡眠状态。

7.2.3 注意力

绿化对人体注意力的影响见表 7-6。表中数据分别是所有被测对象绿化前后的连续操作正确反应数、错误反应数、脱漏次数的总和。由表可见，绿化后较绿化前的连续操作的正确反应数提高了 4.42%，错误反应数和脱漏次数分别下降 40.62% 和 33.33%，表明绿化可显著降低错误反应数和脱漏次数，对提高正确反应数有积极意义，说明绿化对人体警觉性和注意力的改善有作用。

7.2.4 明视持久度

王欣歆研究发现绿色在人的视野中占 25% 的比率时，人的感觉最为舒适 [12]。吴华根指出建筑立面绿化可以使在绿色中工作的人精神轻松愉快 [13]。建筑立面绿化使人与建筑物建立了一种愉快的视觉联系，可缓解高节奏生活带来的紧张和疲劳。

绿化对人的注意力的影响			表 7-6
连续操作	有绿化	无绿化	相对值（%）
正确反应数（次）	779	746	104.42
错误反应数（次）	38	64	59.38
脱漏次数（次）	23	30	76.67

植物可减轻视觉疲劳程度，在该项测试中，所有被测对象的明视持久度在绿化后均有所提高，其中半数以上的被测对象绿化后明视持久度的提高均超过 10%，最大达 24.17%。绿化后，22 个被测对象平均明视持久度的提高幅度超过了 10%，由绿化前的 43.21% 提高到了 54.96%，增幅达 11.75%。

7.2.5 黏膜系统、呼吸道和神经系统

　　选用了与黏膜系统、呼吸道和神经系统有关的几个症状（如健忘不集中、头痛、胸闷等）为考察指标，研究了对不同性别人群的影响。从表7-7来看，男性人群对健忘不集中、头痛、胸闷及皮肤干燥症状的报告率分别由无绿化时的18.3%、27.9%、26.2%、19.0%降到了有绿化时的4.0%、13.3%、13.3%和9.3%，降幅依次为78.1%、52.3%、49.2%和51.0%，表明绿化对男性的这些症状均有极显著的改善作用。同时，室内绿化对男性喉干疼痛、五官刺激及疲倦感也有较好疗效，但对男性的眼刺激无改善作用。室内绿化对女性的眼刺激、五官刺激、喉干疼痛症状缓解作用极其显著，以上症状的报告率分别由无绿化时的39.2%、34.5%、17.5%下降到有绿化时的13%、20.7%、12.5%，降幅依次达66.8%、40.0%、28.6%；对头痛、疲倦感、健忘不集中症状的改善有一定作用，而对改善女性的胸闷、皮肤干燥症状作用不大。总的来看，室内建筑立面绿化有益于人体健康，尤其对男性的神经系统、呼吸道和皮肤的改善作用大于女性，而对黏膜系统的改善效果是女性大于男性。

绿化对不同性别人群黏膜系统、呼吸道和神经系统影响　（病状报告率%）　　　　表7-7

症状		男性			女性		
		无绿化	有绿化	相对下降率（%）	无绿化	有绿化	相对下降率（%）
呼吸道	喉干疼痛	44	34	22.7	17.5	12.5	28.6
	胸闷	26.2	13.3	49.2	26.5	27.0	-1.8
皮肤	皮肤干燥	19.0	9.3	51.0	20.0	20.0	0.0
神经系统	头痛	27.9	13.3	52.3	36.5	32.3	11.5
	疲倦感	40.5	34.5	13.8	42.8	38.2	10.7
	健忘不集中	18.3	4.0	78.1	17.3	15.0	13.3
黏膜系统	五官刺激	34.5	26.5	23.2	34.5	20.7	40.0

7.3 景观效应

7.3.1 美化环境

　　利用有生命的植物，将规则、生硬的建筑过渡到自然、柔美的绿色空间，使

得建筑物与植物协调统一。城市建筑、高架桥柱等建筑立面,可用观叶、观花、观果或多种观赏特性兼有的植物作屏障、遮阴或装饰。可用于建筑立面绿化的植物种类甚多,如攀爬藤本忍冬、牵牛等,悬垂植物常春藤、'花叶'蔓长春花、络石等,草本植物美女樱、角堇等。各地要因地制宜,选择适合本地气候条件的种类种植。通过将植物艳丽的色彩、多变的形体、丰富的质感运用到建筑立面中,使得线条生硬、质地粗糙、色彩灰暗的建筑在植物的衬托下变得自然柔和,使城市建筑在艺术表现上更加多样化。

7.3.2 丰富城市景观

建筑立面绿化可以丰富城市景观效果。建筑立面绿化的形式多和多样,有着丰富的表现力。建筑立面绿化可以覆盖建筑立面形成单色或图案式的绿化面;可以在墙面上或是结合窗台、阳台设置花池、盆花等形成高低错落的构图效果;还可以简单地种植爬藤植物形成绿化效果。植物动态生长的美感被移植到建筑立面上,为建筑增加了独特的艺术美。对于破旧的老建筑,可以快速、有效进行建筑立面绿化,使它重新融入城市环境中。对于新建筑立面绿化,可以直接作为设计元素参加到建筑设计中形成新的建筑风格。

建筑立面绿化将城市绿化由二维平面延伸到三维空间中,可以有效地调整街道空间的景观效果。对于狭窄的街道环境,往往较高的两旁建筑会使街道产生严重的压迫感,建筑立面布置绿化可以调整街道环境的空间感;对于杂乱的街道环境,建筑立面绿化可以缓和众多建筑因为类型、材料、年代不同所形成的混乱感,提高街道在视觉上的统一感;对于建筑立面单调、类似连续不断的建筑物,建筑立面绿化可以丰富街道景观效果。

7.4 经济效应

经济效应将围绕成本、建筑节能和商业价值方面开展讨论。

7.4.1 成本

建筑立面绿化的成本主要包括初始的投资费用和运营产生的维护费用两方面。在初期,建筑立面绿化建设费用,包括隔根材料、防水材料、排水材料、植物、栽培介质、灌溉系统和施工费等。建成投入使用之后的运营费用,主要包括植物的维护费用、养护人员的工资、固定资产折旧费等。

建筑立面绿化模式不同，成本构成也不一样（表7-8）。一般传统建筑立面绿化技术建造成本相对较低；新技术的附属设施较多，目前推广面积不大，导致建造成本相对较高。传统建筑立面绿化技术，每平方米植物的造价约 3 ~ 15 元 /m²。自然攀爬式为最原始的建筑立面绿化模式，不需要额外支撑材料，所以节省了大量的开支，造价最低。通常每平方米需要 4 棵植株，每平方米的造价大概在 3 ~ 10 元 /m²。拉索牵引式是给攀附能力不强的植株提供着力点，也适用于光滑的墙面、高层建筑等，通常用的是细铁丝、尼龙绳、钢丝之类，造价为 50 ~ 300 元 /m²。建筑预留种植槽式，由于建设种植槽需要花费较多的固定材料和人工，种植槽式的造价相对高，依据植株的种类和灌溉方式的不同，大约为 110 ~ 220 元 /m²。

传统建筑立面垂直绿化技术造价 （单位：元 /m²）   表 7-8

技术类型	植物材料	辅助设施	综合造价
自然攀爬式	3 ~ 10	\	10
网架附壁式	3 ~ 10	10 ~ 500	10 ~ 510
拉索牵引式	3 ~ 10	50 ~ 300	60 ~ 310
建筑预留种植槽式	10 ~ 15	100 ~ 200	110 ~ 220
花盆式	3 ~ 10	3 ~ 10	6 ~ 20

网架附壁式由于辅助材料差异大，价格变化也比较大。就目前来看，用材主要分为尼龙网、钢架式和木架式：一般桥柱用尼龙网，钢架式适合于各种建筑立面，低层或者是一些独立的建筑物外立面可用木架式。主要涉及的材料有：网架（钢制、木制、尼龙），固定铆栓，植物材料。植物材料造价比较低，约 2 ~ 10 元 /m²，仅占总成本的 2%。后两者需要的固定材料成本较高，如钢网架的价格一般为：细网架：30 ~ 50 元 /m²，钢架：200 ~ 500 元 /m²，防腐木架的价格一般为 100 ~ 250 元 /m²。总造价为 10 ~ 510 元 /m²。

目前在中国，建筑立面绿化新技术的造价较传统技术昂贵，一般是传统的两倍以上。独立承载结构、高价格的种植基盘、根据植物品种调配的专用栽培介质、精密灌溉系统、专利技术产品使用、专门的设计以及复杂工艺带来的人工费用等，都使建筑立面绿化的成本增加，造价比传统做法高出数十倍（表7-9）。如直壁容器式，无浇灌系统的价格较低，为 100 ~ 200 元 /m²，但此方式仅用于面积较小的立面，有浇灌系统的 600 ~ 800 元 /m²；如模块式，由植物、容器、固定框架及浇灌系统组成，通常为预制整体，造价约 800 ~ 1000 元 /m²。

规模化生产是可以显著降低建筑立面绿化新技术成本的。建筑立面绿化新技术适用于各种材质的建筑立面，植物材料、介质、种植基盘、安装构件、灌溉系统等统一进行工厂化、规模化、模块化预制，既可节省建造工期和施工成本，也可节约建造材料购买费用，从而降低建造成本，再加上智能化养护管理，进一步降低维护成本。具体各种类型模块的建造成本、维护成本分析详见第九章。

建筑立面绿化新技术造价　（单位：元 /m²）

表 7-9

新技术类型	植物材料	介质	种植基盘	安装构件	灌溉系统	其他	综合造价
直壁容器式	80 ~ 200	40 ~ 100	150 ~ 300	50 ~ 100	50 ~ 100	50 ~ 100	500 ~ 1000
垂直模块式	100 ~ 200	40 ~ 100	300 ~ 500	50 ~ 100	50 ~ 100	100 ~ 200	700 ~ 1000
草坪毯式	40 ~ 100	40 ~ 100	\	\	50 ~ 100	100 ~ 200	300 ~ 600
不织布式	100 ~ 200	\	500 ~ 700	100 ~ 2000	50 ~ 100	100 ~ 200	1000 ~ 1500

7.4.2　节能

在全球能量消耗中，有 45% 用于满足建筑的制冷、制热和采光。建筑立面绿化对建筑及环境能够起遮阳、反射作用，降低建筑物墙面对太阳辐射热的吸收，减少建筑物空调负荷；茂密的叶片与墙面之间形成空气隔层，增强了外墙的隔热性；绿化植物进行光合作用和蒸腾作用，可使所接收的能量中的一部分被消耗或转化。因而，较之普通的物理隔热层、蓄热层和遮阳及通风方式，建筑立面绿化的热工性能、能量消耗综合效果更佳。

建筑立面绿化的节能主要体现在制冷设备的使用上，这里我们以空调的节电量表示。李娟等人研究发现建筑立面绿化后，可降低空调制冷负荷。根据已经测得的室内冷负荷以及所选择空调的功率，可以推算出单位时间内空调的耗电量。Eumorfopoulou EA. 等人研究发现植物可以提高建筑物的热工性能。夏季建筑立面绿化幕墙能耗比常规幕墙降低 40% 左右，并可减少空调能耗 15% 以上；冬季，在不影响建筑立面得到太阳辐射热的情况下，可减少加热能耗约 10%。刘凌等通过计算流体动力学软件（CFD）对建筑西向外墙有无绿化覆盖的两种模型的模拟结果表明，当室内平均气温降低 3℃时，空调负荷降低率至少为 10%。Akbari H 等人 1992 年夏天对位于加利福尼亚州的两栋房屋运用 DOE-2.1E 系统进行建模监测，发现建筑立面绿化可以节约 30% 的制冷能源。吕伟娅、陈吉研究发现模块式建筑立面绿化可以使空调电量节约 39.8%。

Holm D 建立了可以模拟落叶和常绿植被覆盖外墙的热效应的计算机仿真模型，夏季植物覆盖在建筑物表面，会朝赤道方向产生一个恒定的 5kW 散热效果。

该模型已经被作为炎热内陆性气候建筑的热工性能衡量标准。刘艳峰等认为墙面绿化可增大西向外围护结构的热惰性，有地锦覆盖的西墙夏天午后从外向内的传热量为 65 W/m²，无绿化的墙体从外向内的传热量为 130 W/m²。

当一个城市建筑立体绿化达到 20% 时，热岛效应就可基本消除。建筑立面绿化后，综合能耗下降，运营成本降低，从而产生经济效益。随着可持续建筑的发展，建筑立面绿化将作为新的方式融入未来的每座城市中去。

7.4.3 商业价值

建筑立面绿化的直接收益主要包括自身的使用价值、装饰绿化后的景观效益及景观功能所产生的吸引人们消费的潜在价值。间接收益指建成后在商业过程中产生的经济收益与同一地面区域中商业过程中产生的经济收益的差值。不论是室外或室内的植物墙，都提高了建筑的档次及品位，具有非常高的商业价值。在经济发达地区，建筑立面绿化无疑具有很大的商机。

7.5 社会效益

7.5.1 拓展绿化空间

建筑立面绿化充分利用了建筑墙体空间，拓展了城市垂直空间的利用途径，提高了土地资源的利用率，是缓解城市土地资源紧张的一种新途径。以一栋宽 12m、高 6 层的住宅楼为例，住宅楼两侧墙面可以提供约为 400m² 的绿化面积。城市中的建筑物成千上万栋，可以提供庞大的建筑表面积进行绿化。特别是城市建设使下垫面大量硬质化之后，以这种方式进行绿化补偿，为寸土寸金的城市开拓广阔的绿化空间，对解决当前城市用地不足与急需绿化的矛盾具有积极的意义。

7.5.2 组织、分割空间

建筑立面绿化具有柔和、丰富和充满生机的景观效果。利用建筑立面进行绿化，不仅增强了城市空间的变化感，也凸显了生态景观的艺术效果，还可以起到组织空间、分割空间的作用。同时，利用建筑立面绿化形成的空间，既能保持原有空间的功能，又能起到装饰效果。

参考文献：

[1] Papadakis G, Tsamis P, Kyritsis S. An experimental investigation of the effect of shading with plants for solar control of buildings[J]. Energy Build, 2001（33）831–836.

[2] 张迎辉等 . 城市垂直绿化植物爬山虎的生态效应 [J]. 浙江林学院学报,2006（06）:669-672.

[3] 黎国建，丁少江，周旭平 . 华南 12 种垂直绿化植物的生态效应 [J] . 华南农业大学学报，2008（02）: 11-15.

[4] 姜慧乐等 . 基于群落结构的杭州市公共建筑物立体绿化温湿效应研究 [J] . 湖北农业科学，2013（3）: 1359-1365.

[5] JunQin, XinZhou, ChanjuanSun, etal.Influence of green spaces on environmental satisfaction and physiological status of urban residents[J]. Urban Forestry & Urban Greening, 2013, 12（4）:490-497.

[6] 杨学军，孙振元，韩蕾 . 五叶地锦在立体绿化中的降温增湿作用 [J] . 城市环境与城市生活，2007（12）:1-4.

[7] 廖容等 . 成都市 32 种立体绿化植物降温增湿效应比较研究 [J]. 江苏农业科学，2012（6）:178-182.

[8] Di H, Wang D. Cooling effect of ivy on a wall[J]. Exp Hea Transfer,1999（12）:235-45.

[9] Wong NH, Tan AYK, Chen Y, Sekar K, Tan PY, et al. Thermal evaluationof vertical greenery systems for building walls[J]. Build Environ, 2010（45）:663-72.

[10] 李娟 . 垂直面绿化植物遮阳系数与叶面积指数研究 [J] . 城市环境与城市生态，2001，14（05）:4-5.

[11] Jun Qin, Chanjuan Sun, Xin Zhou, Hanbing Leng, Zhiwei Lian.The effect of indoor plants on human comfort[J]. Indoor and Built Environment，2013，12（4）: 490-497.

[12] 王欣歆 . 南京城市园林中的垂直绿化研究 [D] . 南京: 南京林业大学，2010.

[13] 吴华根，王翠兰 . 发展城市立体绿化，改善城市生态环境 [J] . 中共乐山市党委学校报，2008（5）:64-65.

08

第8章
建筑立面绿化案例赏析

如前所述，垂直绿化的形式有很多种，现将从植物、栽培介质、种植容器、结构系统、灌溉系统、施工和维护等方面，分别以案例形式进行详细剖析。

8.1　世博主题馆墙面绿化

8.1.1　设计分析

（1）项目概况

上海世博会园区规划绿地面积高达 106hm²，永久性建筑只占上海世博会园区总建筑面积的 25%～30%。根据整体规划情况，为有效解决世博期间巨大客流与容纳空间、密集建筑与绿化率之间的矛盾，运用壁挂式垂直绿化技术手段，对临时性建筑墙体进行快速成景绿化，进而提高园区的绿地覆盖率，起到夏季降温隔热及冬季保温御寒的极佳效果。世博会主题馆是世博核心区的重要组成部分，世博会后已转为标准展览场馆。为此，以世博主题馆为例，经过技术攻关，从模块设计、介质配比、植物选择、精确灌溉等系统构成上进行研究，取得选择容器、栽培介质和植物三大核心技术的突破，在超规模、高难度的钢结构大型建筑外立面上建设富有生机、即时成景、长期稳定景观效果的植物墙。上海世博主题馆植物生态墙（图8-1）于 2009 年 9 月建成，单体长 180m、高 26.3m，东西两侧绿墙总面积达 5000m²，是当时世界上已建成的最大的建筑立面绿化墙。建成 8 年来始终维持稳定的景观效果，取得了非常好的经济效益和社会效益，对推动模块式建筑立面绿化起到非常好的作用。

图 8-1　世博会主题馆植物墙

（2）项目难点

1）空间巨大、场所限制

建筑高 27.7m，一般藤蔓植物无法在短期内达到绿化整体墙面的效果。同时，由于植物墙处于世博客流量集中的场所，绿化不能落地。

2）工期紧、维持景观时间长

要求植物墙建设与主题馆主体工程建设同时完工，时间短；要求植物墙维持长期稳定的生态效果和优美的景观效果，选用的植物能经受上海的夏季高温高湿、冬季寒冷和大风。

3）严密的安全保障

既要确保大型菱形钢结构的荷载安全，又要防止植物和栽培介质松散脱落，同时便于装卸、适时更替以及日常管养等。

（3）设计方案构思和效果

根据世博会主题馆的整体规划设计要求，主题馆的东西两侧将建设 5000 余 m² 的植物墙，体现上海世博会的主题"城市，让生活更美好"。另外，通过世博会主题馆植物墙的实施，不但可推进我国空间绿化的快速发展，而且在建筑立面绿化与建筑一体化设计与实施、质量控制、安全性、可靠性等方面提供技术支撑。

最终设计效果：从色彩上，由下而上从深色向浅色渐变；从形态上，由下而上由浓密向稀疏渐变（图 8-2）；从季相上，同面墙体现季相变化，东西建筑立面色彩上也有区别。

图 8-2　纵向由浓密向稀疏渐变

8.1.2　技术方案论证

建设工程的招标自 2009 年 3 月启动。标书中要求在主题馆墙上建筑和植物绿墙按一体化来设计建造，维护保养期为 1 年，并对施工、种植与后期养护各方面提出要求。

要求基材框架结构安装稳固、不易脱落、不超荷载；栽培介质保湿透气、无异味、不易流失、不污染环境；选配植物具较强生境适应性，种植密度有较好覆盖性，能满足景观效果，后期维护简单；浇灌系统中的滴灌管、自动控制器、过滤器、电磁阀、养分泵等关键材料要求质量好，滴头分布合理，浇灌采用循环系统，自流水有效收集、合理排放。

（1）植物种类和种植模块

作为植物建筑一体化的建造形式，植物墙在建筑物设计阶段就根据建筑物的空间环境和特点，并考虑到植物墙的安装、承重，以及连接件及材料的设计与要求，兼顾有效性、实用性、美观性和经济性。由于主题馆植物墙是安装在菱形钢结构上（图8-3），最先的技术方案为嵌入式的菱形模块及景天类植物墙（图8-4）。经过专家评审论证，发现方案存在以下问题，被予以否认：①菱形种植格内栽培介质少，植物生长空间受限；②雨后或者浇灌后介质容易脱落；③景天类植物对抗湿热性比较差，景观效果单调。

图8-3　菱形钢结构图

图8-4　植物墙景天模块设计方案

本书作者团队研制开发的壁挂植物种植模块为正菱形结构，外壁为5mm厚，内壁为3mm，形成9个小方格，一次冲压成型。在内壁上钻数个5mm的小孔，方便小方格内的水分上下左右贯通，以有利于植物根系通过小孔的穿透，增强小方格内植株的稳固性。评审专家认为本书作者团队研制开发的壁挂植物种植模块技术具有一定的先进性、创新性、可操作性且可进行大规模快速组装、即时成景等优势，完全符合主题馆植物墙的设计与景观要求。同时，此种植模块很好地弥补了原先菱形模块所存在的缺陷与不足，即模块的空间满足多种植物生长的需求，介质不易松散脱落，45°的倾斜角设计符合植物的正常生长需求，小灌木类植物综合抗性更强、维护成本更低、景观更丰富等。因此，确定为主题馆植物墙最终的技术方案。

（2）灌溉模式

业主要求所运用的灌溉方式不能对场馆周边的环境造成不良影响，加之植物的特殊种植设施对自然降雨水量吸收极为有限，无法满足植物正常生长的需水要求。综合分析比较了各种形式的灌溉技术，最终采用自动化灌溉系统，并与种植模块和墙面支撑构架成一体化配套设计。滴灌自动化灌溉系统，通过PVC主水管供水，经过过滤器、球阀、加压泵进入毛细管，最终通过四出式滴箭直接为植物的根区介质补充水分。植物种植模块整体为全镂空结构，下方留有20mm的封闭式蓄水槽，为在绿化滴灌时能在模块内保留20mm的水以供植物所需。其前下方有R30的大圆孔及后下方有R4的小圆孔、50×12方孔，均起到排水、透气作用。该系统通过水压的调节保证26m的高差范围内，做到供水均匀平衡。而且自动湿度感应、集中控制，很好地解决了稳定长效的灌溉，也符合节能、节水、环保等方面的要求。此技术具有成本较低、操作简便、精准灌溉、供水均匀、系统可靠等特点，是植物墙建成后植物养护管理的关键。

8.1.3 关键技术

主题馆植物墙绿化由于生境、载体、要求以及承担使命的特殊性，本书作者团队经过近三年的技术攻关，将"节能、环保、可持续"的绿色理念贯彻于设计、选材到实施，从模块设计、介质配比、植物选择、精准灌溉等系统构成上进行研究和突破，最终攻克了大面积植物墙的技术难关，使整个系统完全符合城市可持续发展的要求。

（1）模块技术

模块的设计既要符合植物的生长需求，又能批量化生产、大规模快速拼装。根据"节能、环保"的要求，采用聚丙烯塑料可回收的环保材料制作，并添加防老化的成分，使用年限大于 8 年，相关技术参数详见表 8-1。同时主题馆植物墙模块还应不破坏菱形钢结构的整体美感，满足植物生长和固定的要求，故将设计间距定为50cm 宽，种植模块设计为长方体形（见第五章图 5-10），模块壁厚为 3mm，长、宽、高分别为 480mm、118mm、130mm，分为 3 个小栅格，每个模块内可放置 3 盆植物。在模块的每个小方格背后各开一个长条孔，长条孔用于插滴灌系统的滴箭，并在背后设置挂钩用于固定滴灌系统的分水管（见第五章图 5-11）。

种植模块的主要技术参数   表 8-1

项目	性能指标
熔融指数（230℃，2.16kg）	0.3g/10min
拉伸强度	26MPa
热膨胀系数	$1.8 \times 10 \sim 4m/(m \cdot k)$
导热系数	$2.1W/(m \cdot k)$
纵向回缩率	≤2%
冲击试验（0℃，1h,15J）	≤10%
液压试验（20℃，16MPa,1h）	无渗漏不破损
（95℃，3.5MPa）	≥1000h

模块配套的环保型纸花盆的设计与研制，详见第五章图 5-9。纸花盆作为绿化植物预先培养的栽植容器，待植物在其中生长良好并达到预期效果后即可安装使用。

（2）植物筛选技术

根据景观、生态和安全的需求，重点筛选综合抗性强、观赏效果佳、覆盖力强、管养简便的浅根系植物。通过 3 年研究，最后从试验的 29 种植物材料中筛选出东西墙的植物材料为红叶石楠、大花六道木、匍枝亮绿忍冬、'花叶'络石和[金森]女贞（图 8-5）5 种小灌木。这 5 种小灌木的结合，能满足植物景观设计的要求。具体表现为：东立面在 6～12m 垂直高度内，我们选择用红叶石楠（紫红，蓬高在 30～35cm），12～17m 范围选择匍枝亮绿忍冬（草绿，蓬高在 25～30cm），17m 以上分别选用[金森]女贞（黄绿，蓬高 20～25cm）、'花叶'络石（紫白，蓬高 20～25m）；西立面在 6～12m 垂直高度内，选择用大花六道木（深绿，蓬高 30～35cm），12～17m 范围选择匍枝亮绿忍冬（草绿，蓬高 25～30cm），17m 以上分别选用[金森]女贞（黄绿，蓬高 20～25cm）、'花叶'络石（粉绿白，蓬高 20～25cm）。

(a)

(b)

(c)

(d)

图 8-5　植物墙选用的植物
（a）红叶石楠；（b）匍枝亮绿忍冬；（c）[金森]女贞；（d）大花六道木

选用的植物除了四季常绿外，还有两种随季节变色的品种，能使植物墙在不同季节呈现不一样的美感，也是本项目植物选择的关键所在。如红叶石楠，春季新叶红艳，夏季转绿，秋、冬、春三季呈现红色，低温红色更艳。[金森]女贞黄绿双色，春、秋、冬三季金叶占主导，夏季持续高温时会出现部分叶片转绿，以及冬季植株下部老叶有部分转绿，且温度越低，新叶的金黄色越浓。

（3）一体化成型介质技术

提供适合的栽培介质是实施主题馆植物墙技术成功的关键。为此，本书作者团队研制了适于植物墙运用的一体化成型园艺植物的栽培介质。该介质主要利用绿化管理中产生的垃圾，如枯枝落叶等有机废弃物作为植物生长的主要介质和肥料，并添加椰丝等植物纤维。研发的介质不仅满足这 5 种植物 8 年内正常生长的需要，还具备轻质保水、理化性状良好、无异味、不易发生病虫害、能与根系紧密结合成一体的优点。并且，栽培介质从原材料到最后回收实现了资源的循环利用，具有可持续性（图 8-6）。

图8-6　一体化成型介质技术

（4）精准浇灌技术

由于植物墙体量大，灌溉系统的压力差相应较大，故浇灌系统采用压力补偿式滴头＋滴箭形式。采用压力补偿式滴头依然能保持流量的恒定（在0.15～0.30Mpa工作压力下，流量波动小于10%）。加上滴箭内置紊流槽，为整个滴灌供水均匀平衡提供保障。

浇灌系统的管道布置是以每一单元为一个轮灌区，即一侧墙面分十个轮灌区，由控制柜控制区域电磁阀达到集中控制。本方案设计为电气集中控制，由人工按键控制开关。

根据选用的植物生长特性，植物墙滴灌系统的滴头设计用水量为2L/h，单一灌溉区域工作设计用水量为3m³/h。根据场馆供水能力，每一灌溉单元的供水管管径为DN32，总供水能力为2L/s。灌溉强度为10mm/h，每次灌溉可满足两个区域单元，植物墙灌溉只需2.5小时即可完成。

8.1.4　系统安装

系统安装步骤包括支撑构架施工、种植模块、浇灌排水、控制系统及其他安装。

（1）安装支撑构架

离墙1.5m处用槽钢和扁钢做支撑构架。钢结构连接方式使用两根3号（30×3）镀锌角钢相拼而成一个T字形，T形平口处与幕墙钢结构竖向电焊连接。从幕墙钢结构左边开始到中心进行放样，然后从幕墙钢结构右边到中心进行放样和复核。镀锌角钢的位置正好位于每个菱形钢结构背后的上下中心线的位置上，不破坏菱形钢结构的美观，植物安装好以后可以完全遮挡住。完成焊接后，采用金属氟碳漆做金属格架的防腐。最后，在菱形钢结构背部放置植物模块组件。

（2）固定

菱形钢结构中心到中心的距离为1m，我们特别设计模块为480mm长，使得支撑龙骨的位置正好位于菱形钢结构的竖向中心线上。在3号镀锌角钢上的间距

175mm 处使用机制冲床冲出一个小弯钩，并且在绿化模块相应的位置上设计一个小孔，正好可以挂在这个小弯钩上，满足植物伸出钢结构而挡住上面模块的下部。

（3）安装给水排水系统

图 8-7　植物墙背部滴灌系统

配置自动控制灌溉设备，每隔 1.2m 安装滴灌管。滴灌管道全部布置于墙体背部，滴箭则由种植盒槽背部插入栽培介质中，不影响植物墙的景观效果（图 8-7）。在灌溉系统的每一轮灌区的最低点均安装有排水阀，以便排空管道余水，且在排水阀处设有落水管，将管道内多余的水通过落水管进入总排水系统中。此外，在植物墙最下部，安装的穿孔铝板内设有排水槽，从外观看不出有排水槽，解决了植物墙排水系统与建筑排水系统一体化的融合问题。

（4）其他

建筑施工完成后，进行壁面种植模块的拼接与安装。拼接安装完成后，进行种植模块、墙面支撑构架等稳固性、安全性的验收，实际景观效果的评审及各项技术运用的验收等。

8.1.5　日常养护

因主题馆植物墙立地条件恶劣，栽培介质容量和养分极为有限，需要加强日常养护管理，以保持植物良好的景观效果和生态效益。日常维护管理的起止时间：2009 年 12 月～2010 年 12 月。

（1）长势

养护期间，观测了 5 种植物的株高、整体长势、景观效果等，采集各个时期景观效果的图片信息（图 8-8），并对出现的问题进行及时反馈和解决。具体观测结果见附表"世博生态墙植物长势观测"。通过对记录的数据进行分析，发现：①大花六道木、[金森]女贞、莤枝亮绿忍冬和红叶石楠，在养护期间长势良好。红叶石楠在春季萌发了大量红叶，[金森]女贞新叶黄绿色，大花六道木的花期长、花量大，达到了预期的景观效果。而'花叶'络石，由于一开始的长势不良，通过长期细致养护，得到了很好的恢复，到 2010 年夏季，成景效果也已非常不错。②从 2009 年 12 月～2010 年 9 月，5 种植物材料中，大花六道木平均增高了32.2cm，[金森]女贞 37.7 cm、莤枝亮叶忍冬 38.5 cm、红叶石楠 22.2 cm 和'花叶'络石 98.5 cm，使整个墙面被绿色所覆盖。

（2）水肥管理

采取自动滴灌系统，养护人员根据天气情况、植物长势来设定灌溉频率和灌

图 8-8　绿墙植物长势效果

溉量，满足植物需求。冬季最冷时一周灌水两次，夏季最热时每日灌溉一次。植物进入生长期后，应注意在植物抽梢前控制介质含水量不超过 45%，同时停止供应养分，使植物生长矮壮又能保持良好的景观效果。6 月是上海的梅雨季节，此时需控制水分和保持良好的通风，以控制植物长势、防止叶片腐烂。

（3）局部快速更替

因种植模块与钢结构之间是以挂钩式进行连接，故安装拆卸方便。局部更换植物前，首先在苗圃预先培育和植模块，直接替换受损模块，操作简单，快速便捷。

8.1.6　造价分析

主要由植物模块、容器、固定框架及浇灌系统组成，平均造价 1246 元 /m²，其中每平方米单价：种植模块 390 元、容器 546 元、固定框架 100 元、浇灌系统 130 元以及养护费 80 元。

8.1.7　游人评价

参观世博园区的游人看到绿墙都会驻足围观，感觉新鲜，反映是首次看到这么大的垂直绿化墙面，有人还询问谁家设计施工的，能否用于家里绿墙等问题。我们对围观的行人做了现场访问，结果显示，大多数行人此前没有见过类似体量的新型垂直绿化墙，女性认为色彩过于单一、绿色面积过多、色彩变化不明显，男性则没有这一反馈意见，总体评价为"很不错"、"非常新颖"。

8.2 上海松江临港科技园建筑绿墙

8.2.1 设计分析

（1）项目概况

上海松江新兴产业园作为首个由市政府认定的"区区合作，品牌联动"示范基地，位于上海松江区新桥镇民益路201号。园区占地167亩（1亩=666.7m²），建筑面积约15万m²，清新明快的园区风貌和现代简约的厂房风格，已吸引了众多国内外企业入驻。本项目位于产业园科技绿洲一期项目1#楼屋顶。绿墙总面积约400m²，观赏面向东北向，东西向通透；共有16幅结构面，其中高4层的12幅，高2层的4幅，每层约2m（图8-9）；楼顶荷载18t。项目从2016年3月开始施工，6月份结束。

图8-9 漕河泾屋顶绿墙钢架结构

（2）项目难点

1）拟建设绿墙所在楼层较高，在地面广场上仰视只能看到最上面三层，且左右不对称。

2）绿墙建设点所在位置是楼顶，除自身钢结构外，还需要考虑对另加的钢结构龙骨、浇灌系统、植物及种植介质的承重问题，以及大风对结构稳定性的影响。

3）绿墙东西向无遮挡，对植物的耐旱、耐寒、耐热、抗风等适应性是很大的挑战。

4）钢架结构突出的部分，如何利用此结构进行加固并减少其对整体景观的影响。

（3）设计方案

在高层办公楼空间中，建筑群往往产生严重的生硬感和压迫感，通过使用植物绿墙，使得生硬的空间环境变得富有生命力和亲和力。整个绿墙的设计理念来源于印象派艺术，注重光影的效果与色彩的运用。设计以大师克劳德·莫奈的著名作品《睡莲》为灵感（图8-10），以与睡莲叶形、叶色相似的大吴风草为主要元素，运用紫色系的红花檵木、'花叶'络石，金色的大花六道木（图8-11），配上柔和且富有不同质感的曲线色带，以描绘出那浪漫的漂浮着朵朵睡莲的吉维尼花园池塘（图8-12）。

图 8-10　莫奈的画

图 8-11　绿墙植物素材

图 8-12 "印象·夏日"实景图

8.2.2 技术方案论证

（1）项目要求

业主对屋顶钢架上绿墙的选材、施工、种植、养护等方面提出要求：

1）基材施工要求。安装稳固，不易脱落，不超过屋顶荷载；选用材料使用年限不低于 5 年；栽培介质保湿透气，不存在异味及不易流失。

2）植物种植要求。选配植物的品种具较强生境适应性，种植密度有较好覆盖性，满足景观效果，后期维护简单。

3）滴灌系统要求。滴灌管、自动控制器、过滤器、电磁阀、养分泵等关键材料要求质量好，滴头分布合理，局部可增加微喷头。浇灌采用循环系统，自流水有效收集。

4）养护管理要求。定期养护，及时更换景观效果较差的植物。

有两家绿化单位参与了植物墙的投标，其中一家公司是采用种植模块技术，另一家是采用无纺布营养液技术。经专家组论证，采用无纺布营养液技术的挂毯式绿化方案存在以下问题：①种植袋浅，不能满足植物长期生长的需要；②栽培介质在雨后或浇灌后容易脱落。而模块式、直线式构图垂直绿墙的设计方案，具有长期效果较佳、维护方式简单、造价合理等优点。因此，最后确认后者为该项目的设计方案。

（2）技术难点

本项目需要克服的主要难点有楼顶承重、植物适应性等。

1）荷载安全。墙面绿化工程的最大荷载要小于 327kN。在不影响景观效果的前提下，本方案将从钢结构加固、植物品种筛选、栽培介质配方等方面降低单位荷载，从而保障结构的安全。

2）钢结构加固。通过对绿化范围内现有的钢结构进行测算，发现钢结构梁强度不能满足墙面绿化的需求。考虑到广场仰视的视角，最后一层绿墙不易看到。因此，钢结构的最后一层不做绿墙，从而减少钢结构的荷载。关于钢梁加固的措施见图 8-13。

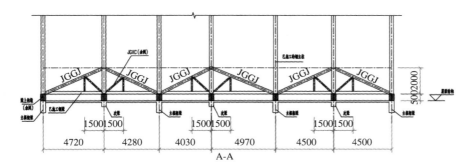

图 8-13　钢结构加固

3）植物筛选。为满足楼顶空间的特殊立地环境，优先筛选抗性强、根系浅、冠幅大、生长缓慢的植物，综合考虑后选择大花六道木、大吴风草等植物。这些植物覆盖面广，通过降低单位面积种植密度和相应的种植介质数量，从而降低荷载。

（3）种植介质配制

根据本方案的实际需求，确定筛选容重小、通气性好、保水性好，为植物提供慢速生长需求的轻型栽培介质，主要的理化指标为：pH 值 5.6 ~ 8.0、全盐含量 0.1% ~ 0.3%、容重 1.0 ~ 1.35Mg/m³、有机质含量高于 1.5%。通过比对，优先选择容重小的栽培介质原材料，如草炭、椰糠、珍珠岩等进行配比实验，得出适合的栽培介质为草炭：椰糠：珍珠岩 =1:1:1，该介质是容重小、透气性和保水性好的植物慢速生长的轻型介质。由于选用的是浅根性植物品种，需要的厚度为较常用栽培介质的一半，仅为 15cm。根据上述思路，本方案通过实验模拟和实测，得出三种模式下种植模块的最大荷载：

A、所有种植介质、套盆和植物 =1.28（kg/ 个）×14904（个）/102.04= 186kN

种植模块的总重量 =0.558（kg/ 个）×4968（个）/102.04=27.7kN

钢结构及必备的浇灌系统等 =8500kg/102.04=83.3kN

最大荷载 =297.0kN

B、所有种植介质、套盆和植物 =0.96（kg/ 个）×14904（个）×3/102.04= 140.2kN

种植模块的总重量 =0.558（kg/ 个）×4968（个）/102.04=27.2kN

钢结构及必备的浇灌系统等所有钢结构和其他 =8500 kg/102.04=83.3kN

最大荷载 =250.7kN

C、所有种植介质及套盆和植物 =0.9（kg/ 个）×14904（个）/102.04=

131.5kN

　　种植模块的总重量 =0.558（kg/ 个）×4968（个）/102.04=27.2kN

　　钢结构及必备的浇灌系统等 =8500kg/102.04=83.3kN

　　最大荷载 =242.0kN

　　综合考虑绿墙寿命、植物生长、介质可持续性的影响，优选选择 B 套组合。

8.2.3　关键技术

（1）结构稳固性

　　绿墙的高度 8m，东西向无遮挡，为减少风对结构产生的影响，使用热镀锌钢做结构支撑，与原钢结构的接触面使用紧固件加固，紧固件内侧使用衬垫，确保原钢结构的表面完整；在钢结构背后使用斜向立柱支撑，保证整体的强度。主要结构采用 100×50×2.5 的矩形方管焊接在原有钢结构骨架上，采用金属氟碳漆做防腐。模块钢架采用 60×30×2 的 C 型钢，用热镀锌防腐处理，C 型钢与钢结构使用螺丝固定。采用网格化布置模块的方式，网格间预留空隙，以减少风力影响的面积，确保安全性。

（2）系统稳定性和可维护性

　　本方案的模块系统包含种植模块、滴灌系统、电控系统、钢结构等部分组成，具有以下优点：结构强度高，与建筑的结合度较好，拆卸方便，便于今后对建筑的保养、植物的养护和更换等。

1）种植模块

　　采用的种植模块与上海世博会主题馆垂直绿墙种植模块型号一致。

2）滴灌系统

　　主管进水采用伟星 PPR 管材，直径（DN）32mm 的；支管采用伟星 PE 管，管径规格为 20mm 和 8mm；一出四滴箭采用美国型号品牌，出水均衡，出水量 8L/h，水管配件均是伟星牌的。在顶部设置雨水感应器，配置定时器，实施自动浇灌。每层模块网格都具有灌溉水管道，连通绿墙底部玻璃钢储水槽（图 8-14），兼做雨水收集系统。玻璃钢储水槽采用 1.5mm 厚的热镀锌板折弯而成，尺寸为 230mm ×200mm ×230mm，在水槽底部共开设 5 个排水孔，直径 100mm，使其排水通畅，排水管采用直径 110mm 的 PVC 管。

3）电控系统

　　主要构成和规格性能：增压泵采用格兰富水泵，使进水管进水压力增加达到 4，电磁阀采用美国 MAC 品牌，时控电箱采用不锈钢材质外壳，防水防锈。里面装有时控器，控制各个电磁阀。时控器可以多元化控制，根据植物需求，通过调控浇灌时间、浇灌速度、浇灌频率等指标，系统将会按照设定程序自行控制电磁阀雨

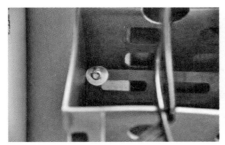

图 8-14 种植模块与滴灌系统

水控制器和时控器配套。在雨天，雨量传感器将信号传递给时控器，时控器会根据雨量大小调控浇水程序。电缆线均采用单相三芯的起帆电缆，规格分别是 2.5m^2 和 1.2m^2。

4）钢结构

植物绿墙钢结构具体构成如图 8-15 所示。

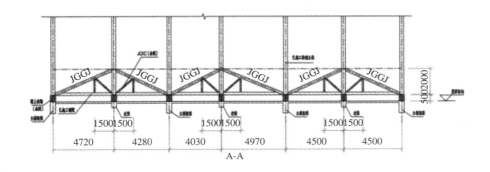

图 8-15 钢结构

（3）植物的筛选

在进行植物搭配时，分两步走。首先考虑建筑物的高度、绿墙朝向等因素，初步提出与环境相适应的植物清单。在此基础上，优先选用与环境协调的植物种类，实现绿化、美化与环境的高度融合。在建筑朝向方面，因钢架朝向东北，日照时间和光照强度中等，适宜种植植物的种类很多，如佛甲草、大花六道木、吊兰等。因绿墙与办公楼距离仅 10m，空间偏小，遮阴时间较长，可选用一些耐阴或喜阴的植物。考虑到景观的持久性，以常绿植物为主基调，从而避免落叶时墙面的突兀感，保证墙面的四季景观效果。本案根据第三章植物筛选原则，通过对上海、江苏、浙江等华东地区的植物应用调查，结合前期工作基础，按照植物存活率、生长势、耐热性、耐寒性等指标，兼顾植物的观赏性、功能性，提出本案应用的植物名录，详见表 8-2。

垂直绿化所用苗木表

表 8-2

序号	植物名称	植物规格		数量
		高度（cm）	冠幅（cm）	
1	吊兰	≥20cm	≥30cm	3000
2	'黄金'佛甲草	≥20cm	≥30cm	1300
3	红花檵木	≥30cm	≥40cm	1700
4	大吴风草	≥30cm	≥30cm	3500
5	熊掌木	≥30cm	≥40cm	3000
6	'金叶'大花六道木	≥30cm	≥40cm	3500

8.2.4 造价分析

本项目实施在屋顶，独立承载结构，钢架荷载的估算、加固，精密细部节点设计和灌溉系统，相应的防护措施、机料费用和人工费用等，都会增加建造成本。总体费用分结构和绿化两个单项，其中钢结构、钢架、滴灌系统、电控系统、种植模块等项目为 68 万，绿化种植及一年养护费用为 24 万，总计 92 万。因此，该项目建设造价为 2300 元 /m^2。维护成本上主要发生在植物更换和水肥供给，平均单价约为每年 90 元 /m^2。

8.2.5 日常养护管理

（1）修剪整形

从苗圃中移栽到绿墙种植模块上的健壮小苗，首先进行移植修剪。在移植前或移植后萌发前检查苗木顶梢，凡顶梢健壮、顶芽饱满的保留顶芽；顶梢细弱、顶芽瘦小或梢头干枯的，应从梢部有饱满芽处短截，并除去剪口以下的芽；如有挡风、遮光、徒长及病虫害的枝条，要做适当修剪。移植恢复后，仍需要合理修剪，去除枯枝、病虫枝，调节植物的生长势，控制株形和体量，保持适当的根冠比例，均衡生长。

（2）肥水供应

在栽培介质中，混合缓释肥料做基肥，在一年内源源不断地供给苗木所需的各种营养。在春季植物生长旺盛的抽梢期，应施以 N 肥为主的追肥，在观花植物的花芽分化期应施以 K、P 肥为主的追肥。在每年的生长期，进行 2～3 次追肥。追肥宜少量，控制苗木长势，减少修剪频度，节约用工成本。

浇水时间及强度视天气变化而定，一般宜在早晨或者傍晚进行。根据不同季节设定滴灌时间。夏季为每天两次滴灌，上午 7 点前和下午 5 点以后分别滴灌 15 分钟；遇到极其高温干燥天气时，增加每次浇灌量来补充植物所需水分。春季和秋季设定为每天一次滴灌，滴灌时间为 10 分钟。冬季为每周两次滴灌，0℃低温时为防止结冰造成系统受损，关闭滴灌系统，采取人工浇灌，根据降水和植物情况进行浇灌，一般一周一次，并注意泄水防冻。

（3）病虫害防治

以预防为主，及时清除残枝落叶和被病害虫危害的植株等。在雨季，因空气湿度大，易发生红蜘蛛、介壳虫、蚜虫等虫害；在春季和黄梅天，最易发生病害导致叶片斑变和脱落。出现病虫害时，尽量选用无毒、低毒农药，根据植物发病情况定期喷药防治。

（4）苗木更换

在冬季或夏季等环境胁迫期后，如出现死亡或明显受损植株，应及时更换，使绿墙呈现良好的景观效果。

8.2.6　游人评价

虽然园区尚不对个人开放，路过的行人看到植物都会驻足围观，询问何时可进园参观。行人多为在周围上班的上班族和附近小区的居民，我们对围观的行人做了调查，同时，我们还采访了业主绿化管理处的负责人和员工，询问绿化效果是否达到他们期望等。调查结果表明：大多数行人此前没有见过类似的新型垂直绿化墙，男性的平均打分高于女性，总体评价为"相当不错"、"非常新颖"。女性认为绿墙线条太硬朗，弧线会更好；男性则觉得这块绿墙具有非常好的广告效益。当提及造价 2300 元 /m² 时，受访者均认为比较贵，但表示如果效果持久也可以接受。业主绿化管理处负责人表示比较满意，维护方式简单、易操作。

8.3 上海辰山植物园游客通道绿墙

8.3.1 设计分析

上海辰山植物园位于松江区辰花公路3888号，园区占地面积约207hm²，既是植物科研和科普教育的基地，也是广大市民游憩的胜地。本项目位于辰山植物园一号门内广场西侧，为通往绿环坡道的南侧立面墙体，与主入口建筑连为一体（图8-16）。绿墙的营建不仅软化了硬质墙面，而且使建筑和绿环形间形成了自然的过渡，给游客以良好的视觉体验。

绿墙总面积约140m²，观赏面向南，绿墙沿斜坡呈梯形，西侧高度4.8m，东侧高度1.2m，总长度46m（图8-17、图8-18）。整个绿墙的设计色彩和图案运用，通过不同颜色、质感和形态的植物搭配来营造出自然而具有层次感和季相变化的效果，追求和建筑物的融合，宛若自然生长出来的绿色植物墙体（图8-19、图8-20）。

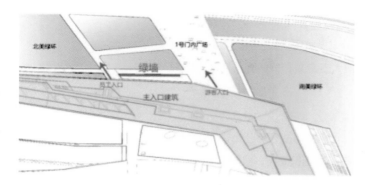

图 8-16 绿墙立地位置示意图

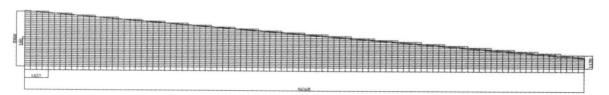

图 8-17 绿墙立面图

图 8-18 绿墙现场图

图 8-19 绿墙完成效果图

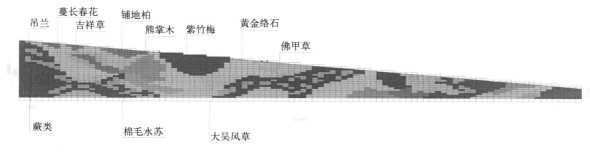

吊兰　蔓长春花　铺地柏　黄金络石
吉祥草　熊掌木　紫竹梅
佛甲草

蕨类　棉毛水苏　大吴风草

图 8-20　绿墙植物配置示意图

8.3.2　技术方案

（1）现场立地条件

绿墙位于主入口广场西侧，人流量大，处于视觉焦点，对墙面景观效果提出较高的要求。绿墙观赏面向南，南侧距离建筑约 5m，东侧通透，西侧距离建筑外墙约 6m，外墙处为空调外机出风口。由于距离建筑物较近，日照条件差，只有东侧光照能到达绿化墙面，并且平均日照时长仅 3 小时左右，对植物生长产生影响。另外西侧空调外机出风口影响到西侧绿墙植物，强热气流对局部植物生长产生影响。

（2）需克服的难点及对策

根据绿墙的立地条件，需要在设计、植物选择和养护管理上采取相应的对策以保证绿墙可持续性和良好的景观效果（表 8-3）。

辰山绿墙难点与对策　　　　　　　　　　　　　　　　　　　　　表 8-3

需克服难点	对策
位于重点位置，景观要求高，同时兼顾养护成本，减少更换频率	保证80％的植物为常绿植物，不用更换。20％为季节性植物，在一个时期景观效果好，增加绿墙质感的层次性，有颜色和季节变化，一年内更换两次
距离建筑物近，光照条件差	选择适应性强的耐阴或阴生植物。同时加强养护管理，及时施肥和修剪控制徒长
10m范围内受到空调外机热气流影响，尤其是夏季高温季节，空气温度近50℃	分区域浇灌，靠近空调外机的绿墙增加给水降温，同时保证夏季植物的需水量

8.3.3　关键技术

（1）结构及浇灌系统

绿墙采用"种植模块系统"进行布置，由结构系统、浇灌系统和种植模块三部分组成（图 8-21）。具有结构强度高、与建筑的结合度较好、拆卸方便、植物养护简单和更换便捷等优点。结构系统使用 3 号热镀锌钢做结构支撑，与原混凝土墙面的接触面使用紧固件加固（图 8-22）；浇灌系统采用滴灌配合 EVO 自动控制装置，可以自动设定给水时间和频率，也可以手动进行控制（图 8-23）；种植模块由定制的花盆架托、与之相配套的花盆、栽培介质和植物组成，可以随时更换（图 8-24）。本项目总共安装种植模块 1776 个、植物 5328 盆。

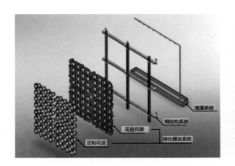

图 8-21　垂直模块系统图

图 8-22　热镀锌钢结构与混凝土墙面固定

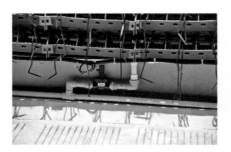

图 8-23　滴灌系统和 EVO 自动控制装置

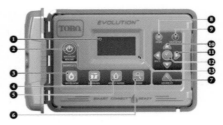

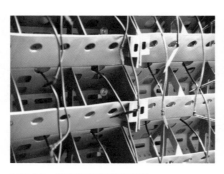

图 8-24　绿化模块架托和花盆

（2）植物选择

　　根据结构形式和立地条件来选择适合生长的植物是绿墙持久的关键。如前介绍，光照不足是此项目的限制因子，优先选用耐阴植物或阴生植物。植物其他指标的筛选原则详见本书第三章，实际采用的部分植物如图 8-25 所示。

为丰富绿墙色彩层次、增加季相变化，需要选用花叶或色叶植物，但是大部分花叶、色叶植物在光照不足的环境下会褪色返绿，部分植物容易徒长，因此控制此类植物的运用比例不超过 20%。表 8-4 是绿墙使用的植物以及用后的评价。

图 8-25　绿墙使用植物

植物	色彩	使用时间	生长评价
熊掌木	绿色	全年	好
常春藤	暗绿色	全年	好
肾蕨	草绿色	春、夏、秋	好
大吴风草	绿色	全年	好
吉祥草	草绿色	全年	较好
佛甲草	绿色	全年	一般
'金心'吊兰	黄绿色	春、夏、秋	较好
'金边'阔叶麦冬	黄绿色	全年	好
'花叶'蔓长春花	黄绿色	全年	好
'花叶'络石	银绿色（易褪色）	全年	好
'黄金锦'亚洲络石	黄色（易褪色）	全年	好
'金叶'薹草	黄色	全年	较好
紫竹梅	紫红色	全年	好
紫叶酢浆草	紫红色	春、夏、秋	好
红花檵木	暗紫红色	全年	较好
矾根	各色	春、秋、冬	好
彩叶草	各色	夏、秋	好
银叶菊	银白色	春、秋、冬	较好

8.3.4 日常养护

（1）浇灌

分季节设定滴灌时间。滴灌时间为 10 分钟，夏季每天两次滴灌，上午 7 点前和下午 5 点后；春季和秋季为每天一次滴灌；冬季为每周两次滴灌，低于 0℃时关闭滴灌系统，采取人工浇灌，一般一周一次。绿墙滴灌系统分成 4 个单元区域，分别设定给水，由于西侧靠近空调外机出风口处植物受到热气流影响，因此西侧第一单元区延长每次滴灌时间 5 分钟。

（2）修剪

植物在缺少光照的条件下容易徒长，因此及时修剪和摘心可以促进植物枝条萌发，使株型紧凑和饱满，以达到快速覆盖绿墙的效果。如银叶菊、彩叶草等草本植物生长迅速，株型易开散，因此在生长季节需要及时摘心促进底部芽萌发，每两周需要进行一次摘心；'花叶'蔓长春花、紫竹梅等悬垂植物，如下垂枝条过长，覆盖了其他相邻植物，也需要及时修剪，一般保持垂枝不超过30cm，以不影响其他植物生长为宜。其他植物也应及时修剪过长、凸出墙面过多的枝条、枯枝等，以保证整体墙面密度适宜、整洁而有层次。

（3）植物更换

为丰富绿墙的层次、色彩和季相变化，本书作者团队根据季节选用了部分彩叶或开花植物，此部分植物适应生长的季节一般为2~3季，如冬季选用耐寒性好的银叶菊，夏季则选用色彩丰富的彩叶草等，此部分植物比例不超过20%。在进行植物更换时注意滴灌设备的保护，轻拔轻插，防止漏插滴灌头（图8-26）。

图8-26 植绿墙物更换养护

8.3.5 造价分析

本项目采用壁挂模块技术，整体由植物、植物容器、固定框架及浇灌系统组成，总体费用分结构和绿化两个单项，其中钢结构、钢架、滴灌系统、电控系统、种植槽等项目为1000元/m²，总价14万，加上绿化植物模块4.5万，总计18.5万。因此，该项目平均建设单价为1321元/m²。

为保持全年多变、丰富的景观效果，维护成本主要发生在植物更换以及日常管理上，运行近两年，每年的维护成本约130元/m²。

8.3.6 评价

参观植物园的游人从一号门入口进园，看到绿墙都会驻足围观，并询问植物品种及平时养护状况,是否可以在自家的阳台上种植等。我们对围观的行人做了调查,结果显示:大多数上海游客觉得垂直绿化墙是一种拓展绿化面积的形式,外地游客觉得垂直绿墙能在如此低光照区域布置,不可思议;女性认为色彩过于单一,绿色面积过多,所选植物的季节性不强,男性则没有一致的反映问题和意见;总体评价为"相当不错"、"非常新颖",个别的会问植物适应性问题和植物资源及景观配置问题。

同行业专家的评价主要围绕垂直绿墙植物选择、种植介质吸水保肥性、浇灌系统的运行情况以及日常养护成本和效果能否满足游客需求等。

8.4　上海国际贸易中心室内立面绿墙

8.4.1　设计分析

（1）项目概况

上海国际贸易中心地处虹桥经济技术开发区,是中日合资建造和经营的具有

图 8-27　改造前实体墙

一流水平的综合性商务楼。建筑高度 140m,地上 37 层,内部钢结构。本项目主要根据国贸中心业主需求和室内空间的环境特性,营造绿墙。具体情况为业主欲将 30～37 楼住宅公寓改造成透明办公区,改造后整体空间格局为三面透明办公区、一面实体墙绿化区,达到室内办公区域的绿色体现。改造前实体墙见图 8-27,由背面钢结构及 30 楼楼板支撑,整体高度 34m,宽度 15m。该项目是半室内的特殊空间,业主需要生态服务功能和景观美化功能,特别强调确保植物幕墙的安全性、与室内装饰的相容性及景观的稳定性。

项目 2013 年 6 月开始施工,10 月结束。

（2）项目难点

1）空间特殊性

项目实施点是半室内的特殊空间,用于植物幕墙的墙面高度为 34m,宽度为 15m,绿墙 300m²。整体无直射光,从上到下散射光渐弱,以冬季正午为例,36～37 楼平均光照 23 245lx,30 楼仅 587lx;上层空气与外界相通,风速平均 0.8m/s,下层通风效果不佳,全年无风;夏季、冬季受室内空调影响,室内外温度差异大,上下层差异也比较大,冬季昼夜温差平均 0.4～2.7℃。

2）场所限制

植物幕墙要求简洁明快,尽可能少占用立面空间;不能从正面进行日常维护,

也没有维修通道；防止植物和栽培介质不松散脱落，同时便于人工装卸、适时更替以及日常养护管理等。

3）维持景观时间长

要求植物幕墙建设施工时间短，植物幕墙维持优美的景观效果和稳定的生态效益，这就要求栽培的植物能经受上海夏季、冬季的昼夜温差。

（3）设计方案

考虑到在办公楼中进行植物幕墙装饰的三个目的：在比较规则的室内空间中创造出富有变化的趣味空间，弥补空间上的缺憾；具有调节室内温湿度、净化空气、缓解视觉疲劳、释放压力等作用，进行生态服务功能的改善；利用植物特性来体现与众不同的风格和特色，给人以美的享受。

本项目属于公共植物幕墙，设计以舒适和互动为主，主要为办公人员放松、交流和休闲等活动提供场所，营造一种独特的空间情调。植物幕墙设想运用茂密饱满的花叶与散漫而无定势的鹅卵石水池相互映衬，突出植物幕墙的观赏性与时代感，也把"绿色"理念完美地融入室内氛围中（图 8-28）。

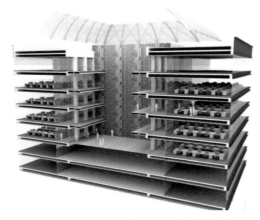

图 8-28　国贸绿墙设计示意

设计按业主要求，整面植物幕墙简洁大方，与建筑环境融合。由于环境的特殊性和便于维护管理，对选用的植物适应性要求较高。植物幕墙采用自然式构图，整面墙体被植物覆盖。景观上重点考虑：①植物色彩以冷色调为主，与地面、墙体、家具的色彩达到视觉平衡，起到消除办公族的烦恼等作用；②建筑参数，主要是指与植物景观设计有关的地面材料、荷载、排水系统及防水设施，要与设计的景观匹配；③本项目以圆形的叶子植物为主，色泽光亮饱满，适宜于衬托规整的现代风格空间；④各种植物的排列方式自由变化，不用经常修剪，营造富于变化的景观，体现柔和、舒适、亲近的空间艺术效果（图 8-29）。

图 8-29　建成绿墙
（图片来源：世源屋顶绿化公司）

8.4.2 技术方案论证

建设工程的招投标自 2013 年 2 月启动，对施工、种植、养护等方面提出要求。具体要求如下：

基材施工。安装稳固安全，不超墙面荷载；栽培介质保湿透气，不存在异味，不污染环境；选配植物具较强适应性，种植密度满足景观效果。

浇灌系统。浇灌采用自来水，滴头分布合理，滴灌管、自动控制器、过滤器、电磁阀、养分泵等关键材料要求保修期为两年。

养护管理。后期维护简单，及时更换影响景观效果的植物。

有多家单位参与了投标。经评审，专家认可的设计方案是模块式、直线式构图植物幕墙。

（1）墙体结构

在根据业主方提出植物幕墙要简洁明快的要求后，结合现场实际施工条件及后期植物生长环境，在现有实体墙结构参数的基础上，建议采用可移动、一体化模块式方式。即，横向从左到右每 3m 为一竖条，共分 5 档；纵向从上到下，每 2m 为一横条，共分 17 档，形成总体绿墙钢结构，在横、竖向钢结构形成的每一子框中有一旋转框架，每一旋转框架上安装数个种植模块，用于种植植物。结构布置如图 8-30，通过承载力的计算，植物幕墙支撑构架采用 50mm×50mm×4mm 的镀锌角钢，厚度为 20～40mm。防水层使用泡沫板，厚度为 5mm，密度为 0.7g/cm³。植物幕墙支撑结构架、泡沫板和植物模块一起固定在墙体立面上。

图 8-30　钢架结构与种植模块系统

（2）植物选择

由于整个植物幕墙只能接受到散射光，尤其是植物幕墙下部的光线极弱，优先选用耐阴观叶植物，包括小灌木、藤本和草本，如八角金盘、络石、蔓长春花、蜘蛛抱蛋、绿萝、龟背竹（Monstera deliciosa）等。考虑到减少植物的更换次数，重点选用生长周期较长的多年生植物种类。此外，还要选择既能吸收、降解和滞留室内有害物质，又避免释放有害气味、带刺易伤人的植物种类。综合考虑上述因素，最后选定吉祥草、阔叶麦冬、吊竹梅、八角金盘、蜘蛛抱蛋、龟背竹等多年生常绿植物。

（3）浇灌系统

因绿墙属于半室内空间，浇灌要求较精细，因此采用自动化滴灌系统，与种植模块和墙面支撑构架成一体化配套设计。整个系统通过程序控制器进行定时定量控制，通过 PVC 主水管供水，经过过滤器、球阀、加压泵进入毛细管，最终通过四出式滴箭直接为植物的根区栽培介质补充水分（图 8-31）。

图 8-31　绿墙浇灌系统

（4）预留养护通道

用常规的方法，对高 34m 的植物幕墙进行施工和养护变得非常困难，还会影响办公。建议业主方在结构改造时，预留出养护通道，方便植物更替和日常养护操作。在绿化面与后面的支撑面之间预留宽度 50cm 的养护通道，并且每 3m 高设置一条。

8.4.3 关键技术

（1）室内环境调控

室内环境特征如光照、温度、水分、风速、人类活动等，与室外有着显著的差异。在这些生态因子中，光照、温度、湿度、通风等是影响植物生长的重要环境因素。

室内光照主要来源于自然光和电子光照，不仅明显低于室外，而且随空间功能性质不同相差很大，加之光的三大特性（光质、光照强度、光照时间）与植物生长密切相关。其中光质对植物生长最为关键。植物的光合有效辐射大多集中在400～700nm波段光谱，有自然采光区域，如36～37层光照条件好，30～33层区域光质较差，基本依靠人工光照，对植物生长较为不利。金属卤化物灯作为人工补光光源，提供的色谱对植物生长最为有利，对视力的作用也最好。为维持植物的健康生长，人工光照时间需在12～16小时之间。

许多室内观叶植物，主要来自热带、亚热带雨林的下部，因此，温度变化幅度，特别是低温极限值，是室内植物选择的重要依据。大多数室内植物适合15～30℃范围内生长，而国贸中心夏季白天上班开空调，但夜间及节假日不开空调，温度超过34℃，大多数植物将停止生长。寒冷冬季，白天上班开空调，植物能正常生长，但夜间及节假日不开空调，温度低于5℃，尤其是37层的植物将会遭受更低的温度胁迫，严重影响植物的生长。因此，根据季节夜间和节假日适度开放部分空调，尽量使得室内温度平稳。

一般室内湿度在40%～60%之间，人与植物均感适宜。低于25%时，许多热带、亚热带植物都会出现生长不良甚至死亡，最明显的是引起叶焦，合果芋等天南星科植物的叶焦是最常见的。本项目由于空调设施、封闭空间，室内的空气湿度只有30%～40%，于是通过室内设计水池措施，增加室内湿度，缓解夏季高温、空气干燥对植物的胁迫。对于种植介质的湿度，采用控制滴灌时间来调控。

室内通风也是影响植物地上部分生长的重要因素。34层以下的空气内外气体交换极为有限，空气流动性较差，夏季容易形成高温、高湿、闷热的环境，影响植物生长。该项目利用建筑主体的暖通系统来保证植物生长所必需的通风条件，同时也在绿墙后预留风道，利用自然通风将新鲜冷空气引入室内空间，在降温的同时又能改善空气质量。

（2）植物选择与配置

植物是室内立面绿化的重中之重，一方面要考虑植物对环境的要求，另一方面要考虑植物在室内的功能和作用。只有兼顾两者，才能更好地发挥效益。主要筛选原则有：

1）适应性好。由于室内光照条件的限制，宜选择耐阴或阴生的适应性强的植物。

2）观赏性高。需要具备较强的观赏性，如植物形态优美或奇特，整体观赏效果好，叶形或叶色漂亮等。

3）生态性强。尽可能选择有效调节温湿度、滞尘、吸收有害气体、杀菌等方面能力强的植物种类。

4）安全无害。无毒、无不良气味、无花粉飞扬、无毛刺。

5）管理简单。具备生长慢、少修剪、少病虫害等特点。

根据上述筛选原则和国贸特有的环境条件，所筛选的室内植物以常绿耐阴观叶植物为主。主要是：袖珍椰子、斑叶竹芋（*Maranta arundinacea* var. *variegata*）、龟背竹、巢蕨、花叶芋（*Caladium bicolor*）、吊兰、蜘蛛抱蛋、卫矛、八角金盘等。在进行配置时，按照采光的位置与强度等来决定摆放植物品种的位置；在下部布置小叶、株细、颜色多样的植物，上部应以大型、叶色深绿的植物为主；放置时有一定的倾斜度，以体现大自然的丛林意境。

8.4.4　系统安装

（1）钢架结构

根据墙体的构造和面积，离墙 1.5m 处，在施工时用 6# 槽钢和 8×10 方钢、5mm×60mm×120mm 扁方钢、φ25 圆钢量身制作支撑钢架（图 8-32）。

（2）种植结构

立面绿化装置中，固定框架内设有横、纵向支撑杆，将固定框架内的空间分隔为 4 个子框，旋转框架设置于子框内。每个旋转框上挂接种植槽，种植槽采用上海世博会垂直绿墙种植模块的专利产品，种植槽规格为 480mm×118mm×130mm，配套形状对应的种植盆。拼接安装完成后，进行种植模块、种植槽和墙面支撑构架等稳固性、安全性的验收。

（3）灌溉系统

采用世博会主题馆绿墙浇灌安装技术，详见8.1.4。

图 8-32　绿墙设置维修通道

8.4.5　日常养护

为维护植物良好的生长势及景观效果，栽植后的养护管理十分关键。针对国贸办公区 30～37 层楼空间的环境特点，主要从调控水肥、植物更换、调控环境方面着手。

（1）灌溉

按季节设定滴灌次数。每次滴灌 20 分钟，夏季设定为每两天一次滴灌，春季和秋季设定为每四天滴灌一次，冬季为每周一次滴灌。

（2）植物更换

为维持室内绿墙的良好状态，及时更换长势不良或有病的植株。根据不同楼层生长情况，每年更换植物的数量也不一样。楼层越低，生长环境越恶劣，植物更替的次数越多。其中，30 ~ 33 层区域，调换为三次；34 ~ 35 层区域，调换为两次；36 ~ 37 层区域，调换为一次。两年中，被更换的植物种类有欧洲凤尾蕨（Pteris cretica）、熊掌木、南天竹、杜鹃、[金森] 女贞，长势较好的有龟背竹、蜘蛛抱蛋、吊兰、吉祥草、阔叶麦冬、八角金盘等。

（3）调控环境

根据两年植物更换情况和室内环境状况，提出环境调控措施：对低楼层处绿墙，适当辅以灯光补光，同时应采取措施保持室内空气湿度在 40% ~ 60% 左右。室内植物的温度条件要遵循"冬暖夏凉"的基本原则。一般夏季温度不高于 34℃，冬季不低于 5℃。采取栽培设施后的通风设备加快空气流动，减少夏季室内闷热环境，也利于减少室内植物病虫害的发生。

（4）修剪

及时对焦叶卷叶、多余的茎、老残幼弱枝条等进行剪除。

8.4.6　造价分析

整个工程建设费用为 87 万，包含了施工中材料、机械费用、人工费用，加施工期养护费用 8 万，共 95 万。因此，该项目单价 3166 元 /m²。成本高的主要原因是夜间施工，加班费用增加；钢架加固以及相应的防护措施和机料费用。

经过两年的运行，总的养护费用共计 34.6 万，平均每年 577 元 /m²，主要为植物更换费用及相应的人工费、运输费、自动滴灌系统日常维护保养、电器设施、滴管和滴箭损坏调换费用。其中，由于环境恶劣，造成大量植物更替，植物更换的费用占 54%，相应的人工费占 32%，共 86%。

8.4.7　游人评价

该办公楼不对外开放，多为在该楼上班的上班族，我们对抽烟或围观的行人进行了调查。同时，还调查了国贸物业管理处的负责人和员工，询问绿化效果是否达到他们期望等。调查结果表明，大多数人觉得室内有这样的绿墙是缓解疲劳的来源，大家一般工作一两个小时就希望过来放松一下；女性认为色彩过于单一，绿色面积过多，没有色彩变化，还疑问会不会有蚊虫；男性则没有这一反馈意见。受访者对绿化的景观功能关注度较高，没有或较少提及和询问有其他作用；物业管理处负责人表示对效果比较满意，维护方式简单、易操作，就是室内环境造成每年有 30% 的植物更换，成本还是较高，希望能通过补光、环境调控、分区分类灌溉等技术手段减少后期苗木更换费用。

8.5 沪闵高架桥下立面绿化

8.5.1 设计分析

（1）项目概况

上海沪闵高架路全长 7.92km。本项目在上海南站段，采用上垂下爬式。在桥柱上部选用悬垂藤本植物进行悬挂，下部栽植攀缘植物依附在桥柱立面向上攀爬，形成绿墙。

（2）项目难点

利用攀缘类植物自然生长特性的传统建筑立面绿化技术，主要存在以下问题：绿化高度受到限制，直接攀爬的部分植物会对墙面造成一定程度的破坏，成景时间相对较长。

（3）项目设计

藤蔓植物依附桥柱生长，易成规模，是当下最常用的建筑立面垂直绿化方式。攀爬式绿化技术，主要是在桥柱边上设置种植带，覆以土壤或人工栽培介质，种植藤本植物沿墙体生长，例如地锦；亦可将种植区域设在高架桥的顶端边缘，种植下垂型藤蔓植物自然下垂生长铺满墙体，如野迎春。在桥下中间隔离带的植物，需要设置支架才能往上缠绕，支架主要有网状物、栅栏或者条状支架，如常春油麻藤、紫藤、忍冬等。为了更快达到装饰整体高架桥的效果，可以将吸附性植物和下垂型植物组合起来，共同向中间生长（图 8-33）。

图 8-33　高架桥柱绿化

8.5.2 技术方案论证

要发挥桥柱立面垂直绿化的生态、景观功能，最重要的是因地制宜地筛选适合的植物。同时，不影响高架桥的使用、功能和美观，还要注意与高架桥立面相融合，包括所选植物与建筑的协调和所用支撑系统与建筑的协调。

（1）植物选择和支撑

选择高架桥立面绿化类型，在一定程度上取决于建筑立面上植物的支撑系统。支撑构件必须牢固，以支撑植物重量、风压等荷载，由结构工程师根据桥柱外立面增加额外荷载的能力来设计。对于利用盘绕、攀爬、卷曲以及蔓延型的藤本植物，适合应用三维网格支撑系统（图8-34）；带有柔软茎的葡萄科藤本植物最适合缠绕在面板上。利用支撑构架时要做好构造处理，避免破坏原有墙体。使用金属件做支撑，要注意做相关处理，以免夏季温度过高而灼伤植物。

（2）植物选择与景观因素

为了丰富景观层次，应注意品种间的合理搭配，如常绿藤蔓与落叶藤蔓的搭配、观花植物与观叶植物的搭配等。不同种类的植物配置可延长观赏期，创造出四季观景的效果。

藤蔓植物种类繁多，由于我国南北地区存在很大差异，在应用时应选择适合当地环境的植物，可增加绿化种植的成活率。选择生长快速、攀附能力强、能较快覆盖墙体的藤蔓植物。如在上海，应考虑植物材料的冬季抗寒、耐热、抗旱，如地锦、凌霄、扶芳藤、木香都适合。

（3）植物与建筑因素

高架桥北面绿化应选择耐阴植物，西面绿化则应选择喜光、耐旱的植物。

1）朝向

朝向不同，所选用的绿化植物不同。在南立面做藤蔓式绿化时，要选择喜阳的植物，如紫藤、网络鸡血藤、木香、藤本月季、地锦、凌霄等；在东、西立面更适合做绿屏式绿化，在离开墙体10cm的地方设置种植槽和支撑结构，种植藤蔓植物，可以在网格两面或任意一面种植，使之沿着网格生长，不影响交通即可；在北立面时，选择耐阴性强的植物，如常春油麻藤、薜荔、常春藤、络石、木通、金银忍冬（*Lonicera maackii*）、南蛇藤等；高架顶端，选用野迎春等悬垂类植物。

2）建筑高度

高架高度约6～20m，利用藤蔓植物进行绿化时，使用平面网格支撑和三维网格支撑是比较常见的做法。三维网格板以自身的模数，横向或纵向连接组成一个大的面板（图8-34），以满足立面长度和高度的要求。

图 8-34　植物网架模块

8.5.3　关键技术

（1）设施支撑

对于攀缘植物的支撑结构，往往根据不同习性的藤本植物作不同的处理。沪闵高架桥柱上，在墙面上安装固定点，各点之间用金属绳横向或纵向或两向同时连接，可以根据支撑藤本植物的大小制作网格尺寸。高架桥柱绿化以藤蔓型为主、容器型为辅，形成整个立面的绿化效果。藤蔓植物的支撑主要采用平面网格支撑，局部采用线式支撑。在桥柱外立面上增加钢框架，横向框架支撑种植植物的容器，竖向框架支撑供攀缘植物缠绕的木格栅；局部增加竖向的绳子来供植物缠绕攀爬生长。

（2）植物选择

针对沪闵高架下存在交通繁忙、汽车废气、粉尘污染严重、土壤条件较差、内侧区域光照不足等问题，应尽量选择抗污染、耐旱、抗热、抗病虫害等的耐阴植物品种，如五叶地锦、常春油麻藤、常春藤等。高架道路两侧所用的植物材料要求比较严格，应选择耐贫瘠、耐旱、耐寒的强阳性的悬垂植物、观叶植物、观花植物等，如野迎春、茶梅、藤本月季。

适栽攀缘植物的造景形式繁多。考虑到单一种类观赏特性的缺陷，在攀缘植物造景中，合理进行种间搭配，可以选用速生植物做先锋品种与慢生的常绿种及种植先期需适当保护的植物混栽，延长观赏期、丰富观赏特性。待其他种成型后，再逐步淘汰先锋种，创造出四季景观。如地锦、络石或常春藤混栽，络石或常春藤生于地锦下，既满足了其喜阴的生态特性，在冬季又可弥补地锦的不足。在考虑种间搭配时，重点应利用植物本身的生态特性，如速生与慢生、草本与木本、常绿与落叶、阴性与阳性、深根与浅根之间的搭配，同时还要考虑观赏期的衔接。常见的速生种有地锦、木藤首乌（*Fallopia aubertii*）、何首乌（*Fallopia multiflora*）等，年生长量均可达 2m 以上，而大多数常绿攀缘植物生长较慢。以下为几种较好的木质藤本种间搭配：地锦 + 常春藤、地锦 + 络石、地锦 + 小叶扶芳藤、紫藤 + 凌霄、凌霄 + 络石或小叶扶芳藤 + 藤本月季。

8.5.4 系统安装

根据高架桥整体绿化要求，设置系统。根据植物攀爬方式、攀援能力和技术手段的不同，将攀爬式垂直绿化分为附壁式、牵引式和附架式。

（1）附壁式

附壁式是不需要支架或其他牵引措施，依靠攀缘植物自身特点在物体上自由攀爬，只要在基部设置种植箱即可。

（2）牵引式

牵引式是在附壁式的基础上，通过铁丝网、绳索等材料对攀缘植物的生长方向进行引导，生长形态进行控制。

（3）附架式

附架式是在牵引式基础上，通过金属构架、木架等以及附属构件供植物攀爬。根据理念和构图的需求，设计出各种的形状附架式结构，构成新颖、独特的绿化空间。附架式绿化技术中，三维立体金属构架是设计的核心，决定了绿化效果。

（4）上垂下爬部分

为使高架桥能快速绿化，在桥顶两侧设置花槽栽植野迎春、迎春、金丝桃等花灌木，从而使披垂而下的枝叶与沿壁而上的藤蔓连成一体，上下结合。

8.5.5 日常养护

（1）绿化植物养护

高架桥绿化要求藤蔓植物生长迅速，所以需要保水性良好、有一定厚度的肥沃栽培介质。桥柱上容器绿化，由于荷载的限制，使用保水、保肥、轻质的栽培介质，厚度在 20cm 左右，同时做好给水、排水的工作。混种藤类时，还要考虑到光照、水分和供养情况的兼容性，藤蔓的年生长量等，定期进行维护，如浇水、施肥、须根的切除与疏苗以及更新栽培介质。

（2）建筑立面维护

为了避免植物对桥柱立面的破坏，选择与建筑表面兼容的植物种类很重要。定期维修检查，确保植物不要进入不应有植物存在的地方如排水管等，排除安全隐患。

8.5.6 造价分析

（1）立柱绿化

自然攀爬式。每面立柱需苗木 3 棵，一个立柱造价仅为 36 元。缺点是成景速度较慢。

种植箱形式。每个立柱需要 4 个种植箱，约 260～340 元，加上植物材料的费用是 286～376 元 /m²。优点是成景迅速。

附架式形式。细网式附架造价 30～50 元 /m²，加上植物材料的费用是 66～86 元 /m²。缺点是成景速度较慢；优点是植物生长攀爬方向可以诱导，可实现预设景观的目的。

（2）立柱间绿化隔离带

需要钢丝编织的铁网，造价约为 260 元 /m²；植物采用海桐做灌木、扶芳藤做地被、常春油麻藤做爬墙植物，植物造价约 300 元 /m²。总价 560 元 /m²，高于立柱绿化。优点是景观丰富，成景迅速。

8.5.7 游人评价

调查路过的行人，结果显示，大多数行人觉得上海的高架道路太多，对城市的割裂、噪声等影响太大。希望能将这些空间美化，把高架掩藏在绿化中，从而为人民提供良好的居住、生活环境。女性认为色彩过于单一，转弯处藤本垂吊下来会遮挡视线。男性则没有这一反馈意见，觉得这种绿化形式造价应该是比较合适的，没有或较少提及和询问有其他作用。

8.6 沃施园艺总部办公楼立面绿墙

8.6.1 设计分析

（1）项目概况

上海沃施园艺股份有限公司以"创造绿色空间、享受健康生活"为使命，致力于弘扬园艺文化，倡导身心健康的生活方式。本项目位于沃施园艺公司总部办公楼建筑外立面，总面积 700m²。

（2）项目难点

绿墙位于沃施公司总部，需要展示沃施园艺商标，着重考虑维护简便，并能保证绿墙的视觉冲击力和可持续性。建筑立面绿化主要存在问题有：建筑高 25m，一般藤蔓植物无法在短期内达到绿化整体墙面的效果；采用公司自行设计开发的叠垒错位组合式垂直绿墙系统，待实践验证；植物选择上，既能体现季节不同色彩变换，又易管护。

（3）设计方案

设计结合沃施园艺的品牌"以绿为主，生活即是花园"的理念，以"树"的形象为构思，结合植物的色彩、造型，营造生生不息的生命之墙。整面墙以弯弯曲曲的流线造型，呈现出树枝的婀娜多姿。利用植物不同的季相表现，呈现不同的色彩，营造四季景色（图 8-35）。

图 8-35　绿墙设计及竣工图

8.6.2　技术方案论证

考虑到常年的雨水侵蚀，绿墙支撑结构所需的龙骨材料要求用方钢制作；选择既能体现季节变换又易管护的植物。当今市场上建筑立面绿化所用的浇灌系统形式，滴灌系统是最主要的，但存在滴灌头易堵塞、更换操作难的问题；采用直接浇灌浪费水资源且不易控制浇灌量。另外，由于容器是固定的，直接种在容器中的植物，需要更换时极不方便，而采用培育袋插入容器的立体种植，容易脱落，存在安全隐患。因此，该项目种植系统采用沃施自行开发的错位叠垒式花盆组合进行建筑立面绿化，进行实践验证。

8.6.3 关键技术与系统安装

本项目选用的植物品种主要有：锦绣杜鹃、红花檵木、黄杨、含笑、[金森]女贞、常春藤、'金叶'薹草、阔叶麦冬、'花叶'蔓长春花、'火焰'南天竹，采用了独特的浸润浇灌系统（图 8-36）。

图 8-36　浇灌控制系统

采用浸润方式的浇灌系统，主要是在输水管上设置一定数量的水调节龙头，出水调节龙头位于顶部的错位叠垒式种植槽的上方，第一排种植槽充满储水空间后，经由溢水孔向下依次溢流入各层种植槽，每个种植槽配套带有浸润棉线的花盆（图 8-37），可有效克服滴灌堵塞问题。同时，浇水快，容易控制浇水量，维护方便且成本较低。

图 8-37　种植容器

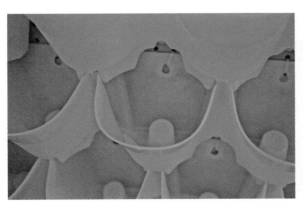

整个墙面采用电脑模块的中控系统，分不同时段、不同区域分别定时浇灌，模块要求用220V交流电供电，所以电源线、电磁阀等电器要求做好防水、防冻、防晒工作。

整个给水、排水系统全部用PVC水管制作，用保温棉包扎，主管用1寸（1寸=3.333cm）的水管，由电磁阀控制，将主管分八段按需求进行滴灌，顶端花盆用三通和球阀接通进水，水管沿整个墙底部挖沟预埋，密封填土。

8.6.4　造价分析

该项目造价由植物、种植槽、固定框架及浇灌系统组成，平均费用为1800元/m²。其中，各部分造价分别为钢架结构350元/m²、植物290元/m²、浇灌控制系统580元/m²、模块580元/m²。建成后，每年维护成本约100元/m²，其中苗木更换占到60%。

8.6.5　日常养护管理

（1）浇灌

按季节设定浇灌时间。夏季植物需水量大，设定为每天两次浇灌，每次分别滴灌10分钟；春季和秋季设定为每两天浇灌一次，浇灌时间为20分钟；冬季为每周两次滴灌，在0℃左右低温时，关闭浇灌系统并泄水，采用人工浇灌，一般一周一次。

（2）修剪

本项目所选植物以抗性较好的木本类植物为主，如枝条过长，覆盖了其他相邻植物，应及时修剪，一般保持垂条不超过30cm。夏季，南天竹、含笑、红花檵木会有日灼现象，应及时修剪枯枝、焦枝以及更替枯死的植物，以保证整体绿墙密度适宜、整洁而有层次。

8.7　上海迪士尼国际旅游度假区生态园入口绿墙

8.7.1　设计分析

（1）项目概况

该建筑绿墙项目位于上海国际旅游度假区核心区公共交通连接段东段、生态公园及香草园入口建筑，整体规模约 3314m²。其设计契合自然、和谐的度假区建设理念，为全国建筑立面绿化技术研究的应用及优化提供展示平台。现已成为上海国际旅游度假区绿色生态的示范工程，作为上海国际旅游度假区的一张名片，改善园区旅游景观，提升度假区风景品质，吸引更多游客（图 8-38）。

图 8-38　上海国际旅游度假区生态园绿墙效果

（2）项目难点

绿墙位于上海迪士尼生态旅游度假区的核心景区，作为生态园的主入口，需要在景观性、安全性和可持续性上着重考虑。主要存在问题有：建筑高 25m，一般藤蔓植物无法在短期内达到绿化整体墙面的效果；采用台湾专利产品，待实践验证。

整个绿墙以植物搭配为主基调，突显项目自然、生态、野趣的理念。利用植物本身的色彩、叶形、大小、高度等特征营造绿墙浮雕效果（图 8-39）。

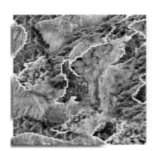
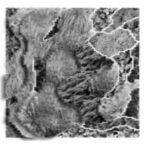

图 8-39　绿墙局部放大图

8.7.2 技术方案论证

建筑立面绿化主要技术要点包括:种植模块、支撑结构、灌溉系统以及维护管理。

（1）种植模块

植物品种的选择需考虑其生命力、景观效果等因素。选择易成活、颜色鲜艳、耐热、耐寒、耐旱的不落叶品种。栽培介质为特殊配方的绿化种植土，混合有机废弃物，保证栽培介质蓄水力高的同时为植物提供充足养分。

（2）支撑结构

利用巧妙的卡隼使植栽容器能够牢靠地固定在单元盘体上，同时上移即可更换。

（3）灌溉系统

系统结构如图 8-40 所示。供水管从上方对每列植物进行供水，水顺着紧贴背板的蓄水介质下渗，同时利用毛细现象将水分引至植物杯体。

本项目绿墙高度近 6m，两个通风井高度为 9m，给水总管采用 De50 PPR 管，总管设置于绿墙最顶部区域内，由于植物墙和外墙铝板相间隔，设置 1500 ~ 1800 个花盆为 1 个浇灌分区，其中设备房设置 16 个浇灌区、厕所设置 8 个、通风井 28 个。1 个控制器管理 4 ~ 6 个浇灌区。

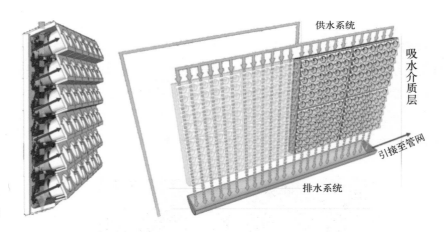

图 8-40　灌溉系统

8.7.3 关键技术与系统安装

（1）植物筛选

植物的选用要求抗逆性强、景观效果好、易成活、易养护的品种。所选用的植物皆为不落叶品种的同时，考虑植物的四季变化，形成四季有景的搭配。本项目主要选用的植物品种有：锦绣杜鹃、红花檵木、黄杨、含笑花、[金森]女贞、常春藤、'金叶'薹草、阔叶麦冬、'花叶'蔓长春花、'火焰'南天竹，各种植物的基本特性见表 8-5。

序号	品种（别名）	色彩	习性	备注
1	'金叶'石菖蒲	浅黄	常绿	花期5～6月,果期7～8月
2	'花叶'络石	浅红+绿	常绿/抗寒一般	
3	'金边'黄杨	黄绿	常绿/抗寒	
4	'火焰'南天竹	火红	常绿/耐阴/耐寒	
5	扶芳藤	绿色	常绿/耐阴/较耐寒	
6	[金森]女贞	黄绿	常绿/耐热/耐寒	
7	红花檵木	紫红	常绿/耐热/耐寒	
8	小叶栀子	绿色	常绿/较耐寒/耐半阴	怕积水
9	锦绣杜鹃	绿色	常绿/耐寒	怕热
10	瓜子黄杨	绿色	常绿/耐寒	
11	亮叶忍冬	绿色	常绿	
12	小蜡	绿色	常绿/稍耐阴/耐寒	
13	海桐	绿色	常绿/耐寒	花期3～5月
14	千叶兰	绿色	常绿/耐寒	
15	桃叶珊瑚	绿+黄	常绿/耐寒	

（2）钢架模块制作

本项目采用台湾专利技术产品"water boger 挂壁式花盆之景观造型花墙"，左右每个花盆都有滑槽紧扣，上下花盆有 3 根支撑杆连接。花盆设计向外倾斜且给每个独立的花盆内设凹模，便于蓄水，有利于植物向上生长的习性，采用减少灌溉、充分利用雨水等先进技术。

"water boger 挂壁式花盆"模块化施工技术，为室内组装、室外模块化安装。标准模块 1600mm 宽，高度为 2000mm 或 2400mm，边缘不足 1600mm 宽的模块根据实际宽度另行定制。采用 30mm×30mm×3mm 镀锌角铁做支撑架，在此基础上焊接 800mm×800mm×4mm 的镀锌钢丝网，钢丝网上挂花盆。每块 800mm×800mm 钢丝网挂盆 36 盆；每个 2000mm 高的标准模块有 15 排、180 盆；每个 2400mm 高的标准模块有 216 个花盆。

（3）模块花盆组装

花盆组装顺序方向为由下往上组装。首先将花盆左右侧凹模相扣，连接搭扣，模块 12 个花盆为一排，完成后安装 PE 滴管，滴管安装在花盆边口凹槽内，用塑料扎带固定，每个花盆安装 1 个滴头；完毕后每个花盆内依次将 3 支支撑杆插入盆体，然后再将另一排 12 个花盆上下连接，依次一排一排安装模块。墙面钢结构框架和模块制作完成后，即可对模块进行现场焊接，模块焊接须上下、左右焊接牢固。

（4）自动滴灌系统安装

本项目自动喷灌系统采用美国 TORO 公司的控制器、电磁阀、雨量传感器等，雨量感应器安装时应无障碍物遮挡。给水管采用国产"公元"PPR 管，过滤器、减压阀以及泄水阀采用韩国的。控制器与电磁阀的连接采用单芯 BV2.5mm² 电线。

滴管采用 De16PE 管，滴头采用美国约翰迪尔的超滴富防滴漏滴头（SUPPERTIF ND）。该滴头具有接触的压力补偿功能，并保持流量恒定的管上式滴头。具有自我清洗功能，并降低堵塞的危险。选用滴头流量 1.1L/h。模块滴管安装连接后，应进行管道水压试验，试验压力为 0.6MPa。

（5）植物种植

所有选用的植物均为容器苗，要求选择根系发达、生长茁壮、枝叶茂盛、无病虫害的植物种类。首先容器苗取出装入定制无纺布袋内，用袋口绳子轻轻拉紧，注意不得损坏土球，根据设计准确定位放入模块花盆中。

8.7.4 日常养护管理

日常养护包括灌溉、施肥、修剪、更换、病虫害防治等几方面。

（1）灌溉

第 1 次开启滴灌浇水要浇透，手动开启电磁阀，一组浇透后再浇下一组。第 2 次浇水可根据季节天气等设置浇水的间隔时间，浇水时间设定为 22：00 至次日 8：00，每次两小时。春秋每 3 ~ 4 天一次，夏季每两天一次，冬天每 7 天一次。每周一次清除排水孔落叶杂物，确保排水沟渠畅通。

（2）施肥修剪

栽培介质含有机肥，可维持植物近半年的生长所需，之后每月喷洒一次叶面肥。维持原有形态作适当修剪，及时更换枯死、生长不良或老化植株。

（3）病虫害防治

根据季节性及选用植物的病虫害采取适当防护、防治。常见病虫害的种类与防治分述如下：

1）常见病害

白粉病：在新芽、幼叶发生许多带粉状的白斑，叶弯曲变小。对应措施：去除病株。

灰白斑病：幼叶、茎、花瓣产生灰褐色密生的斑。对应措施：由微生物引起的，用相应菌剂；由生理冻害引起的，无需治。

茎腐病：根茎部位变黑、腐烂，导致叶片枯萎。对应措施：喷药防治、合理施肥。

2）常见虫害

蚜虫类：侵害新芽、叶、枝、茎、花瓣。对应措施：在植物抽新芽时注意喷药防治。

红蜘蛛：叶片出现小白点，表面结有蜘蛛网。对应措施：发现叶片颜色异常时，应仔细检查叶背，个别叶片受害，可摘除虫叶；较多叶片发生时，应及早喷药。

潜叶蝇：在叶面留特殊噬痕。对应措施：使用灯光诱杀等物理方法，或者利用天敌如寄生蜂来防治。成虫盛发期，要及时喷药，防止成虫产卵。

3）喷施低毒农药

少量虫害可用湿毛巾擦拭，避免使用农药。严重时选用低毒农药，喷施时注意安全。

附录

附录1 绿墙适生植物名录

科	科拉丁名	属	属拉丁名	种	种拉丁名(英文名)	中文异名	生活型	适用建筑立面
爵床科	Acanthaceae	银脉爵床属	Kudoacan-thus	银脉爵床	Kudoacanthus al-bonervosa		EPH	NW
爵床科	Acanthaceae	山牵牛属	Thunbergia	翼叶山牵牛	Thunbergia alata		HV	EW/SW/WW
爵床科	Acanthaceae	山牵牛属	Thunbergia	红花山牵牛	Thunbergia coccinea		VV	EW/SW/WW
爵床科	Acanthaceae	山牵牛属	Thunbergia	桂叶山牵牛	Thunbergia laurifolia	桂叶老鸦嘴	VV	EW/SW/WW
菖蒲科	Acoraceae	菖蒲属	Acorus L.	金钱蒲	Acorus gramineus		EPH	EW/SW/NW
猕猴桃科	Actinidiaceae	猕猴桃属	Actinidia	中华猕猴桃	Actinidia chinensis		VV	EW/SW
番杏科	Aizoaceae	日中花属	Mesembry-anthemum	花蔓草	Mesembryanthe-mum cordifolium	心叶日中花	SP	EW/SW
龙舌兰科	Agavaceae	朱蕉属	Cordyline	朱蕉	Cordyline fruticosa		ES	EW/SW
龙舌兰科	Agavaceae	龙血树属	Dracaena	龙血树	Dracaena draco		ES	EW/SW
苋科	Amaran-thaceae	莲子草属	Alternanthera	红草五色苋	Alternanthera amoena		EPH	EW/SW
苋科	Amaran-thaceae	莲子草属	Alternanthera	红绿草	Alternanthera bet-tzickiana		EPH	EW/SW/WW
苋科	Amaran-thaceae	莲子草属	Alternanthera	莲子草	Alternanthera ses-silis		EPH	EW/SW
苋科	Amaran-thaceae	莲子草属	Alternanthera	五色苋	Alternanthera bet-tzickiana	锦绣苋、红莲子草	EPH	EW/SW
苋科	Amaran-thaceae	苋属	Amaranthus	苋菜	Amaranthus tricolor		AH	Roof
苋科	Amaran-thaceae	千日红属	Gomphrena	千日红	Gomphrena globosa		AH	EW/SW
石蒜科	Amarylli-daceae	君子兰属	Clivia	君子兰	Clivia miniata		EPH	EW/SW
石蒜科	Amarylli-daceae	文殊兰属	Crinum	文殊兰	Crinum asiaticum		EPH	NW
石蒜科	Amarylli-daceae	仙茅属	Curculigo	疏花仙茅	Curculigo gracilis		PH	EW/NW
石蒜科	Amarylli-daceae	葱莲属	Zephyran-thes	葱莲	Zephyranthes can-dida		EPH	EW/SW/WW/NW

科	科拉丁名	属	属拉丁名	种	种拉丁名(英文名)	中文异名	生活型	适用建筑立面
石蒜科	Amarylli-daceae	葱莲属	*Zephyran-thes*	韭兰	*Zephyranthes gran-diflora*		EPH	EW
漆树科	Anacardiace-ae	黄连木属	*Pistacia*	清香木	*Pistacia weinman-nifolia*		S	EW/SW
夹竹桃科	Apocynaceae	长春花属	*Catharanthus*	长春花	*Catharanthus roseus*		ESS	VW
夹竹桃科	Apocynaceae	络石属	*Trache-lospermum*	紫花络石	*Trachelospermum axillare*		VW	EW/SW/NW
夹竹桃科	Apocynaceae	络石属	*Trache-lospermum*	短柱络石	*Trachelospermum brevistylum*		VW	EW/SW/NW
夹竹桃科	Apocynaceae	络石属	*Trache-lospermum*	络石	*Trachelospermum jasminoides*		VW	EW/NW
夹竹桃科	Apocynaceae	蔓长春花属	*Vinca*	蔓长春花	*Vinca major*		HV	EW/SW/NW
冬青科	Aquifoliaceae	冬青属	*Ilex*	'阿拉斯加' 枸骨叶冬青	*Ilex 'Alaslka'*		ES	EW/SW
冬青科	Aquifoliaceae	冬青属	*Ilex*	冬青	*Ilex chinensis*		ET	EW/SW/VW
冬青科	Aquifoliaceae	冬青属	*Ilex*	枸骨	*Ilex cornuta*		ET/ES	EW/SW/NW
冬青科	Aquifoliaceae	冬青属	*Ilex*	齿叶冬青	*Ilex crenata*		ES	EW/SW
天南星科	Araceae	广东万年青属	*Aglaonema*	广东万年青	*Aglaonema modes-tum*		EPH	NW
天南星科	Araceae	海芋属	*Alocasia*	尖尾芋	*Alocasia cucullata*		EPH	NW
天南星科	Araceae	花烛属	*Anthurium*	花烛	*Anthurium andraea-num*		EPH	NW
天南星科	Araceae	五彩芋属	*Caladium*	五彩芋	*Caladium bicolor*	花叶芋、彩叶芋	EPH	NW
天南星科	Araceae	花叶万年青属	*Dieffenba-chia*	花叶万年青	*Dieffenbachia picta*		EPH	NW
天南星科	Araceae	花叶万年青属	*Dieffenba-chia*	黛粉芋	*Dieffenbachia seguine*		EPH	NW
天南星科	Araceae	麒麟叶属	*Epipremnum*	绿萝	*Epipremnum au-reum*		VW	NW
天南星科	Araceae	龟背竹属	*Monstera*	龟背竹	*Monstera deliciosa*		VW	NW
天南星科	Araceae	喜林芋属	*Philodendron*	春羽	*Philodendron*		EPH	NW

科	科拉丁名	属	属拉丁名	种	种拉丁名(英文名)	中文异名	生活型	适用建筑立面
天南星科	Araceae	白鹤芋属	Spathiphyllum	白掌	Spathiphyllum kochii		EPH	NW
天南星科	Araceae	合果芋属	Syngonium	合果芋	Syngonium podophyllum		EPH	NW
五加科	Araliaceae	熊掌木属	×Fatshedera	熊掌木	×Fatshedera lizei		ES	EW/SW/NW
五加科	Araliaceae	八角金盘属	Fatsia	八角金盘	Fatsia japonica		ET/ES	EW/SW/NW
五加科	Araliaceae	常春藤属	Hedera	常春藤	Hedera nepalensis var. sinensis		VW	EW/SW/NW
五加科	Araliaceae	常春藤属	Hedera	洋常春藤	Hedera helix		VW	EW/SW/NW
五加科	Araliaceae	鹅掌柴属	Schefflera J. R. et G. Forst	孔雀木	Schefflera elegantissima		ET/ES	EW/SW
五加科	Araliaceae	鹅掌柴属	Schefflera	鹅掌柴	Schefflera octophylla		ES	NW
五加科	Araliaceae	刺通草属	Trevesia	刺通草	Trevesia palmata		ET	NW
棕榈科	Arecaceae	竹节椰属	Chamaedorea	袖珍椰子	Chamaedorea elegans		P	EW/SW/NW
棕榈科	Arecaceae (Palmae)	散尾葵属	Dypsis Noronha ex Thou.	散尾葵	Dypsis lutescens		P	EW/SW
棕榈科	Arecaceae	轴榈属	Licuala	穗花轴榈	Licuala fordiana		P	EW/SW
棕榈科	Arecaceae	棕竹属	Rhapis	棕竹	Rhapis excelsa		P	EW/SW
棕榈科	Arecaceae	棕竹属	Rhapis	细叶棕竹	Rhapis humilis		P	EW/SW
马兜铃科	Aristolochiaceae	细辛属	Asarum	杜衡	Asarum forbesii		PH	EW/NW
马兜铃科	Aristolochiaceae	细辛属	Asarum	小叶马蹄香	Asarum ichangense		PH	EW/NW
萝藦科	Asclepiadaceae	马利筋属	Asclepias	马利筋	Asclepias curassavica		PH	EW/SW/Roof
萝藦科	Asclepiadaceae	杠柳属	Periploca	峨眉杠柳	Periploca omeiensis		VW	EW/SW
萝藦科	Asclepiadaceae	杠柳属	Periploca	杠柳	Periploca sepium		VW	EW/SW/NW/VW
萝藦科	Asclepiadaceae	夜来香属	Telosma	夜来香	Telosma cordata		VW	NW

科	科拉丁名	属	属拉丁名	种	种拉丁名(英文名)	中文异名	生活型	适用建筑立面
铁角蕨科	Aspleniaceae	铁角蕨属	Asplenium	巢蕨	Asplenium nidus		EPH	NW
菊科	Asteraceae	蓍属	Achillea	蓍草	Achillea sibirca		PH	Roof
菊科	Asteraceae	亚菊属	Ajania	亚菊	Ajania pallasiana		PH	Roof
菊科	Asteraceae	茼蒿属	Argyranthemum Webb	茼蒿菊	Argyranthemum frutescens		PH/SS	EW
菊科	Asteraceae	紫菀属	Aster	荷兰菊	Aster novi-belgii		PH	Roof
菊科	Asteraceae	紫菀属	Aster	紫菀	Aster tataricus		PH	Roof
菊科	Asteraceae	金盏菊属	Calendula	金盏菊	Calendula officinalis		AH/BH	EW/SW
菊科	Asteraceae	金鸡菊属	Coreopsis L.	金鸡菊	Coreopsis basalis		SS	EW/SW
菊科	Asteraceae	芙蓉菊属	Crossostephium	芙蓉菊	Crossostephium chinensis		SS	EW/SW
菊科	Asteraceae	菊属	Chrysanthemum L.	菊花	Chrysanthemum morifolium		PH	EW/SW/NW
菊科	Asteraceae	梳黄菊属	Euryops	梳黄菊	Euryops pectinatus		SS	EW/SW
菊科	Asteraceae	大吴风草属	Farfugium	大吴风草	Farfugium japonicum		EPH	EW/SW/NW
菊科	Asteraceae	菊三七属	Gynura	紫鹅绒	Gynura aurantiaca		EPH	NW
菊科	Asteraceae	白舌菊属	Mauranthemum Vogt & Oberpr.	白晶菊	Mauranthemum paludosum		AH/BH	EW
菊科	Asteraceae	腊菊属	Melampodium	狭叶蜡菊	Helichrysum italicum subsp.serotinum		ESS	EW/SW
菊科	Asteraceae	腊菊属	Melampodium	美兰菊	Melampodium lemon		AH	EW/SW
菊科	Asteraceae	一枝黄花属	Solidago	一枝黄花	Solidago decurrens		地被	Roof
菊科	Asteraceae	菊属	Chrysanthemum	地被菊	Chrysanthemum morifolium		PH	EW/SW/NW
凤仙花科	Balsaminaceae	凤仙花属	Impatiens	凤仙花	Impatiens balsamin		AH	EW
凤仙花科	Balsaminaceae	凤仙花属	Impatiens	何氏凤仙	Impatiens walleriana	苏丹凤仙花、非洲凤仙	EPH	EW
秋海棠科	Begoniaceae	秋海棠属	Begonia	银星秋海棠	Begonia semperflorens		EPH	NW

科	科拉丁名	属	属拉丁名	种	种拉丁名(英文名)	中文异名	生活型	适用建筑立面
秋海棠科	Begoniaceae	秋海棠属	*Begonia* L.	四季秋海棠	*Begonia cucullata*		EPH	EW/SW/NW
秋海棠科	Begoniaceae	秋海棠属	*Begonia*	竹节秋海棠	*Begonia maculate*	斑叶竹节秋海棠	EPH	NW
秋海棠科	Begoniaceae	秋海棠属	*Begonia*	丽格秋海棠	*Begonia* Hiemalis Group		EPH	NW
秋海棠科	Begoniaceae	秋海棠属	*Begonia*	铁十字秋海棠	*Begonia masoniana*		EPH	NW
秋海棠科	Begoniaceae	秋海棠属	*Begonia*	大王秋海棠	*Begonia rex*		EPH	NW
小檗科	Berberidaceae	小檗属	*Berberis*	日本小檗	*Berberis thunbergii*		DS	EW/SW
小檗科	Berberidaceae	十大功劳属	*Mahonia*	阔叶十大功劳	*Mahonia bealei*		ES	EW/SW/WW/NW
小檗科	Berberidaceae	十大功劳属	*Mahonia*	湖北十大功劳	*Mahonia confusa*		ES	EW/SW/WW/NW
小檗科	Berberidaceae	十大功劳属	*Mahonia*	十大功劳	*Mahonia fortunei*	金叶小檗	ES	EW/SW/WW/NW
小檗科	Berberidaceae	南天竹属	*Nandina*	南天竹	*Nandina domestica*		DS	EW/SW/NW
紫葳科	Bignoniaceae	凌霄花属	*Campsis*	凌霄	*Campsis grandiflora*		VW	EW/SW/WW
紫葳科	Bignoniaceae	凌霄花属	*Campsis*	美国凌霄	*Campsis radicans*	厚萼凌霄	VW	EW/SW
紫葳科	Bignoniaceae	炮仗藤属	*Pyrostegia*	炮仗花	*Pyrostegia venusta*		VW	EW/SW
乌毛蕨科	Blechnaceae	乌毛蕨属	*Blechnum*	乌毛蕨	*Blechnum orientale*		EPH	NW
乌毛蕨科	Blechnaceae	苏铁蕨属	*Brainea*	苏铁蕨	*Brainea insignis*		EPH	NW
十字花科	Brassicaceae	芸薹属	*Brassica*	羽衣甘蓝	*Brassica oleracea* var.*acephala* f. *tri-color*		BH	EW/SW
黄杨科	Buxaceae	黄杨属	*Buxus*	雀舌黄杨	*Buxus bodinieri*		ES	EW/SW
黄杨科	Buxaceae	黄杨属	*Buxus*	黄杨	*Buxus sinica*	瓜子黄杨	ET/ES	EW/SW/NW
黄杨科	Buxaceae	黄杨属	*Buxus*	小叶黄杨	*Buxus sinica* var. *parvifolia*	珍珠黄杨	ES	EW/SW/NW
黄杨科	Buxaceae	野扇花属	*Sarcococca*	东方野扇花	*Sarcococca orientalis*		ES	NW
仙人掌科	Cactaceae	仙人掌属	*Opuntia*	仙人掌	*Opuntia stricta* var. *dillenii*		SP	EW/SW

科	科拉丁名	属	属拉丁名	种	种拉丁名(英文名)	中文异名	生活型	适用建筑立面
桔梗科	Campanulaceae	桔梗属	*Platycodon*	桔梗	*Platycodon grandiflorus*		PH	Roof
忍冬科	Caprifoliaceae	忍冬属	*Lonicera*	忍冬	*Lonicera japonica*	金银花	VW	EW/SW/WW
忍冬科	Caprifoliaceae	忍冬属	*Lonicera*	红白忍冬	*Lonicera japonica var. chinensis*		VW	EW/SW/WW
忍冬科	Caprifoliaceae	忍冬属	*Lonicera*	亮叶忍冬	*Lonicera ligustrina var. yunnanensis*		ES	EW/SW/NW
忍冬科	Caprifoliaceae	忍冬属	*Lonicera*	金银忍冬	*Lonicera maackii*		DS	EW/NW
忍冬科	Caprifoliaceae	荚蒾属	*Viburnum*	珊瑚树	*Viburnum odoratissimum*		ET/ES	EW
忍冬科	Caprifoliaceae	荚蒾属	*Viburnum*	日本珊瑚树	*Viburnum odoratissimum var. awabuki*		ET/ES	EW
忍冬科	Caprifoliaceae	荚蒾属	*Viburnum*	地中海荚蒾	*Viburnum tinus*		ES	Roof
忍冬科	Caprifoliaceae	糯米条属	*Abelia*	大花六道木	*Abelia × grandiflora*		ES	EW/SW/WW
忍冬科	Caprifoliaceae	六道木属	*Zabelia*	六道木	*Zabelia biflora*		ES	EW/SW
石竹科	Caryophyllaceae	石竹属	*Dianthus*	石竹	*Dianthus chinensis*		EPH	EW/SW
石竹科	Caryophyllaceae	石竹属	*Dianthus*	常夏石竹	*Dianthus plumarius*		PH	EW/SW
卫矛科	Celastraceae	南蛇藤属	*Celastrus*	南蛇藤	*Celastrus orbiculatus*		VW	EW/SW/NW
卫矛科	Celastraceae	卫矛属	*Euonymus*	卫矛	*Euonymus alatus*		DS	EW/SW/NW
卫矛科	Celastraceae	卫矛属	*Euonymus*	肉花卫矛	*Euonymus carnosus*		DT/DS	EW
卫矛科	Celastraceae	卫矛属	*Euonymus*	小叶扶芳藤	*Euonymus fortune var. radicans*		VW	EW/NW
卫矛科	Celastraceae	卫矛属	*Euonymus*	扶芳藤	*Euonymus fortunei*		VW	EW/SW/NW
卫矛科	Celastraceae	卫矛属	*Euonymus*	大叶黄杨	*Euonymus japonicus*		ET/ES	EW/SW/NW
金粟兰科	Chloranthaceae	金粟兰属	*Chloranthus*	金粟兰	*Chloranthus spicatus*	珠兰	EPH/ESS	NW
使君子科	Combretaceae	使君子属	*Quisqualis*	使君子	*Quisqualis indica*		VW	EW/SW/WW
鸭跖草科	Commelinaceae	紫万年青属	*Tradescantia* L.	紫竹梅	*Tradescantia pallida*	紫叶鸭跖草	EPH	EW/SW

科	科拉丁名	属	属拉丁名	种	种拉丁名(英文名)	中文异名	生活型	适用建筑立面
旋花科	Convolvu-laceae	马蹄金属	*Dichondra*	马蹄金	*Dichondra micrantha*		EPH	EW/SW/NW
旋花科	Convolvu-laceae	番薯属	*Ipomoea L.*	牵牛	*Ipomoea nil*		HV	WW
旋花科	Convolvu-laceae	番薯属	*Quamoclit*	茑萝	*Ipomoea quamoclit*		HV	EW
山茱萸科	Cornaceae	桃叶珊瑚属	*Aucuba*	桃叶珊瑚	*Aucuba chinensis*		ES	EW/NW
景天科	Crassulaceae	落地生根属	*Bryophyllum*	落地生根	*Bryophyllum pin-natum*		SP	EW/SW/WW
景天科	Crassulaceae	八宝属	*Hylotele-phium*	八宝	*Hylotelephium erythrostictum*		EPH	EW/SW/WW
景天科	Crassulaceae	伽蓝菜属	*Kalanchoe*	长寿花	*Kalanchoe blossfel-diana*		SP	EW/SW
景天科	Crassulaceae	伽蓝菜属	*Kalanchoe*	大叶落地生根	*Kalanchoe daigre-montiana*		SP	EW/SW/WW
景天科	Crassulaceae	景天属	*Sedum*	玉米石	*Sedum album*		SP	WW
景天科	Crassulaceae	景天属	*Sedum*	东南景天	*Sedum alfredii*		SP	EW/SW/WW
景天科	Crassulaceae	景天属	*Sedum*	凹叶景天	*Sedum emargin-atum*		SP	EW/SW/WW
景天科	Crassulaceae	景天属	*Sedum*	薄雪万年草	*Sedum hispanicum*	中华景天	SP	EW/SW/NW
景天科	Crassulaceae	景天属	*Sedum*	堪察加景天	*Sedum kamtschati-cums*		SP	WW
景天科	Crassulaceae	景天属	*Sedum*	佛甲草	*Sedum lineare*		SP	EW/SW/WW
景天科	Crassulaceae	景天属	*Sedum*	圆叶景天	*Sedum makinoi*		SP	EW/SW
景天科	Crassulaceae	景天属	*Sedum*	翡翠景天	*Sedum morga-nianum*		SP	EW/SW/WW
景天科	Crassulaceae	景天属	*Sedum*	藓状景天	*Sedum polytrichoides*		SP	EW/SW/WW
景天科	Crassulaceae	景天属	*Sedum*	反曲景天	*Sedum reflexcum*		SP	EW/SW/WW
景天科	Crassulaceae	景天属	*Sedum*	垂盆草	*Sedum sarmento-sum*		SP	EW/SW/WW
景天科	Crassulaceae	景天属	*Sedum*	六角景天	*Sedum sexangulare*		SP	WW
景天科	Crassulaceae	景天属	*Sedum*	紫花景天	*Sedum telephium*		SP	WW

科	科拉丁名	属	属拉丁名	种	种拉丁名(英文名)	中文异名	生活型	适用建筑立面
景天科	Crassulaceae	长生草属	*Sempervivum*	观音莲	*Sempervivum tectorum*		SP	NW
葫芦科	Cucurbitaceae	葫芦属	*Lagenaria*	葫芦	*Lagenaria siceraria*		HV	EW/SW
葫芦科	Cucurbitaceae	丝瓜属	*Luffa* Mill.	丝瓜	*Luffa aegyptiaca*		HV	EW/SW
葫芦科	Cucurbitaceae	栝楼属	*Trichosanthes*	栝楼	*Trichosanthes kirilowii*	瓜蒌	HV	EW/SW
柏科	Cupressaceae	刺柏属	*Juniperus* L.	铺地柏	*Juniperus procumbens*		ES	EW/SW/WW/Roof
柏科	Cupressaceae	侧柏属	*Platycladus*	侧柏	*Platycladus orientalis*		ET	WW/Roof
苏铁科	Cycadaceae	苏铁属	*Cycas*	苏铁	*Cycas revoluta*		C	EW/SW
莎草科	Cyperaceae	薹草属	*Carex*	褐果薹草	*Carex brunnea*	栗褐苔草	PH	EW/SW/NW
莎草科	Cyperaceae	薹草属	*Carex*	仲氏薹草	*Carex chungii*		PH	EW/NW
莎草科	Cyperaceae	薹草属	*Carex*	二形鳞薹草	*Carex dimorpholepis*	条穗苔草	PH	EW/SW/NW
莎草科	Cyperaceae	薹草属	*Carex*	崂峪薹草	*Carex giraldiana*		PH	Roof
莎草科	Cyperaceae	薹草属	*Carex*	筛草	*Carex kobomugi*		PH	Roof
莎草科	Cyperaceae	薹草属	*Carex*	大披针薹草	*Carex lanceolata*		PH	Roof
莎草科	Cyperaceae	薹草属	*Carex*	青绿薹草	*Carex breviculmis*		PH	Roof
莎草科	Cyperaceae	薹草属	*Carex*	矮生薹草	*Carex pumila*		PH	Roof
莎草科	Cyperaceae	薹草属	*Carex*	长柱头薹草	*Carex teinogyna*		PH	Roof
骨碎补科	Davalliaceae	骨碎补属	*Davallia*	狼尾蕨	*Davallia bullata*		EPH	NW
骨碎补科	Davalliaceae	阴石蕨属	*Humata*	杯盖阴石蕨	*Humata griffithiana*	圆盖阴石蕨	EPH	NW
锦带花科	Diervillaceae	锦带花属	*Weigela* Thunb.	半边月	*Weigela japonica* var. *sinica*		DS	EW/NW
鳞毛蕨科	Dryopteridaceae	耳蕨属	*Polystichum*	小戟叶耳蕨	*Polystichum hancockii*		PH	NW
胡颓子科	Elaeagnaceae	胡颓子属	*Elaeagnus*	胡颓子	*Elaeagnus pungens*		ES	EW/SW/NW
杜鹃花科	Ericaceae	杜鹃属	*Rhododendron*	锦绣杜鹃	*Rhododendron pulchrum*	毛鹃	ES	EW/NW
杜鹃花科	Ericaceae	杜鹃属	*Rhododendron*	云锦杜鹃	*Rhododendron fortunei*		ET/ES	EW/SW

科	科拉丁名	属	属拉丁名	种	种拉丁名(英文名)	中文异名	生活型	适用建筑立面
杜鹃花科	Ericaceae	杜鹃属	*Rhododen-dron*	杜鹃	*Rhododendron sim-sii*		ES	EW/SW
大戟科	Euphorbi-aceae	山麻杆属	*Alchornea*	山麻杆	*Alchornea davidii*		DS	Roof
大戟科	Euphorbi-aceae	变叶木属	*Codiaeum*	变叶木	*Codiaeum variega-tum*		ES	EW/SW/NW
大戟科	Euphorbi-aceae	大戟属	*Euphorbia*	一品红	*Euphorbia pulcher-rim*		EPH	EW/SW
大戟科	Euphorbi-aceae	海漆属	*Excoecaria*	红背桂	*Excoecaria co-chinchinensi*		ES	NW
豆科	Fabaceae	鸡血藤属	*Callerya*	香花鸡血藤	*Callerya dielsiana*		VW	EW/SW/NW/WW
豆科	Fabaceae	鸡血藤属	*Callerya*	网络鸡血藤	*Callerya reticuiata*		VW	EW/SW
豆科	Fabaceae	山黧豆属	*Lathyrus*	香豌豆	*Lathyrus odoratus*		AH	EW
豆科	Fabaceae	胡枝子属	*Lespedeza*	胡枝子	*Lespedeza bicolor*		DS	WW
豆科	Fabaceae	胡枝子属	*Lespedeza*	截叶铁扫帚	*Lespedeza cuneata*		DS	WW
豆科	Fabaceae	胡枝子属	*Lespedeza*	多花胡枝子	*Lespedeza flori-bunda*		DS	WW
豆科	Fabaceae	胡枝子属	*Lespedeza*	美丽胡枝子	*Lespedeza thunber-gii subsp. formosa*		DS	WW
豆科	Fabaceae	黧豆属	*Mucuna*	大果油麻藤	*Mucuna macrocarpa*		VW	NW
豆科	Fabaceae	黧豆属	*Mucuna*	常春油麻藤	*Mucuna sempervi-rens*		VW	EW
豆科	Fabaceae	葛属	*Pueraria* DC.	葛	*Pueraria montana*		VW	EW/SW/WW
豆科	Fabaceae	车轴草属	*Trifolium*	白车轴草	*Trifolium repens*	白三叶、白花三叶草	PH	EW/SW
豆科	Fabaceae	紫藤属	*Wisteria*	紫藤	*Wisteria sinensis*		VW	EW/SW/NW
牻牛儿苗科	Geraniaceae	天竺葵属	*Pelargonium*	家天竺葵	*Pelargonium do-mesticum*		EPH	EW/SW/NW
牻牛儿苗科	Geraniaceae	天竺葵属	*Pelargonium*	天竺葵	*Pelargonium horto-rum*		EPH	EW/SW
牻牛儿苗科	Geraniaceae	天竺葵属	*Pelargonium*	盾叶天竺葵	*Pelargonium pel-tatum*		HV	EW/SW

科	科拉丁名	属	属拉丁名	种	种拉丁名(英文名)	中文异名	生活型	适用建筑立面
牻牛儿苗科	Geraniaceae	天竺葵属	*Pelargonium*	菊叶天竺葵	*Pelargonium radula*		ES/EPH	EW/SW
苦苣苔科	Gesneriaceae	唇柱苣苔属	*Chirita*	牛耳朵	*Chirita eburnea*		EPH	EW
苦苣苔科	Gesneriaceae	吊石苣苔属	*Lysionotus*	吊石苣苔	*Lysionotus pauciflorus*		ES	EW/SW
苦苣苔科	Gesneriaceae	马铃苣苔属	*Oreocharis*	紫花马铃苣苔	*Oreocharis argyreia*		EPH	EW/SW
银杏科	Ginkgoaceae	银杏属	*Ginkgo*	银杏	*Ginkgo biloba*		DT	EW/SW
禾本科	Gramineae	箬竹属	*Indocalamus*	阔叶箬竹	*Indocalamus latifolius*		ESS	NW
禾本科	Gramineae	箬竹属	*Indocalamus*	箬竹	*Indocalamus tessellatus*		ESS	NW
金缕梅科	Hamamelidaceae	蚊母树属	*Distylium*	小叶蚊母树	*Distylium buxifolium*		ES	EW/SW/NW
金缕梅科	Hamamelidaceae	蚊母树属	*Distylium*	鳞毛蚊母树	*Distylium elaeagnoides*		ET/ES	EW/SW
金缕梅科	Hamamelidaceae	蚊母树属	*Distylium*	杨梅叶蚊母树	*Distylium myricoides*		ET/ES	EW/SW
金缕梅科	Hamamelidaceae	檵木属	*Loropetalum*	红花檵木	*Loropetalum chinense var. rubrum*		ET/ES	EW/SW
金丝桃科	Hypericaceae	金丝桃属	*Hypericum*	金丝桃	*Hypericum monogynum*		ES	EW/SW
鸢尾科	Iridaceae	射干属	*Belamcanda*	射干	*Belamcanda chinensis*		PH	EW/SW/NW
鸢尾科	Iridaceae	鸢尾属	*Iris*	鸢尾	*Iris tectorum*		EPH	EW/SW
唇形科	Lamiaceae	筋骨草属	*Ajuga*	多花筋骨草	*Ajuga multiflora*		PH	EW/SW/WW/NW
唇形科	Lamiaceae	鞘蕊花属	*Coleus*	彩叶草	*Coleus blumei*		EPH	EW/SW
唇形科	Lamiaceae	薄荷属	*Mentha*	薄荷	*Mentha canadensis*		ESS	EW/NW
唇形科	Lamiaceae	迷迭香属	*Rosmarinus*	迷迭香	*Rosmarinus officinalis*		ES	EW/SW/WW
唇形科	Lamiaceae	鼠尾草属	*Salvia*	天蓝鼠尾草	*Salvia officinalis*		PH	Roof
唇形科	Lamiaceae	鼠尾草属	*Salvia*	一串红	*Salvia splendens*		EPH	EW/SW
唇形科	Lamiaceae	水苏属	*Stachys*	绵毛水苏	*Stachys byzantina*		EPH	EW/SW

科	科拉丁名	属	属拉丁名	种	种拉丁名(英文名)	中文异名	生活型	适用建筑立面
唇形科	Lamiaceae	香科科属	*Teucrium*	银石蚕	*Teucrium fruticans*	水果蓝、灌丛石蚕	ES	EW/SW
唇形科	Lamiaceae	百里香属	*Thymus*	百里香	*Thymus mongolicus*		ES	Roof
木通科	Lardizabal-aceae	木通属	*Akebia*	木通	*Akebia quinata*		VW	EW/NW
木通科	Lardizabal-aceae	木通属	*Akebia*	三叶木通	*Akebia trifoliata*		VW	EW/SW/WW
木通科	Lardizabal-aceae	大血藤属	*Sargento-doxa*	大血藤	*Sargentodoxa cuneata*		VW	NW
豆科	Leguminosae	紫穗槐属	*Amorpha*	紫穗槐	*Amorpha fruticosa*		DS	WW
豆科	Leguminosae	锦鸡儿属	*Caragana*	锦鸡儿	*Caragana sinica*		DS	EW/SW/WW/Roof
百合科	Liliaceae	葱属	*Allium*	葱	*Allium fistulosum*		EPH	Roof
百合科	Liliaceae	葱属	*Allium*	蒜	*Allium sativum*		EPH	Roof
百合科	Liliaceae	葱属	*Allium*	韭	*Allium tuberosum*		EPH	Roof
百合科	Liliaceae	芦荟属	*Aloe*	木立芦荟	*Aloe arborescens*		SP	WW
百合科	Liliaceae	芦荟属	*Aloe*	库拉索芦荟	*Aloe vera*		SP	WW
百合科	Liliaceae	天门冬属	*Asparagus*	天门冬	*Asparagus cochinchinensis*		PH	EW
百合科	Liliaceae	天门冬属	*Asparagus*	非洲天门冬	*Asparagus densiflorus*	武竹	EPH	EW/SW/NW
百合科	Liliaceae	蜘蛛抱蛋属	*Aspidistra*	蜘蛛抱蛋	*Aspidistra elatior*		EPH	EW/SW/NW
百合科	Liliaceae	蜘蛛抱蛋属	*Aspidistra*	卵叶蜘蛛抱蛋	*Aspidistra typica*		EPH	EW/SW/NW
百合科	Liliaceae	开口箭属	*Campylandra Bak.*	开口箭	*Campylandra chinensis*		EPH	EW/SW/NW
百合科	Liliaceae	吊兰属	*Chlorophytum*	'银边'吊兰	*Chlorophytum 'variegatum'*		EPH	EW/SW/NW
百合科	Liliaceae	吊兰属	*Chlorophytum*	吊兰	*Chlorophytum comosum*		EPH	EW/SW/NW
百合科	Liliaceae	铃兰属	*Convallaria*	铃兰	*Convallaria majalis*		PH	EW/NW
百合科	Liliaceae	龙血树属	*Dracaena*	富贵竹	*Dracaena braunii*		ESS	EW/SW

科	科拉丁名	属	属拉丁名	种	种拉丁名(英文名)	中文异名	生活型	适用建筑立面
百合科	Liliaceae	麻点花属	*Drimiopsis*	油点百合	*Drimiopsis kirkii*		SP	EW/SW
百合科	Liliaceae	麻点花属	*Drimiopsis*	阔叶油点百合	*Drimiopsis maculata*		SP	EW/SW
百合科	Liliaceae	十二卷属	*Haworthia Duv.*	条纹十二卷	*Haworthia fasciata*		SP	WW
百合科	Liliaceae	萱草属	*Hemerocallis*	大花萱草	*Hemerocallis × hybrida*		EPH	EW/SW
百合科	Liliaceae	萱草属	*Hemerocallis*	萱草	*Hemerocallis fulva*		PH	EW/SW/NW
百合科	Liliaceae	玉簪属	*Hosta*	玉簪	*Hosta plantaginea*		PH	EW/SW/NW
百合科	Liliaceae	玉簪属	*Hosta*	紫萼	*Hosta ventricosa*		PH	EW/SW/NW
百合科	Liliaceae	百合属	*Lilium*	野百合	*Lilium brownii*		PH	EW/SW
百合科	Liliaceae	百合属	*Lilium*	百合	*Lilium brownii* var. *viridulum*		PH	EW/SW
百合科	Liliaceae	百合属	*Lilium*	条叶百合	*Lilium callosum*		PH	EW/SW
百合科	Liliaceae	百合属	*Lilium*	白百合	*Lilium candidum*		PH	EW/SW
百合科	Liliaceae	百合属	*Lilium*	渥丹	*Lilium concolor*		PH	EW/SW
百合科	Liliaceae	百合属	*Lilium*	有斑百合	*Lilium concolor* var. *pulchellum*		PH	EW/SW
百合科	Liliaceae	百合属	*Lilium*	台湾百合	*Lilium formosanum*		PH	EW/SW
百合科	Liliaceae	百合属	*Lilium*	湖北百合	*Lilium henryi*		PH	EW/SW
百合科	Liliaceae	百合属	*Lilium*	欧洲百合	*Lilium martagon*		PH	EW/SW
百合科	Liliaceae	百合属	*Lilium*	紫斑百合	*Lilium nepalense*		PH	EW/SW
百合科	Liliaceae	百合属	*Lilium*	豹纹百合	*Lilium pardalinum*		PH	EW/SW
百合科	Liliaceae	百合属	*Lilium*	山丹	*Lilium pumilum*	山丹百合	PH	EW/SW
百合科	Liliaceae	百合属	*Lilium*	岷江百合	*Lilium regale*	峨眉百合	PH	EW/SW
百合科	Liliaceae	百合属	*Lilium*	药百合	*Lilium speciosum-* var. *gloriosoides*		PH	EW/SW
百合科	Liliaceae	百合属	*Lilium*	卷丹	*Lilium tigrinum*		PH	EW/SW
百合科	Liliaceae	山麦冬属	*Liriope*	阔叶麦冬	*Liriope palatyphylla*		EPH	EW/SW/NW
百合科	Liliaceae	山麦冬属	*Liriope*	兰花三七	*Liriope cymbidi-omorpha*		EPH	EW/SW/NW

科	科拉丁名	属	属拉丁名	种	种拉丁名(英文名)	中文异名	生活型	适用建筑立面
百合科	Liliaceae	沿阶草属	*Ophiopogon*	沿阶草	*Ophiopogon bodinieri*		EPH	EW/SW
百合科	Liliaceae	沿阶草属	*Ophiopogon*	麦冬	*Ophiopogon japonicus*		EPH	EW/SW/NW
百合科	Liliaceae	吉祥草属	*Reineckea*	吉祥草	*Reineckea carnea*		EPH	EW/SW/NW
百合科	Liliaceae	万年青属	*Rohdea*	万年青	*Rohdea japonica*		EPH	EW/SW/NW
百合科	Liliaceae	虎尾兰属	*Sansevieria*	虎尾兰	*Sansevieria trifasciata*		SP	EW/SW/NW
百合科	Liliaceae	菝葜属	*Smilax*	短梗菝葜	*Smilax scobinicaulis*		VW	EW/NW
百合科	Liliaceae	白穗花属	*Speirantha*	白穗花	*Speirantha gardenii*		PH	EW/SW/NW
鳞始蕨科	Lindsaeaceae	乌蕨属	*Odontosoria*	乌蕨	*Odontosoria chinensis*		EPH	NW
石松科	Lycopodiaceae	马尾杉属	*Phlegmariurus*	马尾杉	*Phlegmariurus phlegmaria*		EPH	NW
千屈菜科	Lythraceae	萼距花属	*Cuphea*	萼距花	*Cuphea hookeriana*		ES	EW/SW
千屈菜科	Lythraceae	紫薇属	*Lagerstroemia*	紫薇	*Lagerstroemia indica*		DT/DS	EW/SW
木兰科	Magnoliaceae	含笑属	*Michelia*	含笑花	*Michelia figo*		ES	EW/NW
锦葵科	Malvaceae	苘麻属	*Abutilon*	蔓性风铃花	*Abutilon megapotamicum*		VW	EW/SW
锦葵科	Malvaceae	南非葵属	*Anisodontea*	小木槿	*Anisodontea capensis*	南非葵	DSS	EW
锦葵科	Malvaceae	孔雀葵属	*Pavonia*	高砂芙蓉	*Pavonia hastata*	戟叶孔雀葵	DS	EW
楝科	Meliaceae	米仔兰属	*Aglaia*	米仔兰	*Aglaia odorata*		ET/ES	EW/SW
桑科	Moraceae	榕属	*Ficus*	垂叶榕	*Ficus benjamina*		ET	EW/SW
桑科	Moraceae	榕属	*Ficus*	印度橡皮树	*Ficus elastica*		ET	EW/SW
桑科	Moraceae	榕属	*Ficus*	薜荔	*Ficus pumila*		VW	EW/SW/NW
桑科	Moraceae	榕属	*Ficus*	地果	*Ficus tikoua*		VW	EW/SW/NW
紫金牛科	Myrsinaceae	紫金牛属	*Ardisia*	朱砂根	*Ardisia crenata*		ES	NW
紫金牛科	Myrsinaceae	紫金牛属	*Ardisia*	紫金牛	*Ardisia japonica*		ESS	NW
紫金牛科	Myrsinaceae	紫金牛属	*Ardisia*	虎舌红	*Ardisia mamillata*		ES	NW

科	科拉丁名	属	属拉丁名	种	种拉丁名(英文名)	中文异名	生活型	适用建筑立面
紫金牛科	Myrsinaceae	紫金牛属	*Ardisia*	多枝紫金牛	*Ardisia sieboldii*	东南紫金牛	ES	EW/NW
桃金娘科	Myrtaceae	蒲桃属	*Syzygium*	轮叶蒲桃	*Syzygium grijsii*		ES	EW/SW/NW
肾蕨科	Nephrolepi-daceae	肾蕨属	*Nephrolepis*	肾蕨	*Nephrolepis cordi-folia*		EPH	EW/NW
紫茉莉科	Nyctaginace-ae	叶子花属	*Bougainvillea*	三角梅	*Bougainvillea glabra*		VW	EW/SW/WW
木犀科	Oleaceae	连翘属	*Forsythia*	金钟花	*Forsythia viridissima*		DS	EW/SW
木犀科	Oleaceae	素馨属	*Jasminum*	红素馨	*Jasminum beesi-anum*	红茉莉	VW	EW/SW
木犀科	Oleaceae	素馨属	*Jasminum*	探春花	*Jasminum floridum*		ES/VW	EW
木犀科	Oleaceae	素馨属	*Jasminum*	清香藤	*Jasminum lanceo-laria*		VW	EW/SW/NW
木犀科	Oleaceae	素馨属	*Jasminum*	野迎春	*Jasminum mesnyi*	云南黄馨	ES	EW/SW/WW
木犀科	Oleaceae	素馨属	*Jasminum*	迎春花	*Jasminum nudiflo-rum*		DS	EW/SW
木犀科	Oleaceae	素馨属	*Jasminum*	茉莉	*Jasminum sambac*		ES	EW/SW
木犀科	Oleaceae	女贞属	*Ligustrum*	日本女贞	*Ligustrum japoni-cum*		ES	EW/SW
木犀科	Oleaceae	女贞属	*Ligustrum*	小叶女贞	*Ligustrum quihoui*		ES	EW/SW
木犀科	Oleaceae	女贞属	*Ligustrum*	小蜡	*Ligustrum sinense*		DT/DS	EW/NW
柳叶菜科	Onagraceae	月见草属	*Oenothera*	美丽月见草	*Oenothera speciosa*		PH	Roof
酢浆草科	Oxalidaceae	酢浆草属	*Oxalis*	酢浆草	*Oxalis corniculata*		AH/PH	EW/SW/WW
酢浆草科	Oxalidaceae	酢浆草属	*Oxalis*	红花酢浆草	*Oxalis corymbosa*		PH	EW/SW/NW
酢浆草科	Oxalidaceae	酢浆草属	*Oxalis*	紫叶酢浆草	*Oxalis triangularis*		PH	EW
芍药科	Paeoniaceae	芍药属	*Paeonia*	牡丹	*Paeonia suffruticosa*		DS	EW/SW
西番莲科	Passiflorace-ae	西番莲属	*Passiflora*	西番莲	*Passiflora caerulea*		HV	EW/SW
松科	Pinaceae	云杉属	*Picea*	北美蓝云杉	*Picea pungens*		ET	Roof
松科	Pinaceae	松属	*Pinus*	日本五针松	*Pinus parviflora*		ET	Roof
胡椒科	Piperaceae	草胡椒属	*Peperomia*	圆叶椒草	*Peperomia obtusi-folia*	豆瓣绿	EPH	NW

科	科拉丁名	属	属拉丁名	种	种拉丁名(英文名)	中文异名	生活型	适用建筑立面
海桐花科	Pittosporace-aea	海桐花属	*Pittosporum*	海桐	*Pittosporum tobira*		ET/ES	EW/SW/NW
白花丹科	Plumbag-inaceae	蓝雪花属	*Ceratostigma*	蓝雪花	*Ceratostigma plumbaginoides*		EPH	EW/SW/NW
禾本科	Poaceae	须芒草属	*Andropogon*	大须芒草	*Andropogon gerardii*		PH	Roof
禾本科	Poaceae	须芒草属	*Andropogon*	西藏须芒草	*Andropogon munroi*		PH	Roof
禾本科	Poaceae	须芒草属	*Andropogon*	北美小须芒草	*Andropogon sco-parius*		PH	Roof
禾本科	Poaceae	须芒草属	*Andropogon*	须芒草	*Andropogon yun-nanensis*		PH	Roof
禾本科	Poaceae	燕麦草属	*Arrhenather-um*	燕麦草	*Arrhenatherum elatius*		PH	Roof
禾本科	Poaceae	凌风草属	*Briza*	银鳞茅	*Briza minor*		AH	Roof
禾本科	Poaceae	芒属	*Miscanthus*	荻	*Miscanthus saccha-riflorus*		PH	Roof
禾本科	Poaceae	乱子草属	*Muhlenber-gia*	粉黛乱子草	*Muhlenbergia capil-laris*		PH	Roof
禾本科	Poaceae	乱子草属	*Muhlenber-gia*	针叶乱子草	*Muhlenbergia dubia*		PH	Roof
禾本科	Poaceae	乱子草属	*Muhlenber-gia*	硬叶乱子草	*Muhlenbergia rigens*		PH	Roof
禾本科	Poaceae	黍属	*Panicum*	柳枝稷	*Panicum virgatum*		PH	Roof
禾本科	Poaceae	狼尾草属	*Pennisetum*	狼尾草	*Pennisetum alope-curoides*		PH	Roof
禾本科	Poaceae	狼尾草属	*Pennisetum*	东方狼尾草	*Pennisetum orien-tale*		PH	Roof
禾本科	Poaceae	刚竹属	*Phyllos-tachys*	淡竹	*Phyllostachys glauca*		B	Roof
禾本科	Poaceae	刚竹属	*Phyllos-tachys*	紫竹	*Phyllostachys nigra*		B	Roof
禾本科	Poaceae	刚竹属	*Phyllos-tachys*	早园竹	*Phyllostachys pro-pinqua*		B	Roof
禾本科	Poaceae	苦竹属	*Pleioblastus* Nakai	菲白竹	*Pleioblastus fortunei*		B	EW/SW/NW
禾本科	Poaceae	狗尾草属	*Setaria*	棕叶狗尾草	*Setaria palmifolia*		PH	Roof

科	科拉丁名	属	属拉丁名	种	种拉丁名(英文名)	中文异名	生活型	适用建筑立面
禾本科	Poaceae	狗尾草属	*Setaria*	皱叶狗尾草	*Setaria plicata*		PH	Roof
禾本科	Poaceae	倭竹属	*Shibataea*	鹅毛竹	*Shibataea chinensis*		B	Roof
禾本科	Poaceae	倭竹属	*Shibataea*	芦花竹	*Shibataea hispida*		B	Roof
禾本科	Poaceae	鹅毛竹属	*Shibataea*	芦花竹	*Shibataea hispida*	休宁倭竹	B	EW/SW
禾本科	Poaceae	针茅属	*Stipa*	针茅	*Stipa capillata*		PH	Roof
禾本科	Poaceae	黑麦草属	*Lolium*	黑麦草	*Lolium perenne*		PH	EW/NW
罗汉松科	Podocar-paceae	罗汉松属	*Podocarpus*	罗汉松	*Podocarpus macro-phyllus*		ET	WW/Roof
蓼科	Polygonaceae	千叶兰	*Muehlen-beckia*	千叶兰	*Muehlenbeckia complexa*		ES	EW/SW/NW
蓼科	Polygonaceae	蓼属	*Polygonum*	赤胫散	*Polygonum runcina-tum*		PH	EW/SW/WW/Roof
水龙骨科	Polypodi-aceae	崖姜蕨属	*Drynaria* (Bory) J. Sm.	崖姜蕨	*Pseudodrynaria coronans*		EPH	NW
水龙骨科	Polypodi-aceae	鹿角蕨属	*Platycerium* Desv.	鹿角蕨	*Platycerium wallichii*	绿孢鹿角蕨	EPH	NW
马齿苋科	Portulacaceae	马齿苋属	*Portulaca*	大花马齿苋	*Portulaca grandiflora*		SP	WW/Roof
马齿苋科	Portulacaceae	马齿苋属	*Portulaca*	毛马齿苋	*Portulaca pilosa*	半支莲（松叶牡丹、太阳花）	SP	WW/Roof
马齿苋科	Portulacaceae	土人参属	*Talinum*	土人参	*Talinum paniculatum*		SP	EW/SW
报春花科	Primulaceae	仙客来属	*Cyclamen*	仙客来	*Cyclamen persicum*		EPH	NW
报春花科	Primulaceae	珍珠菜属	*Lysimachia*	过路黄	*Lysimachia chris-tiniae*		PH	EW/SW/WW/NW
报春花科	Primulaceae	报春花属	*Primula*	报春花	*Primula malacoides*		BH	EW
凤尾蕨科	Pteridaceae	铁线蕨属	*Adiantum*	铁线蕨	*Adiantum capillus-veneris*		EPH	NW
凤尾蕨科	Pteridaceae	铁线蕨属	*Adiantum*	扇叶铁线蕨	*Adiantum flabellula-tum*		EPH	NW
凤尾蕨科	Pteridaceae	凤尾蕨属	*Pteris*	刺齿半边旗	*Pteris dispar*		EPH	NW
凤尾蕨科	Pteridaceae	凤尾蕨属	*Pteris*	剑叶凤尾蕨	*Pteris ensiformis*		EPH	NW
凤尾蕨科	Pteridaceae	凤尾蕨属	*Pteris*	白羽凤尾蕨	*Pteris ensiformis* var. *victoriae*	银脉凤尾蕨	EPH	NW

科	科拉丁名	属	属拉丁名	种	种拉丁名(英文名)	中文异名	生活型	适用建筑立面
凤尾蕨科	Pteridaceae	凤尾蕨属	*Pteris*	井栏边草	*Pteris multifida*		EPH	NW
凤尾蕨科	Pteridaceae	凤尾蕨属	*Pteris*	蜈蚣草	*Pteris vittata*	蜈蚣凤尾蕨	EPH	NW
毛茛科	Ranunculaceae	铁线莲属	*Clematis*	铁线莲	*Clematis florida*		HV	EW
毛茛科	Ranunculaceae	铁线莲属	*Clematis*	半钟铁线莲	*Clematis ochotensis*		VW	EW
毛茛科	Ranunculaceae	铁线莲属	*Clematis*	葡萄叶铁线莲	*Clematis vitalba*		VW	
鼠李科	Rhamnaceae	勾儿茶属	*Berchemia*	勾儿茶	*Berchemia sinica*		VW	EW/SW
蔷薇科	Rosaceae	蛇莓属	*Duchesnea*	蛇莓	*Duchesnea indica*		EPH	EW/SW
蔷薇科	Rosaceae	苹果属	*Malus*	海棠花	*Malus spectabilis*		DT	EW
蔷薇科	Rosaceae	石楠属	*Photinia*	红叶石楠	*Photinia × fraseri*		ES	EW/SW
蔷薇科	Rosaceae	火棘属	*Pyracantha*	火棘	*Pyracantha fortuneana*		DS	EW/SW
蔷薇科	Rosaceae	蔷薇属	*Rosa*	木香	*Rosa banksiae*		VW	EW/SW
蔷薇科	Rosaceae	蔷薇属	*Rosa*	单瓣黄木香	*Rosa banksiae* f. *lutescens*		VW	EW/SW
蔷薇科	Rosaceae	蔷薇属	*Rosa*	重瓣白木香	*Rosa banksiae* var. *alboplena*		VW	EW/SW
蔷薇科	Rosaceae	蔷薇属	*Rosa*	重瓣黄木香	*Rosa banksiae* var. *lutea*		VW	EW/SW
蔷薇科	Rosaceae	蔷薇属	*Rosa*	月季	*Rosa chinensis*		DS/VW	EW/SW/WW
蔷薇科	Rosaceae	蔷薇属	*Rosa*	野蔷薇	*Rosa multiflora*		VW	EW/SW/WW
蔷薇科	Rosaceae	绣线菊属	*Spiraea*	华北绣线菊	*Spiraea fritschiana*		DS	EW/SW
蔷薇科	Rosaceae	绣线菊属	*Spiraea*	粉花绣线菊	*Spiraea japonica*	日本绣线菊	DS	EW/SW
蔷薇科	Rosaceae	绣线菊属	*Spiraea*	欧亚绣线菊	*Spiraea media*	石棒绣线菊	DS	EW/SW
蔷薇科	Rosaceae	绣线菊属	*Spiraea*	毛果绣线菊	*Spiraea trichocarpa*		DS	EW/SW
蔷薇科	Rosaceae	绣线菊属	*Spiraea*	绣线菊	*Spiraea salicifolia*	柳叶绣线菊	DS	EW/SW
茜草科	Rubiaceae	水团花属	*Adina*	细叶水团花	*Adina rubella*		DS	EW/NW
茜草科	Rubiaceae	栀子属	*Gardenia*	栀子	*Gardenia jasminoides*		ES	EW/SW/WW/NW

科	科拉丁名	属	属拉丁名	种	种拉丁名(英文名)	中文异名	生活型	适用建筑立面
茜草科	Rubiaceae	栀子属	*Gardenia*	小叶栀子	*Gardenia jasminoides* var. *radicans*		ES	EW/NW
茜草科	Rubiaceae	白马骨属	*Serissa*	六月雪	*Serissa japonica*		ES	EW/SW/NW
芸香科	Rutaceae	柑橘属	*Citrus* L.	金柑	*Citrus japonica*	金桔	ES	EW/SW
芸香科	Rutaceae	九里香属	*Murraya*	九里香	*Murraya exotica*		ET	EW/SW
杨柳科	Salicaceae	柳属	*Salix*	彩叶杞柳	*Salix integra*		DS	EW/SW
虎耳草科	Saxifragaceae	矾根属	*Heuchera*	矾根	*Heuchera micrantha*		EPH	EW/NW
虎耳草科	Saxifragaceae	溲疏属	*Deutzia*	溲疏	*Deutzia scabra*		DS	EW/SW
虎耳草科	Saxifragaceae	绣球属	*Hydrangea*	八仙花	*Hydrangea macrophylla*		DS	EW/NW
虎耳草科	Saxifragaceae	虎耳草属	*Saxifraga*	虎耳草	*Saxifraga stolonifera*		EPH	EW/SW/NW
五味子科	Schisandraceae	南五味子属	*Kadsura*	日本南五味子	*Kadsura japonicea*		VW	EW/NW
五味子科	Schisandraceae	南五味子属	*Kadsura*	南五味子	*Kadsura longipedunculata*		VW	EW/SW/NW
五味子科	Schisandraceae	南五味子属	*Kadsura*	冷饭藤	*Kadsura oblongifolia*	冷饭团	VW	EW/NW
虎耳草科	Schisandraceae	山梅花属	*Philadelphus*	太平花	*Philadelphus pekinensis*		DS	Roof
五味子科	Schisandraceae	五味子属	*Schisandra*	五味子	*Schisandra chinensis*		VW	EW/NW
五味子科	Schisandraceae	五味子属	*Schisandra*	铁籍散	*Schisandra propinqua* subsp. *sinensis*		VW	EW/SW/NW
卷柏科	Selaginellaceae	卷柏属	*Selaginella*	卷柏	*Selaginella tamariscina*		EPH	WW
卷柏科	Selaginellaceae	卷柏属	*Selaginella*	翠云草	*Selaginella uncinata*		EPH	NW
茄科	Solanaceae	鸳鸯茉莉属	*Brunfelsia*	鸳鸯茉莉	*Brunfelsia pauciflora*		ES	NW
茄科	Solanaceae	小花矮牵牛属	*Calibrachoa*	舞春花	*Calibrachoa* hort.		EPH/ AH/ BH	EW/SW
茄科	Solanaceae	枸杞属	*Lycium*	枸杞	*Lycium chinense*		DS	EW/SW
茄科	Solanaceae	碧冬茄属	*Petunia*	矮牵牛	*Petunia* × *hybrida*		EPH	WW

科	科拉丁名	属	属拉丁名	种	种拉丁名(英文名)	中文异名	生活型	适用建筑立面
茄科	Solanaceae	茄属	*Solanum*	珊瑚豆	*Solanum pseudo-capsicum* var. *diflorum*		ES	EW/SW/NW
红豆杉科	Taxaceae	红豆杉属	*Taxus*	欧洲红豆杉	*Taxus baccata*		ET	Roof
红豆杉科	Taxaceae	红豆杉属	*Taxus*	矮紫杉	*Taxus cuspidata* var. *nana*		ET	Roof
山茶科	Theaceae	山茶属	*Camellia*	山茶	*Camellia japonica*		ET/ES	EW/SW/NW
山茶科	Theaceae	山茶属	*Camellia*	茶梅	*Camellia sasanqua*		ET/ES	EW/SW
山茶科	Theaceae	柃木属	*Eurya*	滨柃	*Eurya emarginata*		ES	EW/SW/NW
山茶科	Theaceae	厚皮香属	*Ternstroemia*	厚皮香	*Ternstroemia gymnanthera*		ES	EW/SW/NW
瑞香科	Thymelaeaceae	瑞香属	*Daphne*	芫花	*Daphne genkwa*		DS	EW/SW/WW
瑞香科	Thymelaeaceae	瑞香属	*Daphne*	瑞香	*Daphne odora*		ES	EW/SW
瑞香科	Thymelaeaceae	结香属	*Edgeworthia*	结香	*Edgeworthia chrysantha*		DS	EW/SW
荨麻科	Urticaceae	冷水花属	*Pilea*	花叶冷水花	*Pilea cadierei*		EPH	NW
荨麻科	Urticaceae	冷水花属	*Pilea*	冷水花	*Pilea notata*		EPH	NW
荨麻科	Urticaceae	冷水花属	*Pilea*	镜面草	*Pilea peperomioides*		EPH	NW
马鞭草科	Verbenaceae	紫珠属	*Callicarpa*	华紫珠	*Callicarpa cathayana*		DS	EW/NW
马鞭草科	Verbenaceae	紫珠属	*Callicarpa*	白棠子树	*Callicarpa dichotoma*	小紫珠	DS	EW/NW/Roof
马鞭草科	Verbenaceae	紫珠属	*Callicarpa*	日本紫珠	*Callicarpa japonica*		DS	EW/NW
马鞭草科	Verbenaceae	莸属	*Caryopteris*	蓝花莸	*Caryopteris* × *clandonensis*		ES	Roof
马鞭草科	Verbenaceae	莸属	*Caryopteris*	莸	*Caryopteris divaricata*		ES	Roof
马鞭草科	Verbenaceae	假连翘属	*Duranta*	假连翘	*Duranta erecta*		ES	EW/SW
马鞭草科	Verbenaceae	美女樱属	*Glandularia* J.F.Gmel.	美女樱	*Glandularia* × *hybrida*		EPH	EW/SW/NW
马鞭草科	Verbenaceae	马缨丹属	*Lantana*	马缨丹	*Lantana camara*		ES	NW

科	科拉丁名	属	属拉丁名	种	种拉丁名(英文名)	中文异名	生活型	适用建筑立面
马鞭草科	Verbenaceae	马缨丹属	*Lantana*	蔓马缨丹	*Lantana montevidensis*		ES	EW
马鞭草科	Verbenaceae	马鞭草属	*Verbena*	柳叶马鞭草	*Verbena bonariensis*		EPH	Roof
董菜科	Violaceae	董菜属	*Viola*	角董	*Viola cornuta*		EPH/BH	EW/SW
董菜科	Violaceae	董菜属	*Viola*	三色董	*Viola tricolor*		BH	EW/SW
葡萄科	Vitaceae	蛇葡萄属	*Ampelopsis*	蛇葡萄	*Ampelopsis glandulosa*		VW	EW/SW
葡萄科	Vitaceae	白粉藤属	*Cissus*	锦屏藤	*Cissus sicyoides*		HV	VW
葡萄科	Vitaceae	地锦属	*Parthenocissus*	绿叶地锦	*Parthenocissus laetevirens*		VW	EW/SW/NW/VW
葡萄科	Vitaceae	地锦属	*Parthenocissus*	三叶地锦	*Parthenocissus semicordata*		VW	NW
葡萄科	Vitaceae	地锦属	*Parthenocissus*	地锦	*Parthenocissus tricuspidata*	爬山虎	VW	EW/SW/VW/NW
葡萄科	Vitaceae	地锦属	*Parthenocissus*	花叶地锦	*Parthenocissus henryana*		VW	EW/SW/NW
葡萄科	Vitaceae	地锦属	*Parthenocissus*	五叶地锦	*Parthenocissus quinquefolia*	美国爬山虎	VW	NW
葡萄科	Vitaceae	葡萄属	*Vitis*	葡萄	*Vitis vinifera*		VW	EW/SW
葡萄科	Vitaceae	葡萄属	*Vitis*	山葡萄	*Vitis amurensis*		VW	EW/SW/VW
泽米铁科	Zamiaceae	泽米铁属	*Zamia*	美洲苏铁	*Zamia pumila*		C	EW/SW
柿科	Ebenaceae	柿属	*Diospyros*	瓶兰花	*Diospyros armata*		ET	EW
兰科	Orchidaceae	白及属	*Bletilla Rchb. f.*	白及	*Bletilla striata*		PH	EW
十字花科	Brassicaceae	紫罗兰属	*Matthiola*	紫罗兰	*Matthiola incana*		PH	EW

植物说明中，添加"B"代表竹类，BH代表二年生草本

附录2 《垂直绿化工程技术规程》CJJ/T 236—2015（摘录）

3 基本规定

3.0.1 垂直绿化不得影响建筑物和构筑物的安全性能和使用功能要求。

3.0.2 垂直绿化工程设计应遵循因地制宜、生态适用、经济美观、安全节能的原则，根据环境条件和观赏需要，选择适宜的植物材料和恰当的施工工艺。

3.0.3 垂直绿化设计前应勘查现场，对栽植地点的朝向、光照、土壤、雨水利用、建筑物或构筑物立面条件和种植带宽度等状况进行调查。

3.0.4 根据绿化场地气候、绿化的功能要求和绿化依附的条件，垂直绿化应以适宜的乡土藤本植物或多年生草本植物为主，应选择生长势旺、姿态叶形优美、抗逆性强和易养护管理的植物。

3.0.5 栽培基质应有一定疏松度，无明显石块、垃圾等杂物，无明显染色或异味，满足植物生长所需的水分和肥力条件。

3.0.6 对于有建筑垃圾混入、盐碱化、有害物质超标的土壤应采取客土或改良等措施。

3.0.7 垂直绿化栽培基质应符合现行行业标准《绿化种植土壤》CJ/T 340 的相关规定。

3.0.8 种植槽和自然土壤相通时，应保证自然土壤有良好的通气透水性。

4 垂直绿化设计

4.1 一般规定

4.1.1 既有建筑改造和新建建筑进行垂直绿化设计时，应对拟绿化的墙面进行结构安全评估。

4.1.2 主垂直绿化设计应包括下列内容：

1 确定拟采取的垂直绿化工程形式；

2 选择植物种类，制定配置方案；

3 确定相应的植物灌溉和养护方式；

4 提交包括以上内容的工程设计图纸。

4.1.3 垂直绿化植物种类的选择应符合下列要求：

1 应综合考虑气候条件、光照条件、拟采取的工程形式、要达到的功能要求和观赏效果、栽培基质的水肥条件以及后期养护管理等因素，在色彩搭配、空间大小、工程形式上协调一致；

2 应选择和立地条件相适应的植物，并根据植物的生态习性和观赏特性选择，必要时创造满足其生长的条件；

3 应根据墙面或构筑物的高度来选择攀缘植物；

4 应以乡土植物为主，骨干植物应有较强的抗逆性；

5 应根据植物的生物学特性和生态习性，确定合理的种植密度。

4.1.4 藤本植物的栽植间距应根据苗木种类、规格大小及要求见效的时间长短而定，宜为 20 ~ 80cm。

4.1.5 垂直绿化植物材料的选用宜符合本规程附录 A 的有关规定。

4.2 不同工程类型设计要点

4.2.1 攀缘式种植设计应符合下列规定：

1 栽植植物应沿墙体种植，栽植带宽度应为 50 ~ 100cm，土层厚度宜大于 50cm，植物根系距离墙体距离应不小于 15cm，栽植苗应稍向墙面倾斜；

2 宜选用茎节有气生根或吸盘的速生藤本植物。

4.2.2 攀缘式垂直绿化和框架式垂直绿化植物应采用地栽形式种植。

4.2.3 框架式垂直绿化构架的设计，应满足植物正常生长的要求，并且结构牢固。

4.2.4 框架式垂直绿化的框架应保持同建筑物墙面的间距不小于 15 cm，框架网眼最大尺寸不宜超过 50cm×50cm。

4.2.5 种植槽式垂直绿化的植物栽植宜选用接地型种植槽。

4.2.6 隔离型种植槽的大小应保证在不同气候条件下，满足植物生长的最小栽培基质体积，还应符合下列规定：

1 种植槽底部或侧部应有排水孔；

2 栽植木本植物的种植槽深度不得低于 45cm，栽植草本植物的种植槽深度不得小于 25cm；

3 种植槽净宽度应大于 40cm，并视场地情况确定长度。

4.2.7 隔离型种植槽绿化植物应符合下列要求：

1 应选择抗旱性强、管理粗放、须根发达的浅根性植物；

2 应选用中小型攀缘植物或灌木，不宜选用带尖刺、有毒性的和枝叶繁茂的大型攀缘植物。

4.2.8 较大面积的模块式垂直绿化的植物材料宜采用草本、木本混合配植，观花种类与观叶种类结合的方式，以保证景观效果。

4.2.9 模块式垂直绿化的支撑框架应根据每一壁挂栽植模块的负荷计算确定结构形式，保证结构安全。

4.2.10 铺贴式垂直绿化应铺设耐根穿刺防水材料，并应符合现行行业标准《种植屋面工程技术规程》JGJ 155-2013 中相关材料的规定。

4.2.11 模块和铺贴式垂直绿化设计应符合下列要求：

1 支撑框架结构系统应考虑绿化墙面的设计高度及绿墙系统的重量；

2 植物栽培基质必须考虑绿墙的整体设计及其搭配的系统结构，宜采用轻质材料；

3 确保支撑构架结构的稳定性，在易出现强风的区域须考虑足够的抗风荷载能力；

4 宜采用自动灌溉和施肥装置相结合的构造确保植物的水分和养分供给。

4.3 垂直绿化支撑材料的选取

4.3.1 攀缘植物的固定材料应包括金属丝、木杆、竹竿，以及金属网、木格栅或竹篱笆。

4.3.2 金属丝应符合下列要求：

1 金属丝的直径应为 2 ~ 6mm；

2 金属丝上宜设置凸起或采取波纹状，以利植物攀援。

4.3.3 单独支撑攀缘植物的木杆和竹竿的直径应不小于 2cm。

4.3.4 金属网应符合下列要求：

1 金属格网的网眼大小应为 15 ~ 50cm；

2 设于建筑外墙的攀援辅助网距外墙表面垂直距离应大于 5cm。

4.3.5 支撑攀缘植物的金属材料宜包括不锈钢丝、镀铝钢丝、镀锌钢丝、尼龙包膜镀锌钢丝。

4.3.6 用于建筑外墙的垂直绿化支撑材料应满足防火和防腐的要求，不应使用易燃材料。

4.4 灌溉和排水设施

4.4.1 垂直绿化植物灌溉宜采用高效节水的微灌溉方式，灌溉系统应保证供水均匀且不溢流。

4.4.2 绿化灌溉方式应与立地条件和采用的垂直工程类型相匹配，各种垂直绿化工程类型的灌溉方式可符合表 4.4.2 的规定。

4.4.3 在完全依靠自然降水，未设灌溉设施的垂直绿化中，应设置雨水贮存、利用和排除设施。

4.4.4 采用悬挑式隔离型种植槽垂直绿化方式，应解决好灌溉和排水的关系，在种植槽下方应设有排水设施。

4.4.5 模块式垂直绿化和铺贴式垂直绿化灌溉宜采用滴灌系统，应将肥料以营养液形式通过滴灌系统施入栽培介质。滴灌系统应采用自动控制，以多次、少量的方法灌溉和施肥。应用于室外垂直绿化的滴灌系统，在实施精准灌溉时，宜连接自动气象站、土壤水分传感器等环境感应设备。用滴灌系统灌溉、施肥时，应采用压力补偿滴头，以施肥均匀。

4.4.6 采用滴管系统灌溉、施肥时，应采用压力补偿滴头，以保证灌溉，施肥均匀。

4.4.7 采用微灌系统灌溉、施肥时，应符合下列规定：

1 应配置有效的过滤系统；

2 系统的控制部分应集成在箱体中，安装在适当部位。

4.4.8 采用无土栽培和滴灌系统灌溉、施肥时，灌溉水质基本控制项目标准值除悬浮物和氯化物外应符合现行国家标准《农田灌溉水质标准》GB 5084 的有关规定，并应符合下列规定：

1 利用硬水配制营养液时应将硬水中的钙、镁离子含量计算出来，并应从营养液配方中扣除；

2 溶解氧在未使用之前不宜小于 3mg/L；

3 用自来水配制的营养液在进入栽培循环系统之前应放置半天；

4 悬浮物不宜大于 10mg/L；

5 氯化钠含量不宜大于 200mg/L。

4.4.9 室内垂直绿化用水应符合下列规定：

1 不应使用中水；

2 营养液水质应定期检测。

5 施工技术

5.1 一般规定

5.1.1 垂直绿化施工必须遵照施工设计图纸和施工技术要求进行。

5.1.2 施工前的准备工作应符合下列规定：

1 应对场地条件和需要进行绿化的建筑物、构筑物的墙面及立面状况进行勘查，协调好与相关水电设施的关系，制定施工计划及材料进场计划，预定植物和工程材料；

2 应将拟实施垂直绿化工程的建筑墙面损坏部分整修好，确保建筑物的外墙开展绿化前墙面的防水良好。

5.1.3 应按照先灌溉给水、排水、电气设备，再支撑构架和植物栽植工程，最终运转调试、竣工验收的顺序，实施垂直绿化工程。

5.1.4 应在建筑外墙面安装植物支撑材料，如需与墙体连接，不应对外墙保温系统和防水层造成破坏。

5.1.5 植物直接栽植于自然土壤的，种植或播种前应对栽植区域的土壤理化性质进行化验分析，根据化验结果，确定应采取的消毒、施肥和疏松翻耕土壤或客土等土壤改良措施。

5.1.6 种植点的土壤含有建筑垃圾及其他有害成分以及强酸性土、强碱土、盐土、盐碱土、重黏土、沙土等均应根据设计规定采用客土或采取改良土壤的技术措施。

5.1.7 植物栽植于人工栽培基质的，宜采用保水性强的基质，并按照植物的生长习性配比栽培基质。

5.2 绿化植物种植施工

5.2.1 运苗前应先验收苗木，规格不足、损伤严重、干枯、有病虫害等植株不得验收装运。

5.2.2 苗木运至施工现场，应立即栽植，不能立即栽植时应及时假植。

5.2.3 栽植前应对苗木过长部分进行修剪，剪除交错枝、横向生长枝。

5.2.4 种植穴的挖掘、苗木运输和假植、植物栽植，应符合现行行业标准《园林绿化工程施工及验收规范》CJJ 82 的规定。

5.2.5 植物栽植前，结合整地，应向栽植穴和种植槽中的栽培基质施腐熟的有机肥。

5.2.6 种植施工应符合以下规定：

1 栽植工序应紧密衔接，做到随挖、随运、随种、随浇，裸根苗不得长时间搁置；

2 栽植穴大小应根据苗木的规格而定，宽度一般宜比苗木根系或土球每侧宽10～20cm，深度宜比苗木根系或土球深10cm；

3 苗木栽植的深度应以覆土至根茎为准，根系必须舒展，填土应分层压实；

4 栽植带土球的树木入穴前，穴底松土必须压实，土球放稳后，应清除不易腐烂的包装物。

5.3 不同类型工程施工要求

5.3.1 实施攀援式垂直绿化工程时，植株枝条应根据长势进行固定与牵引，固定点的设置，应根据植物枝条的长度、硬度确定。

5.3.2 框架式垂直绿化工程应符合下列规定：

1 攀缘植物依附的框架基础应坚固，铁质框架应进行防锈处理；

2 依附式框架嵌入建筑墙体的锚固设施应牢固，实施过程中对外墙保温系统和防水层造成破坏的须及时采取修复措施。

5.3.3 种植槽式垂直绿化工程应符合下列规定：

1 接地型种植槽种植点有效土层下方有不通气透水废基，应打碎，不能打碎的应钻穿，使土壤上下贯通；

2 隔离型种植槽应确保灌溉排水设施的通畅，必要时可在种植槽底部设蓄排水层。

5.3.4 模块式垂直绿化工程施工应保证灌溉系统、排水系统和支撑构架组合的一体化实施。

5.3.5 铺贴式垂直绿化工程应保证水平灌溉系统和垂直灌溉系统形成网络化的连接，确保灌溉的均匀度。

5.3.6 用于模块式垂直绿化和铺贴式垂直绿化工程的植株，应保证在其安装到支撑框架上时，长势健康。

6 质量验收

6.0.1 工程竣工验收前，应提供下列文件：

1 工程项目开工报告、竣工报告、相关指标及完成工作量；

2 竣工图和工程决算书，设计变更、技术变更文件；

3 土壤化验报告，外地苗木购入检验、检疫报告；

4 附属设施用材合格证、质量检验报告；

5 工程中间验收记录、施工总结报告。

6.0.2 垂直绿化工程的验收应符合现行行业标准《园林绿化工程施工及验收规范》CJJ82 的相关规定。

6.0.3 种植工程的各类苗木成活率应在 95% 以上，植物长势良好，无病虫害。

6.0.4 应对种植槽的外观质量、物理机械性能、承载能力、排水能力和耐久性进行检验。

6.0.5 应对固定、牵引、支撑植物和种植槽等的框架的结构安全进行检验。

6.0.6 竣工验收时间应符合下列规定：

1 攀缘式、框架式和和植槽式的垂直绿化工程，应在土建工程完工，并且绿化植物在一个年生长周期满后方可验收；

2 模块式和铺贴式样垂直绿化工程，应在土建工程完工，并且绿化植物当年成活后郁闭度达到 85% 以上后验收。

6.0.7 对于灌溉工程实测微灌均匀系数不应低于 0.75。

7 养护管理

7.1 一般规定

7.1.1 垂直绿化的养护管理应包括植物的养护管理，以及灌溉和排水设施、支撑框架等辅助设施的维修、保养和管理。

7.1.2 灌溉排水和设施的养护管理应包括定期对设备的检修，防止上下水设施的老化、损坏，进、排水口的堵塞。

7.1.3 应定期检查修缮支撑框架的主体结构，并应符合下列规定：

1 应防止搭接部分、螺钉和螺母的松动，雨季和强风前后、北方冬季过后、植株落叶时应加强检修；

2 应随时清理框架角落的枯枝落叶,清除易燃物,杜绝火灾隐患。

7.2 植物养护管理要求

7.2.1 垂直绿化植物的养护管理应包括修剪、灌溉、施肥、有害生物防治和植物修整与补植。

7.2.2 植物的修剪应符合下列规定:

1 框架上的攀缘植物,应及时牵引,疏剪过密枝、干枯枝,使枝条均匀分布于架面;

2 吸附类攀缘植物,应及时剪去未能吸附且下垂的枝条;

3 匍匐于种植槽的攀缘植物应视情况定期翻蔓,清除枯枝,疏除老弱藤蔓;

4 钩刺类攀缘植物,可按灌木修剪方法疏枝,生长势衰弱时,应及时回缩修剪;

5 观花攀缘植物应根据开花习性适时修剪,并注意保护和培养着花枝条。

7.2.3 植物灌溉应符合下列规定:

1 应根据当地气候特点、垂直绿化工程类型、栽培基质性质、植株需水等情况,适时、适量并以适宜的方式进行灌水和排涝;

2 灌溉用水水质应满足植物生长发育需求,并符合国家现行相关标准的规定;

3 应采用节水灌溉设备和措施,并根据季节与气温调整灌溉量与灌溉时间。

7.2.4 施肥应符合下列规定:

1 应根据植物生长需要和土壤肥力情况,合理进行施肥;

2 应使用卫生、环保、长效的肥料;

3 应根据植物种类采用沟施、撒施、穴施、孔施或叶面喷施等施肥方式,各种垂直绿化工程类型的施肥方式可符合表 7.2.4 的规定。

7.2.5 有害生物防治应符合下列规定:

1 应按照"预防为主,科学防控,依法治理,促进健康"的原则,做到安全、经济、及时、有效;

2 宜采用生物防治手段,保护和利用天敌,推广生物农药;

3 应及时有效地采取物理防治手段,并结合修剪技术剪除病虫枝,及时清理残花落叶和杂草;

4 采用化学防治时,应选择符合环保要求及对有益生物影响小的农药,不同药剂应交替使用;

5 应按照农药操作规程进行作业,喷洒药剂时避开人流活动高峰期。

7.2.6 植物的修整与补植应符合下列规定:

1 植株过密可进行移植或间伐;

2 对人或构筑物构成危险的植株应去除;

3 对自然死亡的植株应移除后补植;

4 修整与改植时,宜选用与原有种类一致,规格、形态相近的苗木。

附录 3 《立体绿化技术规程》DGTJ 08-75—2014（摘录）

3 基本规定

3.1 规划

3.1.1 立体绿化规划应遵循生态优先、综合协调、系统布局和同步实施原则。

3.1.2 新建或改建项目宜按有关规定实施屋顶绿化，并符合一定配置比例要求。

3.1.3 新建高架道路、天桥等沿口应充分考虑沿口绿化建设需要，预留种植槽。

3.1.4 高速公路声屏障、高架桥柱、围墙、道路隔离栏等市政公共设施宜同步建设垂直绿化。

3.1.5 公交候车站、露天停车场等应因地制宜建设棚架绿化。

3.2 设计

3.2.1 根据建（构）筑物特点因地制宜采用不同的立体绿化形式。立体绿化建设风格应与依附载体及其周围环境相协调，不得影响原有建（构）筑物的安全性、功能性和耐久性。

3.2.2 立体绿化灌溉宜采用自动灌溉控制系统。雨水收集、太阳能利用等生态环保技术宜同步设计应用。

3.2.3 根据不同的立体绿化形式及所处的位置选择适宜的植物材料。植物选择可参考本规程附录 B。

3.2.4 立体绿化设计应对所依附的载体进行荷载、支撑能力验算，确保安全性。

3.3 施工

3.3.1 应严格按照设计编制施工方案，并根据方案施工。施工不得损坏建（构）筑物上原有的设施设备，不得妨碍设施设备的原有功能使用和维修。

3.3.2 供水管道、排水管道铺设完成后，对供水管道进行耐压性测试，对排水管道进行水密性测试。滴箭、滴管安装前，应通水冲洗供水管道，安装完毕应通水测试，符合设计指标后再固定到种植槽内。

3.3.3 植物材料应保证成活率，做到随挖、随运、随种和随灌，裸根苗不得长时间曝晒。非落地种植的容器苗应在苗圃内提前备苗。苗木的品种、规格、形态、产地应严格按照设计要求进行准备，并复合相关检验检疫标准。

3.4 养护管理

3.4.1 立体绿化所有建（构）筑物的结构件连接件应按照相关规定进行定期检查维护，超出有效期的结构件、连接件应及时更换。

3.4.2 植物养护参照《园林绿化养护技术规程》DJTJ08-19 执行。养护单位应根据不同立体绿化类型制定详细养护方案，对特殊灾害性天气等制定相应专项预案，并按照执行。病虫害防治参照《园林植物保护技术规程》DBJ 08-35 执行。

3.4.3 立体绿化应根据所依附载体功能使用要求，对植物生长进行适当控制。

3.5 安全

3.5.1 立体绿化不得影响原有建（构）筑物的安全。

3.5.2 垂直绿化、沿口绿化和棚架绿化施工和养护作业时应设立警示标志和隔离设施。登高作业时应符合相关规定。施工人员应配备安全帽、安全带等装备，保证安全文明施工。

3.5.3 台风、暴雨前应做好排（蓄）水检修及植物、设施加固等防范措施。

3.5.4 立体绿化与周边设施设备距离应不小于 50cm。

3.6 验收

3.6.1 立体绿化中隐蔽工程需单独验收。

3.6.2 全部工程竣工后，宜在 15 天之内验收。验收前，施工单位需向建设单位和监理单位提交相关材料合格证或测试报告、工程中间验收记录等质量保证资料。具体验收标准可参考《园林绿化工程施工及质量验收规范》CJJ 82。

3.6.3 验收时施工单位需提供竣工图、苗木清单和施工期养护方案等资料。

5 垂直绿化

5.1 一般规定

5.1.1 垂直绿化应满足建（构）筑物的牢度、强度和稳定性，并兼顾所依附载体的其他功能。

5.1.2 栽植前应对种植位置的朝向、光照、地势、土壤状况等进行勘查，因地制宜选择适宜的垂直绿化形式。

5.2 设计

5.2.1 墙面攀爬或墙面贴植应充分利用周边绿地进行栽植。如无适宜的立地条件，可使用种植槽或种植箱，种植槽高度宜为 30 ~ 40cm，宽度 20 ~ 30cm；种植箱长度宜 60 ~ 80cm，宽度宜 20 ~ 30cm，高度 40 ~ 60cm。

5.2.2 垂直绿化以木本植物或多年生草本植物为主，选择抗性强、低养护的植物品种。墙面攀爬植物宜选择两年生三分枝以上规格，墙面贴植宜选择高度 150cm 以上，枝条柔韧、耐修剪植物；构件绿墙不宜种植乔木或大灌木，应根据立地条件选择适宜植物。

5.2.3 墙面攀爬或墙面贴植的植物双排种植宜采用"品"字形，栽植间距根据植物品种、规格不同而异，一般宜为 30 ~ 40cm。构件绿墙植物种植时应预留植物生长空间。

5.2.4 构件绿墙可根据情况应用插入式、粘贴式、锚固式等工艺类型，具体见附录 A。不同类型荷载设计应不超过墙面能承载的有效种植荷载，并符合抗风防震要求。

5.2.5 构件绿墙容器应保证安全，且使用寿命应不少于 10 年。

5.3.1 垂直绿化可根据需要设置自动灌溉系统，并设置排水沟或排水管。构件绿墙墙体支撑系统和灌溉系统安装应符合国家、行业及地方相关标准的要求。应进行过程测试和完工测试，保证系统正常运行。

5.3.2 构件绿墙应全部采用容器苗。墙面攀爬或墙面贴植在非种植季节栽植时，宜选择容器苗。

5.3.3 墙面攀爬或墙面贴植采用种植箱种植时，种植土深度以 35 ~ 55cm 为宜。塑料种植箱应有蓄水盘，木制种植箱应围铺过滤布。采用种植槽的，应在槽底部预留排水孔（孔径 2～3cm），排水孔应铺设过滤布。

5.3.4　垂直绿化种植后的植物应做枝条梳理和固定。墙面贴植宜采用钢钉—铁质线固定或横拉铁质线固定，墙面攀爬宜采用铁质线—挂网固定。有吸盘的植物可不梳理和固定。

5.4　养护管理

5.4.1　挂网、铁质线、墙体支撑、给水、排水系统等设施应及时检修，保证完好。

5.4.2　植物养护管理应符合以下规定：

1　应按照《园林绿化养护技术规程》DG/TJ08-19 相关条款规定执行；

2　墙面攀爬或墙面贴植，春季应做好牵引固定。攀缘植物秋季应及时松绑；

3　攀缘植物应及时修剪枯叶、枯枝，对向外生长枝条进行短截。新种植株修剪宜与理藤同时进行；栽植两年以上植株宜在 2～3 月或花后进行；

4　构件绿墙应及时更新长势差的植物；

5　不可强行拉扯具有吸盘的植物枝叶。